PCB 失效分析与可靠性测试

珠海斗门超毅实业有限公司 编著

黄桂平 主编

王恒义 审校

U0299578

电子工业出版社
Publishing House of Electronics Industry
北京·BEIJING

内 容 简 介

本书主要介绍了 PCB 生产、测试、应用过程中常见的缺陷、失效案例。全书共 6 章：第 1 章介绍 PCB 不同表面处理常见的缺陷、失效类型和分析案例；第 2 章介绍 PCB 内部互连缺陷的分析技术和案例；第 3 章介绍 PCB 板料测试的各种热分析测试和案例；第 4 章介绍 X 射线与超声波扫描显微镜在 PCB 无损检测中的应用；第 5 章介绍 PCB 短路与烧板案例；第 6 章主要介绍 PCB 可靠性测试，着重介绍导电阳极丝、互连热应力测试、温度循环和耐热冲击测试以及相关的失效分析案例。

本书以 PCB 生产制造为出发点，将理论与技术相结合，对各种不同类型的案例进行归纳总结，也介绍了近些年来新的测试技术，如红外热成像、X 射线 CT 等。

本书可供从事 PCB 或电子组装领域的研发设计、工艺研究、生产制造、检测分析、质量管理等人员参考，也可作为相关领域实验室测试人员的参考用书。

图书在版编目(CIP)数据

PCB失效分析与可靠性测试 / 珠海斗门超毅实业有限公司编著；黄桂平主编. -- 北京：电子工业出版社，2024. 11. -- ISBN 978-7-121-49101-6

Ⅰ. TM215.06

中国国家版本馆CIP数据核字第202481QC34号

责任编辑：雷洪勤
印　　刷：天津裕同印刷有限公司
装　　订：天津裕同印刷有限公司
出版发行：电子工业出版社
　　　　　北京市海淀区万寿路 173 信箱　　邮编　100036
开　　本：787×1 092　1/16　印张：23.25　字数：595.2 千字
版　　次：2024 年 11 月第 1 版
印　　次：2025 年 1 月第 2 次印刷
定　　价：168.00 元

凡所购买电子工业出版社图书有缺损问题，请向购买书店调换。若书店售缺，请与本社发行部联系，联系及邮购电话：（010）88254888，88258888。

质量投诉请发邮件至 zlts@phei.com.cn，盗版侵权举报请发邮件至 dbqq@phei.com.cn。

本书咨询联系方式：leihq@phei.com.cn。

本书编委会

主　　任：马力强

副 主 任：佟梦华

委　　员：彭　波　　曾翔宇　　欧阳发朝　　张　俊　　郭海浪
　　　　　俞佩贤　　黄桂平

本书编写团队

主　　编：黄桂平

审　　稿：王恒义

执行主编：杨浩翔　　蒋君君

编写人员：卢敬辉　　罗贤宾　　宁晨飞　　黎伟聪　　戴丽娜

序 言

　　人工智能（AI）点亮了新一代的科技前景，依托高频宽、低延迟的网络环境，以及大数据分析和深度学习的技术支撑，智能应用已广泛渗透到城市治理、交通运输、医疗健康、智能制造、文化娱乐等多个领域，深刻改变了人类社会的产业格局与生活方式。在此过程中，半导体技术的飞速发展成为 AI 崛起的强大助力，随着材料制造技术的革新与关键设备的升级，芯片释放出前所未有的运算潜能，为 AI 应用的爆发提供了坚实的基础。

　　作为各种元器件的载体与电路信号传输的枢纽，PCB（印制电路板）已成为电子信息产品中至关重要的部分，在电子信息产业的发展中占据举足轻重的地位。PCB 的质量与可靠性水平决定了整机设备的性能和稳定性。但 PCB 制造工艺复杂、制造流程长、使用的材料繁多，加之成本与技术的限制，PCB 在生产和应用过程中往往出现大量的失效问题。

　　本着"为中国 PCB 制造贡献一份力量"的初心，由东山精密旗下的珠海斗门超毅实业有限公司组织编写，由超毅实业有限公司互联技术中心实验室高级经理黄桂平等执笔的《PCB 失效分析与可靠性测试》一书出版了。黄桂平深耕 PCB 行业二十多年，拥有长达十年的 PCB 化学品应用开发和技术服务经验。他不仅负责实验室 PCB 材料的分析测试、可靠性测试和失效分析工作，还担任公司内部培训师，并制定了 PCB 失效分析和可靠性测试的专业课程，有着丰富的失效分析的理论知识与实战经验。为了让更多相关的从业人员了解这些分析技术和案例，他将多年的分析测试案例汇编成书并公开出版。

　　本书的内容相当丰富，系统总结了超毅实业有限公司二十多年来在 PCB 生产、测试、应用过程中常见的可靠性测试和失效案例。本书以 PCB 生产制造为出发点，将理论与实践紧密结合，对不同类型的失效案例进行归纳总结，不仅分析了失效的技术难点，还介绍了近年来新兴的测试技术，如红外热成像、X 射线检测等。本书图文并茂、有理有据，为 PCB 及电子组装领域的研发设计、工艺研究、生产制造、检测分析、质量管理等技术人员提供了实战参考，是一本不可多得的专业工具书。

  PCB 行业的资深专家王恒义高工担任本书的审校工作。他从事 PCB 技术材料、电子化学品研发及制造应用等工作六十余年，主持起草制定二十多项印制电路专业国家标准，是行业内德高望重的专家学者，有着非常深厚的技术理论功底和丰富的生产实践经验，获"PCB 行业终身成就奖"。在 2023 年全国印制电路学术年会上，王恒义高工曾寄语："人才竞技，后生可畏且可敬，他们是 PCB 行业的未来之星。在全球百年大变局加速演进的过程中，在世界之变、时代之变、历史之变的漩涡中，我们要不忘初心，坚定不移地推动 PCB 的高质量发展，推动智能制造发展，创新创业，把 PCB 行业做大做强。"

  感谢黄桂平、王恒义高工分享的宝贵经验和技术知识，同时特别感谢东山精密旗下超毅实业有限公司及所有为本书出版做出努力的业界同仁。期待该书能够为从业者提供技术参考，解决 PCB 生产过程中遇到的失效问题，帮助他们攻克难关，为 PCB 行业高质量发展增添助力！

广东省电路板行业协会秘书长

前 言

　　PCB（Printed Circuit Board，印制电路板）不仅是绝大多数电子产品实现互通互连的主要组成部件，也是电子元器件的支撑体。随着集成电路（IC）不断向高性能、低功耗、高集成度的方向发展，PCB 也持续向高密度互连的方向演进，在电子工业的发展中占据了举足轻重的地位。

　　PCB 制造工艺相当复杂、流程冗长，且使用的材料多种多样。因此，由于设计、原材料或制造工艺等方面的问题，难免会出现各种缺陷，例如污染、短路、开路、腐蚀、焊接不良、烧板等。PCB 制作完成后，需与其他电子元器件进行焊接，以提供电气连接和机械支撑的功能。

　　为了与元器件进行良好的焊接，PCB 的表面必须经过涂（镀）层处理。本书将围绕不同的 PCB 涂（镀）层表面处理技术展开探讨，这些技术包括化学镀镍浸金（ENIG）、化学镀镍镀钯浸金（ENEPIG）、有机可焊性保护层（OSP）、浸锡（ImSn）、浸银 (ImAg)、电镀镍 / 金（Electrolytic Nickel/Gold）以及热风整平（HASL）等。我们将针对这些工艺在流程中可能出现的问题，如变色、污染、腐蚀、焊接不良等案例进行深入分析。通过运用金相显微镜、扫描电子显微镜（SEM）、能谱仪（EDS）、傅里叶变换红外光谱仪（FTIR）以及显微切片技术，我们对这些缺陷进行了详尽的分析和总结。

　　在与焊膏焊接的过程中，PCB 必须经受高温焊接的考验。这可能会影响 PCB 的完整性，有可能导致 PCB 产生分层、过孔镀层裂缝、过孔镀层内层分离等缺陷。特别是过孔镀铜内层分离，也被称为 ICD（内层互连缺陷），其产生原因相当复杂，可能与基材、钻孔、去钻污或镀铜结合力等多种因素有关。为了深入分析此类缺陷，需要选择恰当的分析技术。本书对显微切片、化学微蚀、电解抛光、离子研磨以及聚焦离子束技术均进行了详细讨论。

　　在 PCB 制造过程中，所使用的基板材料对 PCB 的品质、制造流程、可靠性等方面起着至关重要的作用。基板板材的一个重要性能指标是热稳定性。衡量 PCB 热稳定性的参数包括玻璃化转变温度（T_g）、热膨胀系数（CTE）、热分解温度（T_d）等。测量这些参数的技术则涵盖差示量热分析（DSC）、热机械分析（TMA）、动态热机械分析仪（DMA）、热重分析法（TGA）等。本书将通过具体案例分析，对不同的热分析技术展开深入讨论。

在高温焊接过程中，PCB 可能会因高温而导致分层问题。通常，这类问题可以通过外观检测或破坏性的显微切片分析来发现。然而，如果分层出现在 PCB 内层且表面无明显气泡，使用显微切片进行分析可能会对 PCB 造成不可逆的损害，而且不一定能准确定位分层位置。因此，本书将通过具体案例对超声波扫描技术进行分析和讨论，同时探讨 X 射线在检测 PCB 内层导体结构和缺陷方面的应用。

在电子整机产品中，PCB 扮演着整合与连接其他电子元器件的关键角色。因此，在电子产品功能出现故障时，PCB 往往是最先受到质疑的部件。针对 PCB 出现的短路问题，采用无损检测方法（如红外热成像等）是解决这类问题的关键。同时，设计、生产制造或环境变化等原因导致的 PCB 或其他电子元器件过热而引发的烧板问题，本书也将对相关测试技术进行探讨。

PCB 在正常出货检测中，往往难以发现高温焊接或后期使用环境导致的开路或短路问题，这些问题可能会影响电子产品的使用寿命。因此，对 PCB 进行模拟焊接、环境温度和湿度加速老化测试可以提前暴露潜在的设计或制造缺陷。这些加速老化测试主要分为两大类：一类是通过温度变化测试过孔连接的可靠性；另一类是通过温度、湿度和电压的变化测试 PCB 耐 CAF（导电阳极丝）的可靠性。

模拟环境或测试温度变化的测试包括互连热应力测试（IST）、温度循环测试和耐热冲击测试。尽管这三种温度变化测试的原理和条件各不相同，但它们的目的都是通过温度的高低变化来使 PCB 发生热胀冷缩，从而测试 PCB 过孔的连接可靠性。由于 PCB 基材的膨胀系数与镀铜不同（例如 FR-4 基材的热膨胀系数约为镀铜的 100 倍），这种热膨胀系数的不匹配可能会导致过孔电镀铜出现应力集中而引发裂缝。过孔失效的主要表现为导通电阻增大或开路，而过孔类型不同也会产生不同的失效模式，如镀覆孔的失效模式。

CAF（导电阳极丝）是 PCB 的一种典型失效模式，其直接后果是导致 PCB 短路。影响导电阳极丝形成的主要因素包括通道、温度、湿度、导体类型、导体间距和电压。通道可能来源于基材的空心玻璃纤维，或 PCB 在高温焊接过程中玻璃纤维与环氧树脂的结合被破坏而形成的裂缝，或外来夹杂物导致的材料不致密。在高温、高湿环境下，湿气会渗透缝隙与游离离子形成电解质溶液。当 PCB 被加载电压后，由于导体间存在电场差，高温、高湿条件下的离子会在电解质溶液中沿缝隙形成的通道从阳极迁移到阴极，导致绝缘电阻下降甚至短路，从而引发产品的灾难性后果。离子迁移的形貌包括导电阳极丝形貌、枝晶状形貌以及外来夹杂物形貌等。不同导体类型和导体间距发生离子迁移的风险也不同。耐 CAF 测试失效的原因可能来自基材板料或 PCB 制造流程，同时测试条件、样品设计等因素也可能影响测试结果。在测试失效后，必须进行失效分析才能找出问题的根源。

如果将 PCB 结构分为表面和内部两大部分，其中表面为 PCB 的表面涂（镀）层，内部则包括导通孔和板料。本书将主要围绕这两大部分的失效分析和可靠性测试案例展开讨论。

另外，书中的一些测试图是由测试软件自动生成的，为了方便读者学习对比，图中英文未翻译成中文。

书中难免存在不足之处，恳请各位读者提出批评和建议。

黄桂平

2024 年 8 月

致谢

本书能够顺利完稿并出版，我要对许多人和机构表达深深的谢意。

首先，我要特别感谢苏州东山精密制造股份有限公司监事会主席、东山精密触控事业部总裁，同时也是 Multek 全球首席运营官兼中国区总裁的马力强先生。没有马先生的鼓励与支持，本书恐怕难以面世。

同时，还要衷心感谢王恒义总工对本书的细致审校。王总工提出了许多宝贵的意见和建议，使我受益匪浅。

PCB 作为电子工业的重要组成部件之一，其制造工艺流程复杂，涉及电子、机械、材料、化学等多个工程学科。在 PCB 的制造、组装及应用过程中，难免会出现各种缺陷或故障。这些问题的典型特征是什么？又该如何运用恰当的技术手段进行分析？

PCB 制造完成后，需与其他电子元器件组装成各类电子电器产品。部分产品需暴露在某些极端环境条件（如高温、高湿等）下应用，这对 PCB 的可靠性提出了极高的要求。PCB 可靠性测试通过模拟这些极端环境或应用条件，提前进行性能测试，以确保 PCB 能够经受住这些严峻考验。要生产出高可靠性的 PCB，必须进行可靠性测试；而一旦出现可靠性失效，还需进行失效分析。该如何选择合适的分析技术？失效的类型和模式又是怎样的呢？

这些问题的分析极具挑战性，需要依赖专业的分析测试设备以及经验丰富的分析测试工程师。成功的失效分析对于问题的改善至关重要，这也是 Multek 互联技术中心实验室分析测试的主要工作。

我有幸在苏州东山精密制造股份有限公司的全资子公司——珠海斗门超毅实业有限公司（Multek）的互联技术中心实验室工作，并有机会接触到先进的分析测试技术。为了更好地分享工作中的分析测试案例，我担任了公司内部培训师，并制定了 PCB 失效分析和可靠性测试的课程，取得了较好的反响。为了让更多相关从业人员了解这些分析技术和案例，我决心将多年的分析测试案例汇编成书并公开出版，为 PCB 中国制造贡献 Multek 的一份绵薄之力。

2019 年，我荣获珠海首席技师称号，这是珠海市政府及珠海市人力资源和社会保障局对我的高度认可。这份荣誉对我来说意义非凡，不仅是对我技术的肯定，更拓宽了我的专业视野，激发了我无私分享技艺与经验的热情。我将以此为契机，不断攀登技术高峰，启迪和鼓舞更多同行携手共进。这份荣誉在我个人职业发展历程中，无疑是浓墨重彩的一笔，标志着新的起点与挑战，也意味着肩负的责任与使命更为重大。对此，我将以坚定的实际行动回应社会与行业的殷切期望，以此荣誉为动力，不断贡献自身力量，传承匠心精神。

此外，还要感谢我的同事们，他们为本书的案例提供了大量有价值的素材。此外，我十分珍惜与他们共事、交流、学习的机会，从他们身上，我学到了许多对人生有意义的东西！

在本书编写过程中，我还得到了众多专业人士和团队的帮助。蔡司公司的林宗秀团队对 SEM、FIB、X-Ray CT 的内容提供了有益建议；牛津仪器公司的陈帅博士对 EDS 等内容提出了修改意见；诺信公司的柴冬团队、艾志兵团队，捷欧路公司的陈刚建团队、赛默飞公司的袁丹江团队，TA 公司的林超颖团队、罗秀云团队、简坤政团队，以及伟思富奇环境试验公司的揭展鲲团队等，分别对 X-Ray、超声扫描显微镜、离子研磨、FTIR、热分析、红外热成像、IST 测试以及环境测试箱等内容提供了宝贵建议。在此，一并向他们表示衷心的感谢！

在本书即将出版之际，我心中充满了感激之情。我要感谢一直陪伴和支持我的家人——我的太太陈晓文、儿子冠霖和女儿依琳。是你们的耐心陪伴和支持，给了我面对困难和挑战的勇气。你们是我生命中最重要的支柱，也是我不断前行的动力源泉。

由于作者水平有限，书中难免存在错误和不妥之处。敬请读者批评指正，并提出宝贵意见。

黄桂平

2024 年 8 月

目录

• Chapter 2 •

第 2 章　PCB 内层互连缺陷分析 133

• Chapter　4 •

第 4 章　X 射线与超声波扫描技术在 PCB 无损检测中的应用 243

• Chapter　5 •

第 5 章　PCB 短路与烧板失效分析 265

• Chapter 6 •

第 6 章　PCB 可靠性测试与失效分析 ···························276

Chapter
1

第 1 章
PCB 表面处理分析技术与
案例分析

1.1　PCB 表面分析常用技术

1.1.1　金相显微镜分析技术

　　人眼对客观物体细节的鉴别能力很低，一般在 0.15 ~ 0.30mm 之间。因此，观察物体的细小形貌，必须借助显微镜。金相显微镜是光学显微镜的一种，人们通过金相显微镜来研究金属和合金显微组织大小、形态、分布、数量和性质。金相显微镜也广泛应用在 PCB、半导体和电路组装等行业的检验与测量中，通过放大几十倍到上千倍来观察晶粒、包含物、外来夹杂物等特征组织。

　　金相显微镜通常由光学系统、照明系统和机械系统组成。光学系统的主要构件是物镜和目镜，它们主要起放大作用，并且获得清晰的图像。物镜的优劣直接影响成像质量，而目镜将物镜放大所得的实像再次放大，从而在明视距离处形成一个清晰的虚像。照明系统的作用是提供光源，使得整个视场范围内得到照明；机械系统是显微镜的支撑结构，包括支座、焦距调节装置和样品台等。

　　金相显微镜成像原理如图 1.1 所示，显微镜成像放大主要由两部分组成，靠近被观察物体的透镜为物镜，靠近人眼的为目镜。通过物镜和目镜的两次放大，就能将物体放大到较高的倍数。

　　被观察物 AB 放在物镜前，离其焦点 F_1 略远处，物体的放射光线经物镜使物体 AB 形成放大的倒立实相 A_1B_1，目镜再把 A_1B_1 放大成倒立的虚像 A_2B_2，它正在人眼明视距离处，人眼通过目镜看到的就是这个虚像 A_2B_2。

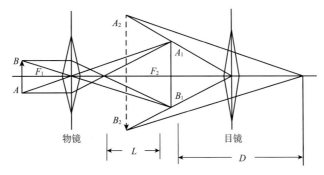

图 1.1 金相显微镜成像原理

在图 1.1 中，AB 为物体；A_1B_1 为物镜放大的图像；A_2B_2 为目镜放大的图像；F_1 为物镜焦距；F_2 为目镜焦距；L 为光学镜筒长度（物镜后焦点与目镜前焦点的距离）；D 为明视距离（人眼的正常明视距离为 250mm）。

显微镜的放大倍数 $M_\text{总}$ 为物镜的放大倍数 $M_\text{物}$ 与目镜的放大倍数 $M_\text{目}$ 的乘积，即

$$M_\text{总} = M_\text{物} \times M_\text{目} = \frac{A_1B_1}{AB} \times \frac{A_2B_2}{A_1B_1} = \frac{L}{F_1} \times \frac{D}{F_2} \tag{1.1}$$

显微镜能否看清样品的细节，除了放大倍数，还与物镜的分辨率密切相关，物镜的质量好坏直接影响着显微镜成像的质量，它是决定显微镜的分辨率和成像清晰程度的主要部件。显微镜的分辨率是指对于样品上最细微部分能够清晰分辨而获得图像的能力，通常指可以辨别样品两点间最小的距离，这里用 d 来表示。d 值越小，表示显微镜的分辨率越高，如图 1.2 所示。

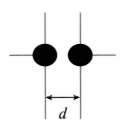

样品上两点之间的距离

图 1.2 显微镜分辨率示意图

目前各类光学仪器常常采用瑞利判据（Rayleigh Criterion）作为分辨率的计算准则，那么最小分辨率 d_min 为

$$d_\text{min} = \frac{0.61\lambda}{n\sin\alpha} = \frac{0.61\lambda}{N_\text{A}} \tag{1.2}$$

式中，d_min 为最小可分辨的两点的距离；λ 为入射光的波长；n 为样品与显微物镜之间介质的折射率；α 为显微物镜的孔径角；N_A（Numerical Aperture）为数值孔径。分辨率与入射光的波长成正比，与数值孔径成反比。λ 越短，分辨率越高，N_A 越大，分辨率越高。

在入射光的波长一定的条件下，数值孔径大小决定了物镜的分辨能力以及有效放大倍数。增大物镜的数值孔径有两个途径：

（1）增大透镜的直径或减小物镜的焦距，即设计短焦距的物镜，以增大孔径角，增大 sinα 的值。但是此法会导致像差增加以及制造困难，一般不采用，实际上，sinα 最大值只能达到 0.95。

（2）增大物镜与观察物之间的折射率 n。以空气为介质、折射率 $n=1$ 的物镜称为"干系物镜"（或干物镜）。以油为介质的物镜称为"油浸系物镜"（或油物镜），油浸系物镜常以松柏油（$n=1.515$）为介质，是高倍物镜。油浸系物镜的数值孔径可达 1.30 ~ 1.40mm，但是干系物镜不能随便使用油作为介质。

不同介质对物镜聚光能力的比较如图 1.3 所示。

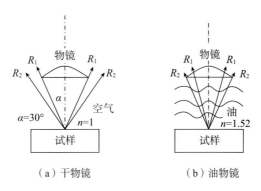

（a）干物镜　　　　　　（b）油物镜

图 1.3　不同介质对物镜聚光能力的比较

如果入射光为黄绿色光（波长 $\lambda \approx 550nm$），人眼对黄绿光较敏感，假设用干物镜进行观察，物镜的 N_A 为 0.95，那么可计算的最小分辨率为 $d_{min}=0.61\lambda/N_A=(0.61 \times 550)/0.95 \approx 353nm$。假设用油物镜进行观察，物镜的 N_A 为 1.45，那么可计算最小分辨率为 $d_{min} = 0.61\lambda/N_A = (0.61 \times 550)/1.45 \approx 231nm$。

显微镜的照明系统中，有两种常见的照明，分别为明场（Bright Field，BF）照明和暗场（Dark Field，DF）照明，明场和暗场的光路示意图如图 1.4 所示。

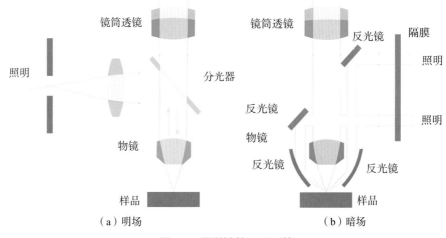

（a）明场　　　　　　　　　　　　　（b）暗场

图 1.4　显微镜的照明系统

明场照明光源的光束经过垂直照明器反射，经物镜垂直地射到试样表面，由试样表面反射的光线又垂直进入物镜，经过物镜、目镜放大成像。其特点是入射光和反射光均经过物镜，在显微镜下观察试样表面凸处是亮的，凹处是暗的。

暗场照明来自光源的平行光线，平行光线光束中心部分被环形光阑阻挡，从而形成空心光束。此空心光束经垂直照明器引导，沿着物镜外壳投射到发射聚光镜的弧形反射镜面上，靠它的反射光线聚焦到试样表面，这种入射光倾角极大，在试样光亮镜面处，反射光仍以极大的角度反射出去，而不能进入物镜。

分别用金相显微镜（仪器型号：Leica DMRE）的明场和暗场的模式对表面处理为化学镀镍浸金（ENIG）的连接盘进行观察，图像的颜色明显不同，如图 1.5 所示。

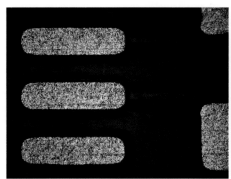

（a）金相显微镜的明场图像　　　　　　　（b）金相显微镜的暗场图像

图 1.5　暗场和明场照明示意图

在 PCB 材料或显微切片观察中，观察材料表面的形貌，通常用明场照明模式；观察材料内部的结构，比如分层、裂缝、气孔、外来夹杂物等，通常用暗场照明模式。

1.1.2　扫描电子显微镜（SEM）及能谱（EDS）分析技术

扫描电子显微镜（Scanning Electron Microscope，SEM），也称为扫描电镜，是电子显微镜的一种。扫描电子显微镜不同于金相显微镜的可见光光源，它采用电子束作为光源。

电子束是一种德布罗意波（De Broglie），具有波粒二象性，波长公式为

$$\lambda = \frac{h}{mv} = 12.26 V^{-\frac{1}{2}} \times 10^{-1} \ (\text{nm}) \tag{1.3}$$

式中，λ 为电子波长；h 为普朗克（Planck）常数；m 为电子质量；v 为电子速度；V 为加速电压（电子能量）。

根据瑞利判据（Rayleigh Criterion），扫描电镜的分辨率与电子束的波长相关，要提高分辨率，可以通过减小电子束的波长来实现。而电子束的波长与扫描电镜的加速电压 V 相关，加速电压越高，电子束的波长越短。$V=10\text{kV}$ 时，$\lambda=0.012\text{nm}$；$V=20\text{kV}$ 时，$\lambda=0.0087\text{nm}$。可见电子束波长远比可见光波长短，因此扫描电镜的分辨率远比光学显微

镜的分辨率高。同时，扫描电镜的景深更大，比光学显微镜更适合观察表面起伏程度较大的样品。

影响扫描电镜分辨率的因素有电子枪的类型和扫描电镜的参数等，因此扫描电镜的成像质量与扫描电镜的构造密切相关。扫描电镜的基本结构如图 1.6 所示。

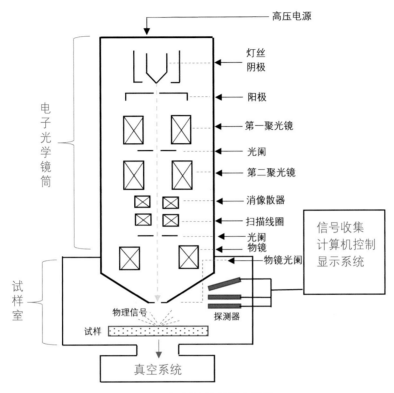

图 1.6　扫描电镜的基本结构

电子束是由电子枪激发出来的，常见的电子枪有四种类型：钨（W）灯丝、六硼化镧（LaB$_6$）灯丝、热场发射和冷场发射。本书案例分析所用的电子枪为钨灯丝或热场发射。

普通扫描电镜一般采用钨丝电子枪，材料为钨多晶。其优点是使用简单，对真空度要求不高，价格相对便宜，应用广泛；缺点是热发射效率低，束流密度小，信噪比低，由于电子源直径尺寸的局限性，很难满足拍摄超高倍数和超高分辨率图像的需要。

六硼化镧（LaB$_6$）具有良好的金属导电性，在亮度和电子源直径等性能上都优于钨阴极，即在与钨阴极产生相同的束流密度时，其束斑尺寸要比钨阴极小很多，即可在相同的束斑下得到比钨阴极更大的束流和束流密度。但是它的化学活性强，在加热状态下容易与其他化学元素形成化合物，使发射性能下降，因此需要在高真空环境中工作。另外，它的价格比钨丝贵，维护和保养较麻烦，应用有一定的局限性。

热场发射电子枪是利用在加热的金属表面外加高电场产生的肖特基发射效应（Schottky Emission）的电子枪。热场发射电子枪具有电子束流稳定度性好、能量扩展小、亮度高、束斑和色散较小等特点，可获得高倍率和高分辨率的成像。但是，场发射电镜设备价格高昂，钨灯丝经长期加热，氧化锆涂层会消耗，维护成本较高。

冷场发射电子枪用细钨丝制成，在钨丝上焊接有相同的单晶钨，发射的电子来自钨尖上几纳米的区域，因此具有较高的亮度和较窄的入射电子束能量扩展范围，从而获得较高的亮度和分辨率。但是，冷场发射电子枪的维护成本较高，阴极表面必须保持非常干净，如果表面不洁或吸附气体，电子束发射效率和发射稳定性将大幅度下降。由于冷场发射电子枪的束流较小，不适合进行能谱分析。

扫描电镜电子束轰击样品后，可以产生多种物理信号，如俄歇电子、二次电子、背散射电子、特征 X 射线等，如图 1.7 所示。俄歇电子的穿透深度最小，一般穿透深度小于 3nm，二次电子的穿透深度小于 10nm，背散射电子和 X 射线的穿透深度从几百纳米到几微米，如表 1.1 所示。

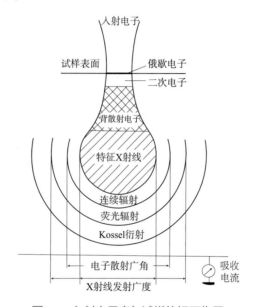

图 1.7　入射电子束与试样的相互作用

表 1.1　二次电子、背散射电子和特征 X 射线的应用

电子信号	用途	分析深度	探测极限
二次电子	表面形貌分析	<10nm	分辨率为 3 ~ 6nm
背散射电子	表面形貌和成分分析	0.1 ~ 1μm	分辨率为 50 ~ 200nm
特征 X 射线	元素分析	0.5 ~ 5μm	$_3Li \sim _{92}U$

扫描电镜根据电子束与固体样品作用时产生的信号，可以对样品进行表面形貌和成分分析。在扫描电镜上常见的检测器有二次电子探测器、背散射电子探测器和能谱仪（Energy Dispersive X-ray Spectrometer，EDS）。俄歇电子能谱仪（Auger Electron Spectroscopy，AES）分析深度一般为几个原子层，对轻元素比较灵敏。

二次电子探测器主要用于观察试样表面形貌。背散射电子探测器不仅可以对样品表面形貌进行分析，而且可以显示原子序数衬度，定性分析样品组成。二次电子探测器和背散射电子之间的主要区别在于分析深度不同，二次电子更能真实反映样品的表面形貌，而背散射电子探测器产额随样品原子序数增加而提高，原子序数衬度高可反映明显的成分信息。此外，背散射电子信号还可以进行取向衬度成像，反映晶态材料晶面的取向衬度。

PCB 焊盘的表面处理采用 OSP（Organic Solderability Preservatives，有机可焊性保护层）技术，在与焊料焊接后，制作成微切片，经过离子研磨后，分别用二次电子探测器和背散射电子探测器对微切片相同的位置进行观察（仪器型号：ZEISS Sigma 300VP）。二次电子图像如图 1.8（a）所示，样品表面有明显的凹凸形貌，但是成分衬度不明显；背散射电子图像如图 1.8（b）所示，样品表面凹凸形貌不明显，但是成分衬度明显，从衬度中可以区分出 Cu、Sn 和 IMC（金属间化合物）。

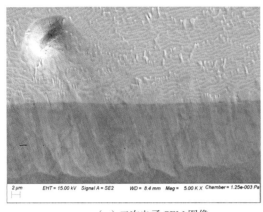 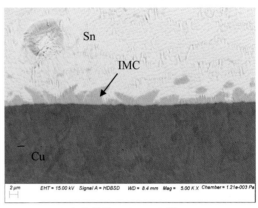

（a）二次电子 SEM 图像　　　　　　　　（b）背散射电子 SEM 图像

图 1.8　二次电子与背散射电子图像比较

不同类型的扫描电镜，所需的真空度也不同。通常情况下，钨灯丝电镜要求保持优于 $1.0 \times 10^{-5} \sim 1.0 \times 10^{-4}$Pa 的真空度；场发射电子枪系统通常要求 $1.0 \times 10^{-8} \sim 1.0 \times 10^{-7}$Pa 的真空度。高真空度能减少电子的能量损失，减少电子光路的污染并提高灯丝的寿命。扫描电镜的真空系统还包括样品室的真空系统，有些扫描电镜对样品室的真空度控制具有两种工作模式，一种是高真空模式（High Vacuum，HV），一种是低真空模式（Low Vacuum，LV）。高真空条件下，二次电子发射率高，能够得到高清晰度的照片。低真空条件下，由于入射电子受到样品室气体分子的散射，会影响到电子束直径，分析范围明显变大，图像的分辨率下降。如果材料导电性不好，用高真空模式容易产生荷电效应、电子束漂移等现象，导致图像不清晰，必须在试样表面蒸镀一层金、金钯、铂或碳等导电膜，消除荷电。用低真空模式可以消除荷电现象，直接观察样品表面形貌；但是，在低真空模式下，样品室有大量气体分子存在，与电子束发生碰撞，影响二次电子和背散射电子的产额，导致成像的分辨率下降。

能谱仪（EDS）是测量 X 射线强度与 X 射线能量函数关系的设备。能谱仪是安装在 SEM（扫描电子显微镜）上的附件，与 SEM 组合使用。电子与试样相互作用产生不同能量的 X 射线。EDS 可以接受全部能量范围的 X 射线，能谱仪的脉冲处理器可以对 X 射线的能量进行识别，然后将其归入相应的能量通道，得到 X 射线谱图。X 射线谱图包含特征 X 射线和连续 X 射线信号。特征 X 射线是元素的指纹信息，每种元素都有特定的 X

射线线系，对应不同的能量，元素种类的自动识别即源于此。连续 X 射线则构成了谱图的背底信号，它不可以被消除，在定量计算时需要将其扣除。

根据公式 $E=hv$，测定能量就可以得到 X 射线的频率，其中，h 为普朗克（Planck）常数，v 为频率。测定频率后，依据 Moseley 关系确定元素周期表的原子序数，即可确定元素的种类，Moseley 关系式为

$$\sqrt{v} = K \times (Z - \sigma) \tag{1.4}$$

式中，v 为元素的特征 X 射线频率；K 和 σ 是与 X 射线谱系有关的常数；Z 为原子序数。

在能谱仪技术发展过程中，X 射线传感器从锂漂移硅探测器发展为硅漂移探测器，计数率上升，同时由液氮制冷转变为电制冷，几乎不需要维护。

能谱仪是一种电子微束区（μm 范围）的分析仪器，能谱仪谱图的横坐标表示元素峰位（光子能量），纵坐标为 X 射线强度（不同光子能量的脉冲数）。对微区区域分析的方法有点分析方法、线分析方法和面分析方法。点分析是指入射电子束固定在试样的分析点上进行的分析；线分析是指在电子束沿试样表面的一条线逐点进行的分析；面分析是指用元素面分布像观察元素在分析区域内的分布。以化学镀镍浸金（ENIG）的显微切片为例，切片备样前，在金层表面沉积上 Ni-P 保护层后再与焊料焊接。三种 EDS 分析方法对试样的分析结果如图 1.9 所示，各有特点，其中点分析的灵敏度最高。

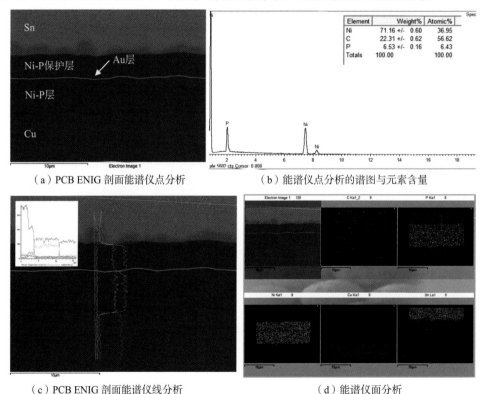

（a）PCB ENIG 剖面能谱仪点分析　　　　　（b）能谱仪点分析的谱图与元素含量

（c）PCB ENIG 剖面能谱仪线分析　　　　　（d）能谱仪面分析

图 1.9　SEM 与 EDS 组合分析

能谱仪既可对试样进行定性分析，也可对试样进行定量分析。定量分析必须在定性

分析的基础上进行,根据定性分析结果确定所含元素的种类,然后对各元素进行定量分析,定量分析需要进行复杂的校正过程。一般情况下,能谱仪的定性分析应用更广泛。

在进行扫描电镜观察前,要对样品进行相应的处理。一般来说,对样品的要求如下:

(1)样品中不得含有水分。多孔类或易潮解的样品,需要真空干燥处理。

(2)样品不可有松动的粉末或碎屑(以避免抽真空时粉末飞扬污染镜柱体)。微粒形态的样品需要牢固地粘在导电胶带上或用树脂镶嵌固定。

(3)样品不含挥发物,需耐热,不可有熔融蒸发的现象。

(4)不能含液状或胶状物质,以免挥发。

(5)对于导电不佳的样品,需要对样品表面进行合理的镀膜处理,消除样品表面的荷电效应和干扰。

(6)进行微区元素成分分析的样品,表面应该平坦或经过研磨抛光处理。

1.1.3　傅里叶变换红外光谱(FTIR)分析技术

红外光谱是一种电磁波。电磁波按照波长分类,大致如图 1.10 所示。红外光谱的波长位于可见光和微波之间。

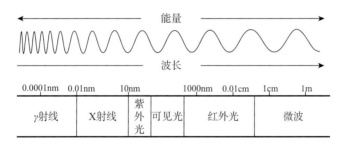

图 1.10　电磁波按波长分类

红外光谱又称分子振动转动光谱,分子吸收光谱样品受到频率连续变化的红外光谱照射时,样品中的分子有选择地吸收不同频率的红外辐射,同时光子能量会诱发共价键的振动激发,分子振动或转动引起偶极矩的变化,使振 转能级从基态跃迁到激发态,形成各自独特的红外吸收光谱。红外光谱按照波长,一般分为近红外区、中红外区和远红外区。测试这 3 个区间的红外光谱所用的红外仪器或仪器内部的配置是不相同的。不同的红外区对应不同的测定和应用,具体见表 1.2。

表 1.2　不同红外区对应的波长、波数和能级跃迁类型

区域	波长 /μm	波数 /cm⁻¹	能级跃迁类型	测定类型	试样类型
近红外区	0.78～2.5	4000～12800	倍频	漫反射、吸收	蛋白质、气体
中红外区	2.5～25	400～4000	分子转动	吸收、反射	气体、液体或固体物质
远红外区	25～1000	10～400	分子转动	吸收	无机或金属有机化合物

近红外区的红外光谱大部分是关于 –OH、–NH、–CH 的信息,中红外区的红外光谱

可得到大量关于官能团及分子结构的信息，远红外区可给出转动跃迁和晶格的振动类型以及大分子的骨架振动信息。一般说的红外光谱指的是中红外区光谱，由于绝大多数有机物和无机物的基频吸收带都出现在中红外区，因此，中红外区是被研究最多的区域，仪器技术最为成熟，本书测试所用的仪器为中红外光谱仪。

红外光谱仪技术发展很快，已经由起初的棱镜式色散型红外光谱仪发展到干涉型红外光谱仪。傅里叶变换红外光谱仪是干涉型红外光谱仪的典型代表，它不同于色散型红外仪的工作原理，它没有单色器和狭缝。傅里叶变换红外光谱测量系统如图 1.11 所示，由红外光源、迈克尔逊干涉仪（分束器、动镜、固定镜）、样品池、检测器和计算机组成。由光源发出的光经过干涉仪转变成干涉光，干涉光通过样品池时被样品吸收，成为含有样品信息的干涉光，表示的是干涉仪内镜子位置的函数，不是波长的函数，因此，信号必须进行傅里叶变换，得到吸光度或透光率随频率或波长变化的红外光谱图，称为傅里叶变换红外光谱。

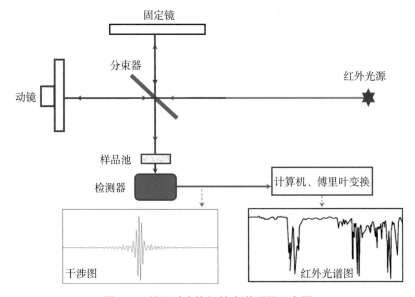

图 1.11　傅里叶变换红外光谱测量示意图

红外光谱图所测量的每一个数据点是由横坐标和纵坐标的值组成的。红外光谱图的横坐标单位有两种表示法：波数和波长。波长与波数的关系为：波长（μm）=10000/波数（cm⁻¹）。纵坐标有两种表示方法，即透射率 T 和吸光度 A。纵坐标采用透射率 T 表示的光谱为透射率光谱，纵坐标采用吸光度 A 表示的光谱为吸光度光谱。

采用透射法测定样品的透射率光谱，光谱图的透射率 T 是红外光透过样品的光强 I 和红外光透过背景（通常是空光路）的光强 I_0 的比值，通常采用百分数（%）表示。

$$T=I/I_0 \times 100\%$$

透射率光谱和吸光度光谱之间可以相互转换，吸光度 A 是透射率 T 倒数的对数：

$$A=\lg(1/T)$$

透射率光谱图虽然能直观地看出样品对红外光的吸收情况，但是透射率光谱的透射率与样品的含量不成正比关系，即透射率光谱不能用于红外光谱的定量分析，而吸光度光谱的吸光度值 A 在一定范围内与样品的厚度和样品的浓度成正比关系。同一物质聚苯乙烯的透射率光谱图与吸光度光谱图的比较如图 1.12 所示。

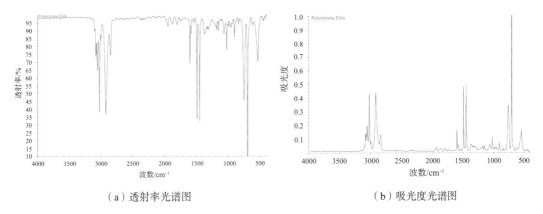

（a）透射率光谱图   （b）吸光度光谱图

图 1.12 聚苯乙烯的透射率光谱图与吸光度光谱图

在红外光谱测试中，要获得一张高质量的光谱图，除了有性能优良的仪器，选用合适的制样方法也非常重要。对固体样品进行红外光谱测试时，常用的方法是压片法，需要准备固体粉末、稀释剂（一般用干燥的溴化钾 KBr）、玛瑙研磨钵、压片磨具和压片机。压片法的方法如下：

（1）准备样品和稀释剂：固体粉末为 1～3mg，溴化钾粉末为 150g～200mg。样品和溴化钾的质量比例一般为 1:150～1:200。

（2）研磨：将固体粉末和溴化钾粉末一起放到玛瑙研磨钵中研磨，研磨到小颗粒尺寸（建议小于 2.5μm），以减少红外光的散射。

（3）把研磨好的固体混合物全部转移到压片磨具中，通过压片机给压片磨具施加压力，通常情况下，施加 8t 左右的压力，稳定 60～90s 后，就可压出透明或者半透明的锭片。如果压出的样品不透明，那么收集的谱图信号可能会比较弱。另外，如果锭片上面有白点，可能是研磨不够充分所致。

（4）样品测试：把压好的锭片从磨具中取下来，用红外光谱仪的透射模式测试。

只要样品量足够多，用压片制样，都可以得到样品的红外光谱图，但是压片法也存在不足：制样麻烦，对某些不能破坏的样品和微量样品无法进行测试。光学显微镜与傅里叶变换红外光谱技术结合发展起来的红外显微镜，制样更加简便，甚至无须破坏样品，可以直接测定。常用红外显微镜附件有显微反射附件、显微透射附件和衰减全反射附件，如图 1.13 所示。

红外光谱仪使用的检测器可以分为两类，一类是 DTGS（氘代硫酸三甘肽晶体）检测器，一类是 MCT（Mercury Cadmium Telluride，碲镉汞）检测器。显微红外附件一般使用 MCT 检测器，其精度、灵敏度和响应速度都比传统的 DTGS 检测器高，大大拓展了红外光谱技术的应用。

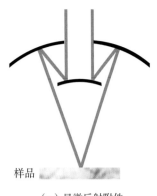

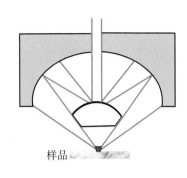

|（a）显微反射附件|（b）显微透射附件|（c）衰减全反射附件|

图 1.13　红外显微附件测量示意图

在 PCB 测试过程中，针对不同的样品，可以选择合适的显微红外附件进行测试，如表 1.3 所示。

表 1.3　显微红外附件应用

反射显微红外	透射显微红外	衰减全反射
不透光固体样品，比如板料、阻焊剂、干膜等。固体样品需要取下来并贴合在光亮的金属面上	薄膜、纤维	固体薄膜，固体微米区域。不需要破坏样品，可以进行原位测量

测试得到的红外光谱通常都需要进行数据处理，这是由于测试方法的选择、样品的用量、制样技术的差异等因素都会影响光谱的质量。随着计算机技术的快速发展，对光谱的原始数据进行处理一般都包含在仪器公司所提供的红外软件系统中。

红外光谱与物质的分子结构密切相关，也就是说物质的分子结构不同，它们的红外光谱也是不同的。在 PCB 的失效分析和材料分析中，最为常用的就是红外光谱对有机物进行定性分析，包括样品的比对和未知物的剖析。对已知物的验证是将待测物的红外光谱与已知物的标准光谱进行比对，从而鉴别待测物是否为已知物。对未知物红外光谱的分析是一项非常困难的工作。特别是对于混合物来说，只从一张红外光谱图提供的信息，恐怕只能判断混合物中大概含有哪些功能团，而根本无法判断出混合物的组成。在实际应用中，可以通过建立强大的已知物谱库，然后用待测物与谱库的光谱进行比对，确定待测物的来源。在进行光谱匹配度时，除了参考计算机所提供的匹配值，也需要对谱图的吸收峰的位置、峰的形状等进行比对。有些有机物的匹配度在 90% 以上，但是从分子结构上来说，它们并不是完全一样的物质。如图 1.14 所示，用 FTIR 对两种板料的 FTIR 谱图进行分析（仪器型号：Thermo Nicolet NEXUS 670），匹配值为 96.39%，但是两种板料的玻璃化转变温度（T_g）完全不同。

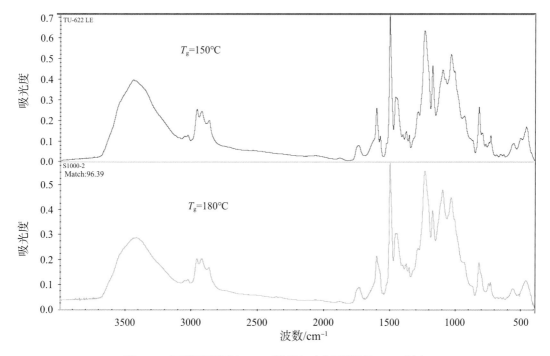

图 1.14　两种不同板料 FTIR 谱图比对（匹配值为 96.39%）

1.1.4　显微切片（Microsectioning）技术

　　显微切片（Microsectioning）技术主要用于检查 PCB 内部细微结构和各种缺陷。切片的制作方法可以参考 IPC-TM-650 2.1.1，制作的主要流程为切割→镶嵌→研磨→抛光。

　　切割样品的方法有冲床取样法、砂轮切割法或线切割法等。三种方法所用的设备不同，各有优劣，冲床取样最快，但是对 PCB 的机械损伤也最大；线切割效率低，但是对 PCB 的机械损伤最小；砂轮切割介于两者之间。无论选择哪一种方法，都不能破坏目标位置的原有结构。

　　镶嵌也常常称为灌胶，是把切割下来的样品用预先配置好的胶水封在切片模具中。选用的胶水需要与 PCB 紧密贴合，缝隙越小越好，并且胶水固化后无残留气泡，坚硬而不黏。

　　研磨过程需要选择合适的砂纸、转速，在研磨过程中，应注意压力和研磨的方向，在靠近目标位置的时候，需要把粗磨粒度砂纸转为细磨粒度砂纸，并且要使用超声波清洗切片表面的研磨残留物。

　　抛光是在研磨到达目的位置后，用抛光布和合适的抛光液去除切片表面的机械划痕。制备一个高质量的显微切片，需要有足够的耐心和细心，以及大量的实践经验。

1.2 化学镀镍浸金（ENIG）表面处理

1.2.1 ENIG 介绍

1. 化学镀镍浸金（ENIG）流程

ENIG 是 Electroless Nickel Immersion Gold 的缩写，中文翻译为化学镀镍浸金或化镀镍／金。该工艺自 20 世纪 80 年代以来，已经广泛应用在不同的工业领域。化学沉积的镍磷（Ni-P）层具有良好的平整性、共面性、耐磨损、耐腐蚀和优良的可焊性。镍磷（Ni-P）层表面镀上的金层，主要是保护镍磷（Ni-P）不容易被氧化，有助于后续制程的焊接或线键合。ENIG 是当今印制电路板制造中普遍使用的表面处理工艺之一。

ENIG 常见的问题有镍腐蚀、焊接不良、线键合不良等，这些问题的解决与 ENIG 的流程工艺和其镀层的特性密切相关。

化学镀镍浸金的工艺流程及其主要的作用见表 1.4。

表 1.4　化学镀镍浸金的工艺流程及其作用

序号	工艺流程	作用
1	酸性除油	清洁和降低铜面表面张力
2	微蚀	清洁和粗化铜面，增强沉积附着力
3	预浸	阻挡污染物进入预活化槽
4	活化	铜与钯发生置换反应，在铜表面沉积上钯 $Cu + Pd^{2+} \longrightarrow Cu^{2+} + Pd$
5	化学镀镍	自催化反应沉积上 Ni-P 层
6	浸金	金层与 Ni 发生置换反应，保护 Ni-P 层不容易被氧化

化学镀镍槽含有主盐（Main Salt）、还原剂（Reducing Agent）、络合剂（Complexing Agents）以及抑制剂和稳定剂（Inhibitors and Stabilizers）等化学成分。当主盐为硫酸镍，还原剂为次磷酸钠时，镍磷（Ni-P）层沉积反应方程如下：

$$2H_2PO_2^- + Ni^{2+} + 2H_2O \longrightarrow 2H_2PO_3^- + H_2 + 2H^+ + Ni$$

$$Ni^{2+} + H_2PO_2^- + H_2O \longrightarrow Ni + H_2PO_3^- + 2H^+$$

$$H_2PO_2^- + \frac{1}{2}H_2 \longrightarrow H_2O + OH^- + P$$

$$3H_2PO_2^- \longrightarrow H_2PO_3^- + H_2O + 2OH^- + 2P$$

$$3NaH_2PO_2 + 3H_2O + NiSO_4 \longrightarrow 3NaH_2PO_3 + H_2SO_4 + 2H_2 + Ni$$

镍磷（Ni-P）层的性能是由其微观结构的特性决定的，而镍磷（Ni-P）层磷的含量控制了其微观结构。现有的文献报告称 Ni-P 层有晶体结构、非晶体结构，或者是两种的混合体。以磷含量分类，低磷（磷含量质量比在 1%～5%）为纳米晶体结构，中磷（磷含量质量比在 6%～9%）为微晶体与非晶体的混合结构，高磷（磷含量质量比在 10%～14%）为半非晶体结构。镍磷镀层有良好的耐腐蚀性，一般认为这归结于镍磷层中的磷含量，高磷含量比低磷含量有更好的耐腐蚀性，是由于高磷含量有非晶态的微观结构，从而少了晶界效应。

Ni-P 层具有活性，在空气中容易被氧化和钝化，从而可焊接性变差。而化学镀镍浸金的目的，是保护 Ni-P 层不容易被氧化和钝化。浸金反应的机理是置换反应，镍原子溶解在金溶液中，金离子被还原，沉积在 Ni-P 层表面。金和镍的反应方程如下：

$$阳极：Ni \longrightarrow Ni^{2+}+2e^-$$
$$阴极：Au^++e^- \longrightarrow Au$$
$$总方程式：Ni+2Au^+ \longrightarrow Ni^{2+}+2Au$$

镍被金置换后，Ni-P 层被金层覆盖，但是金原子比镍原子大，覆盖的金层的原子间有空隙，金层表面形成孔隙，镍原子可以被继续氧化并且溶解，金继续沉积，直至反应终止。

2．ENIG 沉积结构

（1）表面形貌

在铜面沉积的化学镀镍，可以从图 1.15 观察到 Ni-P 层的生长过程。铜表面沉积上催化剂 Pd 后，随着 Ni-P 层反应时间的延长，Ni-P 层逐渐从小颗粒晶胞生长为大颗粒晶胞，表面也变得更为平滑。最后沉积上的金层只是覆盖在 Ni-P 晶胞表面，并未改变 Ni-P 晶胞的大小。

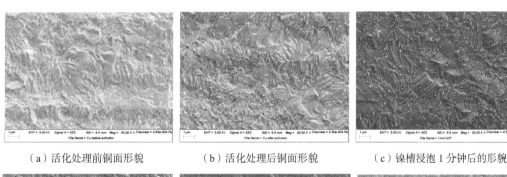

（a）活化处理前铜面形貌　　　（b）活化处理后铜面形貌　　　（c）镍槽浸泡 1 分钟后的形貌

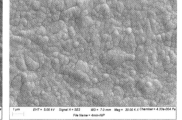

（d）镍槽浸泡 2 分钟后的形貌　　（e）镍槽浸泡 3 分钟后的形貌　　（f）镍槽浸泡 4 分钟后的形貌

图 1.15　Ni-P 层的变化过程

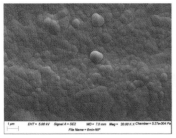
（g）镍槽浸泡 6 分钟后的形貌

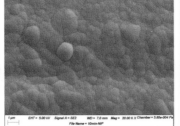
（h）镍槽浸泡 10 分钟后的形貌

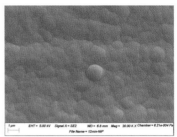
（i）镍槽浸泡 12 分钟后的形貌

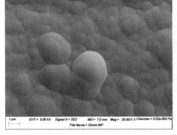
（j）镍槽浸泡 22 分钟后的形貌

（k）镍槽浸泡 24 分钟后的形貌

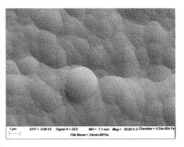
（l）金槽浸金后的形貌

图 1.15　Ni-P 层的变化过程（续）

（2）剖面形貌

镍磷层的结构呈现的是片状结体，如图 1.16 所示。金层与镍磷层并非完美结合，在高倍数显微镜下，在两种剖面处能看到微小的刺入状黑线，如图 1.17 所示。这是由 ENIG 的反应机理决定的，镍磷层的镍被金置换后，留下了磷。在扫描电镜的背散射电子探测器的观察下，磷的衬度更暗，属于富磷区。如果镍被置换过度了，留下大量的磷，就会形成典型的镍腐蚀现象。

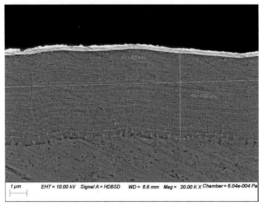

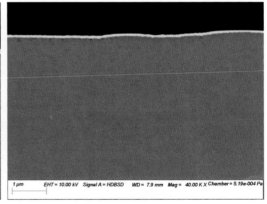

图 1.16　镍磷层剖面结构　　　　图 1.17　金层与镍磷层的界面形貌

用 ENIG 工艺处理的焊盘与无铅焊膏焊接后，金已经扩散至焊料中，而镍与锡形成界面金属化合物（Inter Metallic Compound，IMC）。镍磷层的 Ni 与 Sn 形成 Ni_3Sn_4，留下的磷富集在 IMC 与镍磷层之间，形成了富磷层，其典型的形貌如图 1.18 所示。

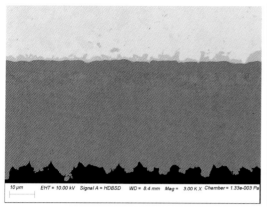 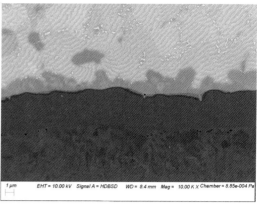

| （a）界面金属化合物图像 | （b）界面金属化合物放大图像 |

图 1.18 镍与锡形成界面金属化合物

1.2.2 ENIG 镍腐蚀机理和分析方法

在 ENIG 的工艺流程中，如果镍被大量的金置换，磷析出过多，会导致金层脱落，形成镍腐蚀，常被称为黑盘（Black Pad）现象。黑盘是一种严重的镍腐蚀，表面金层脱落后，看起来发黑。黑盘可以导致焊接不良或焊点连接可靠性问题。本节主要讨论在 ENIG 流程中所产生的镍腐蚀问题的分析技术。对于其他情况所产生的腐蚀现象，例如 ENIG 镀层在与腐蚀性的液体或气体接触时，镍磷层受到腐蚀的现象，不在本节讨论范围内。

1.2.2.1 镍腐蚀分析技术

分析镍腐蚀有两种方法，一种是剥金后表面分析，另一种是垂直切片分析。镍腐蚀分析示意图如图 1.19 所示。金层未被剥离，化学镀镍浸金表面未见异常；金层被剥离后，暴露出来的 Ni-P 层的晶胞之间有明显的黑色的界线，为典型的腐蚀形貌；从剖面观察，腐蚀为刺入状。

 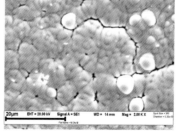 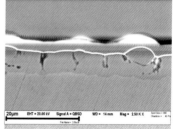

| （a）表面金层未被剥离 | （b）表面金层被剥离 | （c）剖面 SEM 图像 |

图 1.19 镍腐蚀分析示意图

进行表面分析时，需要把 ENIG 表面的金剥离，而不损伤镍层。剥离金的技术有化学方法和物理方法。切片的制样方法与 IPC-TM-650 2.1.1 显微切片的方法相似，但是在研磨抛光过程中，需要保护金层不受到损伤。无论是表面方法还是显微切片方法，本节的案例分析都用扫描电镜进行观察和分析。

1．剥金后表面分析

从样品表面观察镍腐蚀状况，需要剥离金层后观察，一般是用二次电子探测器观察分析，可以反映样品表面的信息。如果使用背散射电子探测器观察，可以反映样品内部比较深的信息，但是在 Ni-P 晶胞界面容易观察到黑色界线，有时候容易与镍腐蚀形貌混淆。如果镍腐蚀比较严重，背散射电子提供的成分的衬度信息，也可以反映镍腐蚀的程度。

1）化学方法

（1）氰化物褪金

用氰化物 KCN 或 NaCN 溶解金。金能被氰化物溶解，是因为氰化物与金生成可在水中溶解的二氰合金酸络合物，为了避免产生剧毒挥发物 HCN，溶液为碱性（pH=10），反应必须有氧气参与，反应方程式如下：

$$4Au+8CN^-+O_2+2H_2O \Longrightarrow 4Au(CN)_2^-+4OH^-$$

把 ENIG 连接盘浸泡在室温氰化钾溶液（浓度为 30～40g/L）中，时间分别为 20 秒、60 秒和 5 分钟，接着清洗、烘干和蒸镀导电膜（本节用 Au/Pd 材料），然后用扫描电镜观察，连接盘表面形貌分别如图 1.20～图 1.22 所示。20 秒的浸泡时间可以褪去 ENIG 表面金层，延长浸泡时间至 5 分钟，并未观察到 Ni-P 层有明显的变化，说明氰化物褪金只是溶解金层，不随着浸泡时间的延长而攻击 Ni-P 层。

（2）无氰化物褪金

由于氰化物具有剧毒，在工业中的使用受到严格的管控，氰化物褪金不容易推广。目前，市场已经开发出一种无氰的剥金溶液，其组分含有硫代硫酸盐或硫脲类的化合物，能与金形成可以溶解的 $Au(S_2O_3)_2^{3-}$ 或 $Au(SCN)_2^-$、$Au(SCN)_4^-$ 络合剂。

（a）二次电子图像	（b）背散射电子图像

图 1.20　浸泡 20 秒

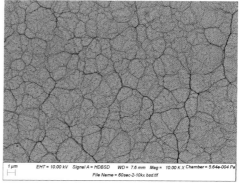

（a）二次电子图像　　　　　　　　　（b）背散射电子图像

图 1.21　浸泡 60 秒

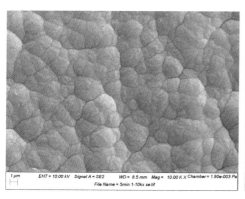

（a）二次电子图像　　　　　　　　　（b）背散射电子图像

图 1.22　浸泡 5 分钟

把 ENIG 连接盘浸泡在无氰化物溶液（体积浓度 50%）中，并加热至 50℃，时间分别为 30 秒、5 分钟、10 分钟，接着清洗、烘干和蒸镀导电膜（本节用 Au/Pd 材料），然后用扫描电镜观察，连接盘表面形貌分别如图 1.23～图 1.25 所示。三种浸泡时间差别不大，30 秒的浸泡时间可以褪去 ENIG 表面金层，延长浸泡时间至 10 分钟，并未观察到 Ni-P 层有明显的变化，说明无氰化物只是溶解金层，而不攻击 Ni-P 层。

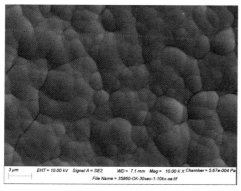

（a）二次电子图像　　　　　　　　　（b）背散射电子图像

图 1.23　浸泡 30 秒

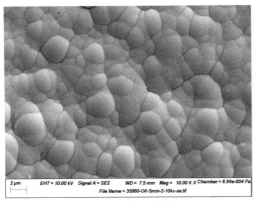

（a）二次电子图像

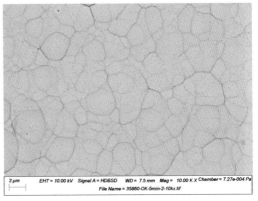

（b）背散射电子图像

图 1.24　浸泡 5 分钟

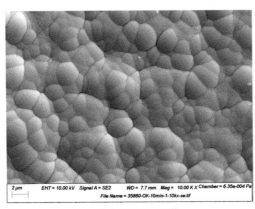

（a）二次电子图像

（b）背散射电子图像

图 1.25　浸泡 10 分钟

（3）碘与碘化钾溶液褪金

碘离子与碘单质形成的混合溶液可以溶解金，反应方程式如下：

$$2Au + I_3^- + I^- \rightleftharpoons 2AuI_2^-$$

把 ENIG 连接盘浸泡在室温的碘与碘化钾溶液（碘：50～80g/L，碘化钾：200～250g/L）中，时间分别为 3 秒、5 秒、10 秒、60 秒，接着清洗、烘干和蒸镀导电膜（本节用 Au/Pd 材料），然后用扫描电镜观察，连接盘表面形貌分别如图 1.26～图 1.29 所示，3 秒的浸泡时间可以褪去 ENIG 表面金层，但是 Ni-P 层的晶胞界面随着浸泡时间的延长而开裂，说明此溶液不但能够溶解金，而且容易攻击 Ni-P 层，对 Ni-P 层造成破坏。

（4）王水褪金

王水（Aqua Regia），源自拉丁语，中文为意译。王水是由浓硝酸（HNO_3）与浓盐酸（HCl）按照 1:3 的比例配制而成的混合物，常温下可以溶解金（Au）、铂（Pt）、钯（Pd）、铜（Cu）、铁（Fe）、镍（Ni）等金属。王水腐蚀性极强，是由于混合物生成强氧化剂亚硝酰氯（NOCl），反应方程式如下：

$$NO_3^- + 4H^+ + 3Cl^- \Longrightarrow Cl_2 + NOCl + 2H_2O$$

$$(HNO_3+3HCl \Longrightarrow Cl_2+NOCl+2H_2O)$$

$$NOCl+H_2O \Longrightarrow HNO_2+H^++Cl^-$$

王水溶解金的反应方程式为：

$$Au+3NO_3^-+4Cl^-+6H^+ \Longrightarrow AuCl_4^-+3H_2O+3NO_2$$

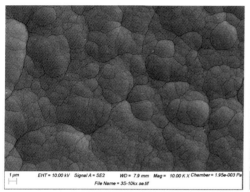
（a）二次电子图像

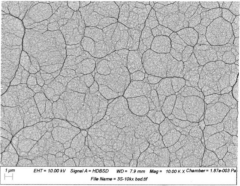
（b）背散射电子图像

图 1.26　浸泡 3 秒

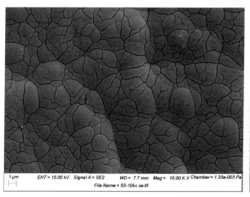
（a）二次电子图像

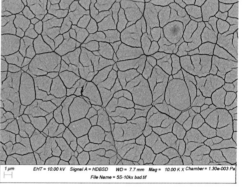
（b）背散射电子图像

图 1.27　浸泡 5 秒

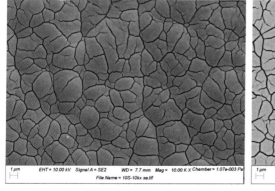
（a）二次电子图像

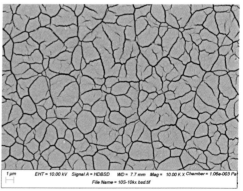
（b）背散射电子图像

图 1.28　浸泡 10 秒

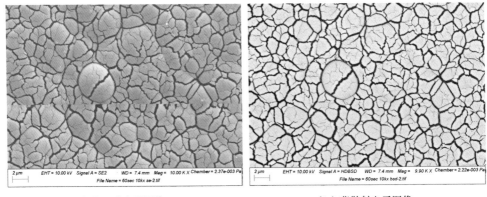

（a）二次电子图像　　　　　　　　　　　（b）背散射电子图像

图 1.29　浸泡 60 秒

把 ENIG 连接盘浸泡在王水溶液中，时间分别为 10 秒、15 秒、30 秒，接着清洗、烘干和蒸镀导电膜，然后用扫描电子显微镜观察，连接盘表面形貌分别如图 1.30～图 1.32 所示，10 秒的浸泡时间可以去除 ENIG 表面金层，Ni-P 层表面也被侵蚀，说明此溶液不但能够溶解金，而且容易攻击 Ni-P 层，对 Ni-P 层造成破坏。

（a）二次电子图像　　　　　　　　　　　（b）背散射电子图像

图 1.30　浸泡 10 秒

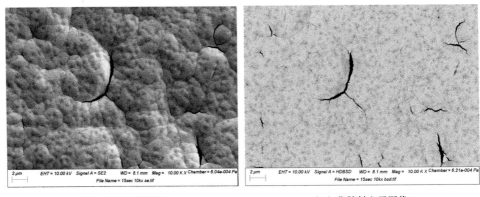

（a）二次电子图像　　　　　　　　　　　（b）背散射电子图像

图 1.31　浸泡 15 秒

 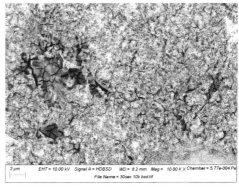

| （a）二次电子图像 | （b）背散射电子图像 |

图 1.32　浸泡 30 秒

2）物理方法

除了采用化学溶解的方法去除 ENIG 表面的金层，也可以采用物理的方法去除 ENIG 表面的金层。离子研磨属于一种物理蚀刻技术，其工作原理为：在真空环境下，惰性的氩气体被电极电离形成氩 (Ar⁺) 离子束，对样品表面进行轰击，除去样品表面原子。离子研磨也被形象地称为离子喷砂，其工作原理如图 1.33 所示。

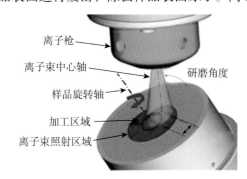

图 1.33　离子研磨的工作原理

本案例采用的离子研磨机型号为 IB-19530CP，加速电压为 6kV，加上合适的氩气气压和流量，样品与离子束的角度约 30°，研磨时间分别为 1 分钟和 4 分钟。1 分钟的研磨图像如图 1.34 所示，Ni-P 层表面残留少量的金。4 分钟的研磨图像如图 1.35 所示，Ni-P 层表面的金已经被完全去除，晶胞和界线清晰可见，说明离子研磨方法能有效地剥离金层来观察 Ni-P 层的晶胞形貌。影响离子研磨的因素有加速电压、氩气气压、研磨的时间、样品与离子束的角度等。

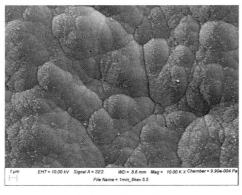 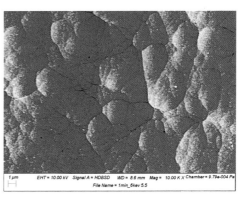

| （a）二次电子图像 | （b）背散射电子图像 |

图 1.34　离子研磨 1 分钟

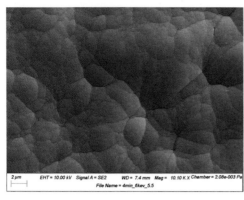 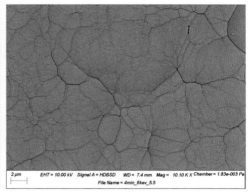

（a）二次电子图像　　　　　　　　　　（b）背散射电子图像

图 1.35　离子研磨 4 分钟

ENIG 表面剥金的化学方法和物理方法比较如表 1.5 所示。

表 1.5　ENIG 表面剥金的化学方法与物理方法比较

方法	剥金技术	特点
化学方法	氰化物	去除金层快速，不影响 Ni-P 层，但是化学品是剧毒
	无氰化物	去除金层快速，效果与氰化物相当，化学品非剧毒
	碘与碘化钾	去除金层快速，但是极易侵蚀 Ni-P 层，难以控制
	王水	去除金层快速，但是极易侵蚀 Ni-P 层，难以控制
物理方法	离子研磨	去除金层快速，不影响 Ni-P 层，但是效率较低，去除金的区域面积小，有效的面积直径为 100～300μm，并且需要昂贵的设备和专业的人员操作

2．垂直切片

垂直切片方法是通过显微切片技术来观察 ENIG 层剖面，包括金层和 Ni-P 层。切片制作完成后，一般用扫描电镜的背散射电子探测器，通过观察金、镍和磷的元素成分衬度的不同，可以判断镍腐蚀的程度。

1）金面无保护层

金面无保护层的垂直切片如图 1.36 所示，用 SEM 观察，Ni-P 层上面的白色金层可见，Ni-P 层未受到机械研磨抛光的破坏，可以作为判断镍腐蚀程度的依据。

2）金面有保护层

实际上，对样品进行镶嵌，很难做到胶水与金层无缝结合。在切片研磨抛光过程中，金层会在缝隙中出现披锋或脱落，Ni-P 层被破坏后，就难以判断镍腐蚀的程度，因此，在镶嵌之前必须对金（Au）层进行保护。下面介绍各种保护金层的方法。

（1）Ni-P 保护层方法

在 ENIG 连接盘表面沉积上 Ni-P 保护层，不破坏 ENIG 表面，垂直切片用 SEM 观察，如图 1.37 所示。

（2）Ni-P 层保护和焊锡层保护

在 ENIG 连接盘表面沉积上 Ni-P 保护层，不破坏 ENIG 表面，然后再用焊料润湿，加固保护 Ni-P 层与金层的结合，垂直切片用 SEM 观察，如图 1.38 所示。

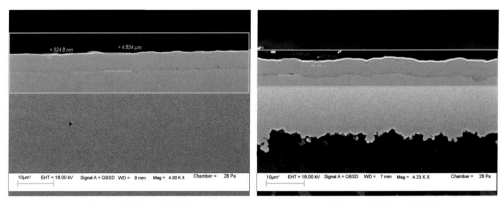

（a）剖面 SEM 图像，无镍腐蚀　　　　　（b）剖面 SEM 图像，有镍腐蚀

图 1.36　金面无保护层的垂直切片示意图

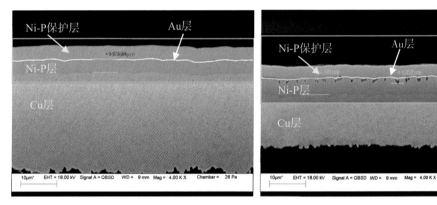

（a）无镍腐蚀　　　　　　　　（b）有镍腐蚀

图 1.37　金面有 Ni-P 保护层的垂直切片

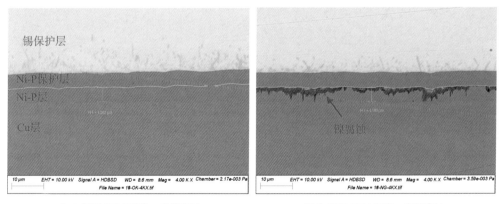

（a）剖面 SEM 图像，无镍腐蚀　　　　　（b）剖面 SEM 图像，有镍腐蚀

图 1.38　金面 Ni-P 保护层和焊锡层的垂直切片

（3）焊锡保护层

用焊料润湿 ENIG 连接盘，垂直切片用 SEM 观察，如图 1.39 所示，金层扩散至焊料中，

焊料和 Ni-P 层之间的富磷层的元素衬度发暗，与镍腐蚀区域的衬度相似，对镍腐蚀的判断可能造成干扰。

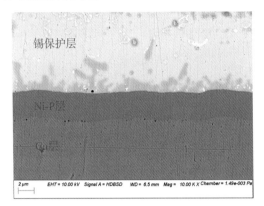 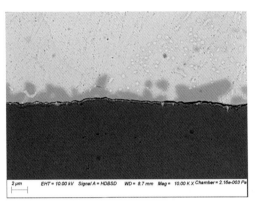

（a）剖面 SEM 图像，无镍腐蚀　　　　（b）剖面 SEM 图像，有镍腐蚀，Ni-P 层与 IMC 层界面有裂纹

图 1.39　ENIG 表面焊锡后的垂直切片

以上三种不同的金层表面保护层显微切片分析方法如表 1.6 所示。

表 1.6　显微切片分析方法

金层表面	保护层物质	特点
无保护层	无	显微切片制样时，需要选择与金层黏结力好的胶水，并且需要良好的切片研磨抛光技术，避免金层在机械研磨过程中从 Ni-P 层脱落或者产生批锋问题
有保护层	Ni-P 层	需要准备化学镀镍浸金的药水，在沉积 Ni-P 保护层时，不可使用腐蚀性的药水对金层表面进行清洁，避免金层受到破坏，Ni-P 保护层沉积在 2～6μm 的厚度即可。 在研磨切片过程中，Ni-P 保护层可以避免机械研磨破坏金层。但是，如果 Ni-P 保护层与金层结合力不佳，产生了缝隙，金层容易受到破坏
	Ni-P 层和锡层	Ni-P 保护层沉积好后，把样品浸入高温的锡炉（建议无铅锡炉）3～10 秒取出，Ni-P 表面被锡覆盖就可以进行切片分析。 增加锡层，目的是进一步增强和巩固 Ni-P 层与金层的结合力
金层扩散至焊料中	锡层	把样品浸入高温的锡炉（建议无铅锡炉）3～10 秒后取出，ENIG 表面被锡覆盖，就可以进行切片分析。 ENIG 被锡完全润湿后，金扩散到锡中，镍与锡形成界面金属化合物（IMC），IMC 和 Ni-P 层之间存在富磷层。富磷层的厚度与锡炉的温度和样品在锡炉的停留时间相关，也与 Ni-P 层的初始结构和组分相关

1.2.2.2 镍腐蚀的各种形貌

1．表面形貌

1）金层未剥离

ENIG 连接盘表面金层未剥离，不同形貌的镍腐蚀如图 1.40 所示。

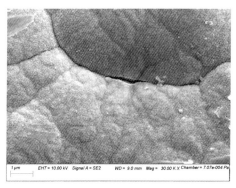 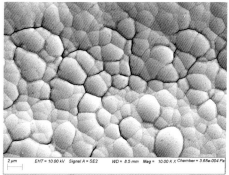

（a）Ni-P 晶胞边界局部微裂缝放大图像　　　　　（b）Ni-P 晶胞边界裂缝图像

（c）Ni-P 晶胞边界处部分金层脱落　　　　　（d）金层脱落

图 1.40　ENIG 连接盘表面金层未剥离的镍腐蚀形貌

2）金层已剥离

（1）ENIG 连接盘 Ni-P 晶胞边界腐蚀如图 1.41 所示。

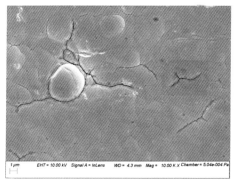 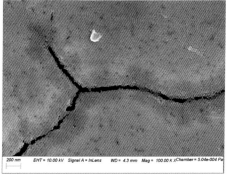

图 1.41　ENIG 连接盘表面 Ni-P 晶胞边界腐蚀形貌（金层已剥离）

（2）ENIG 连接盘 Ni-P 晶胞表面腐蚀形貌如图 1.42 所示。

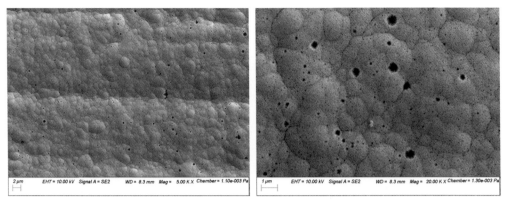

（a）Ni-P 晶胞的零散点状腐蚀　　　　　（b）Ni-P 晶胞的零散点状腐蚀局部放大图像

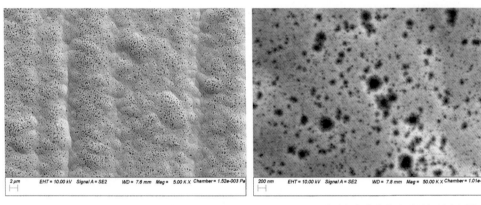

（c）Ni-P 晶胞的密集点状腐蚀图像　　　　（d）Ni-P 晶胞的密集点状腐蚀局部放大图像

图 1.42　ENIG 连接盘 Ni-P 晶胞表面腐蚀形貌

（3）ENIG 连接盘 Ni-P 晶胞边界腐蚀和晶胞表面腐蚀，不同腐蚀的表面形貌如图 1.43 所示。

（a）Ni-P 晶胞的点状与线状腐蚀图像　　　　（b）Ni-P 晶胞的点状与线状腐蚀局部放大图像

图 1.43　ENIG 连接盘表面 Ni-P 晶胞边界腐蚀和表面腐蚀形貌

（c）Ni-P 晶胞的线状与面状腐蚀图像　　　　　（d）Ni-P 晶胞的线状与面状腐蚀局部放大图像

图 1.43　ENIG 连接盘表面 Ni-P 晶胞边界腐蚀和表面腐蚀形貌（续）

（4）ENIG 连接盘 Ni-P 晶胞腐蚀脱落，其表面形貌如图 1.44 所示。

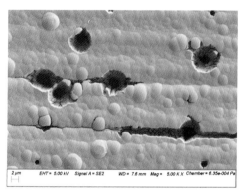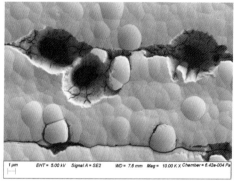

（a）Ni-P 晶胞脱落图像　　　　　　　（b）Ni-P 晶胞脱落局部放大图像

图 1.44　ENIG 连接盘表面 Ni-P 晶胞腐蚀脱落形貌

2. 剖面形貌

1）金层无保护层

镍腐蚀在切片上的观察有深度方向和宽度方向的差异。

IPC-4552 用 Spike（刺入状）来描述深度方向的腐蚀。腐蚀的严重程度由刺入的数量、深度决定。刺入数量越多，深度越大，表明腐蚀越严重。深度方向腐蚀的切片剖面形貌如图 1.45 所示。

IPC-4552 用 Spreader（扩散状）来描述宽度方向的腐蚀。严重程度由扩散的宽度决定。扩散的宽度越大，表明腐蚀越严重，宽度方向腐蚀的剖面形貌如图 1.46 所示。

2）金层有保护层

（1）金层沉积上有镍磷层保护层

对于深度方向的腐蚀，IPC-4552 用 Spike（刺入状）来描述。腐蚀的严重程度由刺入的数量、深度决定。刺入数量越多，深度越大，表明腐蚀越严重。有保护镍磷层 ENIG 镍腐蚀刺入状形貌如图 1.47 所示。

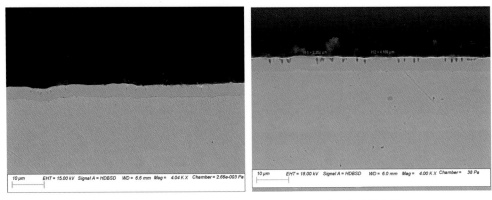

（a）刺入条内有金　　　　　　　　　　　　（b）刺入条内无金

图 1.45　金层无保护层镍腐蚀刺入状形貌

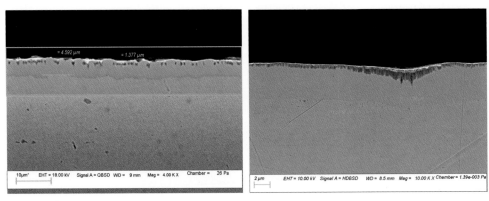

（a）剖面 SEM 图像，镍腐蚀宽度方向不连续　　　（b）剖面 SEM 图像，镍腐蚀宽度方向连续

图 1.46　金层无保护层镍腐蚀扩散状形貌

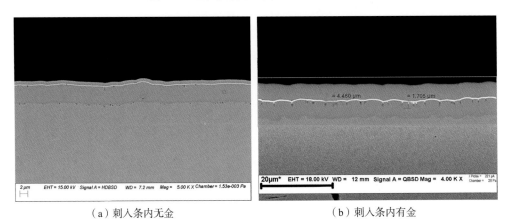

（a）刺入条内无金　　　　　　　　　　　　（b）刺入条内有金

图 1.47　金层有镍磷保护层的镍腐蚀刺入状形貌

宽度方向的腐蚀，IPC-4552 用 Spreader（扩散状）来描述，严重程度由扩散的宽度决定。扩散的宽度越大，表明腐蚀越严重，如图 1.48 所示。

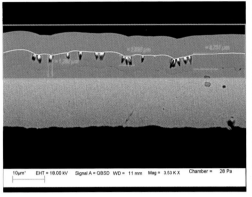

（a）镍腐蚀深度大，扩散状不连续，内有金　　　　（b）镍腐蚀深度小，扩散状连成线，内无金

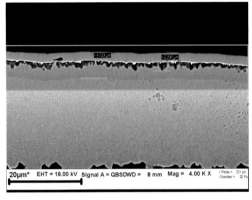
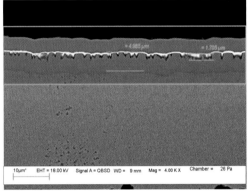

（c）镍腐蚀深度大，扩散状连成线，内无金　　　　（d）镍腐蚀深度大，扩散状连成线，内有金

图 1.48　金层有镍磷保护层的镍腐蚀刺入状和扩散状形貌

（2）金层沉积上镍磷保护层，加上焊锡层。

由于焊锡层的存在，使得镍磷保护层在切片研磨过程中不容易脱落，如图 1.49 所示。

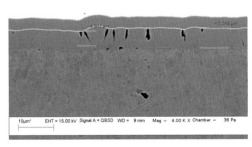
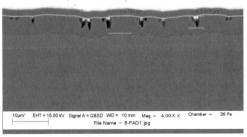

（a）镍腐蚀深度大，扩散状不连续，内无金　　　　（b）镍腐蚀深度大，扩散状不连续，内有金

图 1.49　金层有镍磷保护层和锡层的刺入状和扩散状形貌

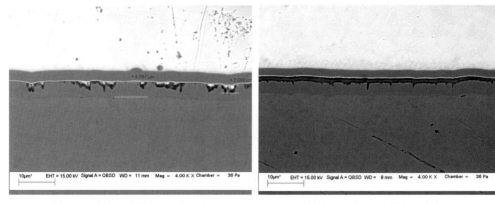

（c）镍腐蚀深度大，扩散状不连续，内有金　　　　（d）镍腐蚀深度大，扩散状连成线，内无金

图 1.49　金层有镍磷保护层和锡层的刺入状和扩散状形貌（续）

3）镍腐蚀假象的识别

在垂直切片中，镍腐蚀的假象一般是由于金层或镍磷层被破坏产生的，无保护层的 ENIG 连接盘腐蚀假象形貌如图 1.50 所示。

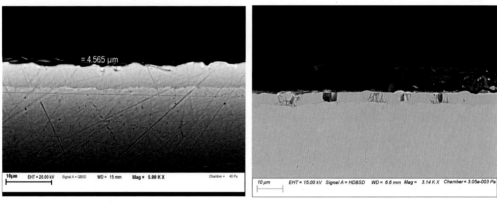

（a）金层与镍磷层被破坏的 SEM 图像　　　　（b）镍磷层脱落

图 1.50　无保护层的 ENIG 连接盘腐蚀假象形貌

1.2.3　ENIG 工艺流程案例分析

1.2.3.1　表面 Ni-P 晶胞粗糙的差异

1．连接盘颜色差异

【案例背景】柔性印制电路板完成 ENIG 流程后，连接盘表面变色，如图 1.51 所示，需要分析连接盘变色的原因。

【案例分析】用 SEM 或 EDS 对缺陷位置进行观察分析，SEM 分析显示变色的 Ni-P 晶胞的粗糙度明显不同，EDS 分析显示两处区域的元素并未有显著差异，如图 1.52 所示。

【评论与建议】连接盘 Ni-P 晶胞大小和粗糙度差异导致变色，可能是 Ni-P 层在镍槽的沉积速率不同导致的。

图 1.51　ENIG 连接盘表面变色金相显微图像

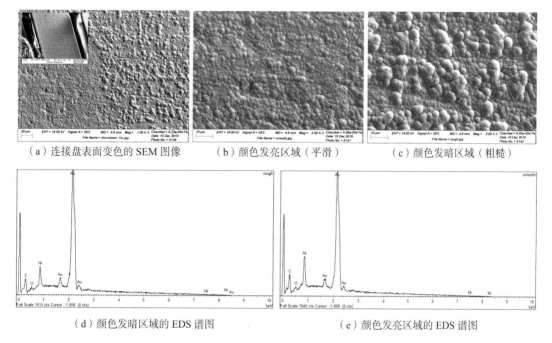

（a）连接盘表面变色的 SEM 图像　　　（b）颜色发亮区域（平滑）　　　（c）颜色发暗区域（粗糙）

（d）颜色发暗区域的 EDS 谱图　　　　　　　　（e）颜色发亮区域的 EDS 谱图

图 1.52　ENIG 金面变色 SEM 和 EDS 分析

2. 孔环颜色差异

【案例背景】印制电路板完成 ENIG 流程后，镀覆孔孔环表面变色，孔环变色金相显微图像如图 1.53 所示，需要分析孔环变色的原因。

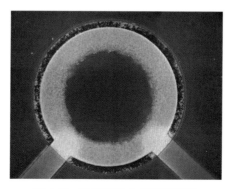

图 1.53　孔环变色金相显微图像

【案例分析】用 SEM 或 EDS 对缺陷位置进行观察分析。SEM 分析显示变色的 Ni-P 晶胞的粗糙度明显不同，而且在粗糙度大的区域观察到有黑色污染物，用 EDS 对污染物进行分析，检测到 C、O、Ca、Na、Mg、Al、Si 等元素，如图 1.54 所示。

【评论与建议】孔环表面 Ni-P 晶胞大小和粗糙度差异，可能是 Ni-P 层在镍缸中的沉积速率不同导致的，同时，粗糙区域检测到的污染元素也表明粗糙度过大，容易夹杂和吸附污染物，从而难以被清洗干净。

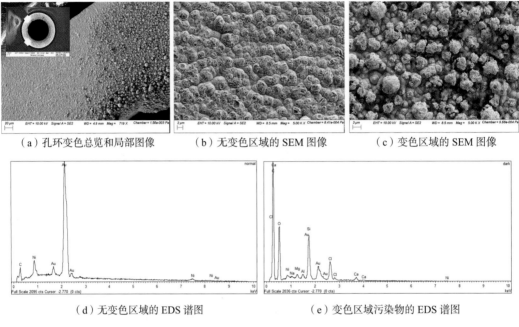

（a）孔环变色总览和局部图像　　（b）无变色区域的 SEM 图像　　（c）变色区域的 SEM 图像

（d）无变色区域的 EDS 谱图　　　　　　　（e）变色区域污染物的 EDS 谱图

图 1.54　孔环变色的 SEM 和 EDS 分析

1.2.3.2　表面污染

1．孔环漏镀 —— 阻焊剂残留

【案例背景】化学镀镍浸金（ENIG）在工艺过程中孔环表面漏镀，用金相显微镜观察疑似露铜，如图 1.55 所示，需要分析孔环漏镀的原因。

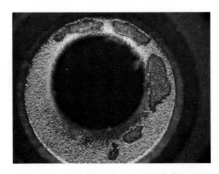

图 1.55　ENIG 工艺过程中孔环漏镀金相显微图像

【案例分析】用 SEM、EDS 和 FTIR 对缺陷位置进行观察分析。SEM 分析显示缺陷位置有黑色污染物；用 EDS 对污染物进行分析，检测到典型的阻焊剂元素 S 和 Ba（可

来源于 $BaSO_4$）；用 FTIR 对污染物进行分析，污染物的谱图与一种 PCB 的阻焊剂的

谱图相似，如图 1.56 所示。

【评论与建议】导致 ENIG 过程中漏镀的原因是孔环阻焊剂残留。推测在 ENIG 流

程前，阻焊剂残留在镀覆孔孔环中，导致无法正常沉积上 ENIG 层。建议优化阻焊剂工艺，

确保孔环表面无阻焊剂残留。

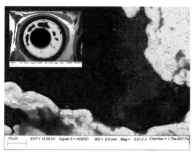
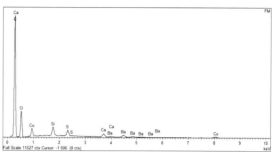

（a）孔环漏镀污染物总览和局部图像 　　　　　　（b）污染物 EDS 谱图

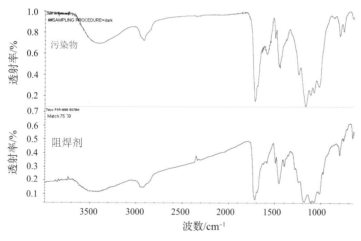

（c）污染物红外光谱与阻焊剂谱图比对

图 1.56　孔环的 SEM 和 EDS 分析

2．连接盘漏镀 —— 阻焊剂残留

【案例背景】化学镀镍浸金（ENIG）工艺后连接盘表面漏镀，金相显微镜观察到疑似

污染物，如图 1.57 所示，需要分析连接盘漏镀的原因。

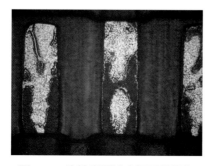

图 1.57　连接盘漏镀金相显微图像

【案例分析】用 SEM 和 EDS 对缺陷位置进行观察分析。SEM 分析显示缺陷位置有黑色污染物；用 EDS 对污染物进行分析，检测到典型的阻焊剂元素 S 和 Ba（可能来源于 $BaSO_4$），如图 1.58 所示。

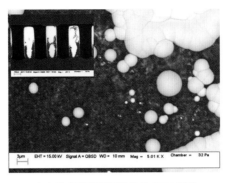

（a）连接盘漏镀污染物的 SEM 图像

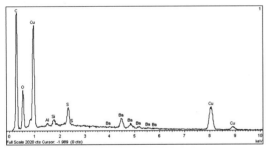 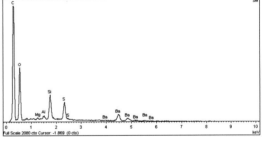

（b）污染物的 EDS 谱图　　　　　　（c）阻焊剂的 EDS 谱图

图 1.58　连接盘漏镀的 SEM 和 EDS 分析

【评论与建议】导致连接盘漏镀的原因是连接盘阻焊剂残留。在 ENIG 流程前，阻焊剂残留在连接盘，导致无法正常沉积上 ENIG 镀层。建议优化阻焊剂工艺，确保连接盘表面无阻焊剂残留。

3. 连接盘漏镀 —— 干膜残留

【案例背景】化学镀镍浸金（ENIG）工艺后，在连接盘表面出现漏镀现象，金相显微镜观察到疑似污染物，如图 1.59 所示，需要分析连接盘漏镀的原因。

图 1.59　连接盘漏镀金相显微图像

【案例分析】用 SEM、EDS 和 FTIR 对缺陷位置进行观察分析。SEM 分析显示缺陷位置有黑色污染物；用 EDS 对污染物进行分析，检测到很强的碳峰，表明可能是有机物；用 FTIR 对有机污染物进行分析，污染物的谱图与一种 PCB 干膜的谱图相似，如图 1.60 所示。

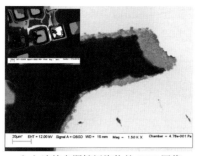（a）连接盘漏镀污染物的 SEM 图像　　　（b）污染物的 EDS 谱图

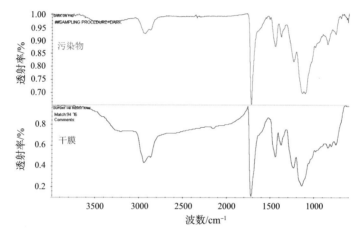

（c）污染物红外光谱与干膜谱图比对

图 1.60　连接盘漏镀分析

【评论与建议】导致漏镀的原因是连接盘干膜残留。在 ENIG 流程前，干膜残留在连接盘上，导致无法正常沉积上 ENIG 镀层。建议优化干膜工艺，确保连接盘表面无干膜残留。

4．孔环漏镀 —— 板料残留

【案例背景】化学镀镍浸金（ENIG）工艺后，在孔环表面出现漏镀现象，金相显微镜观察到疑似污染物，如图 1.61 所示，需要分析孔环漏镀的原因。

图 1.61　镀覆孔孔环表面金相显微图像

【案例分析】用 SEM 和 EDS 对缺陷位置进行观察分析。SEM 观察到缺陷位置有黑色污染物；用 EDS 分析，发现污染物区域有 C、O、Si、P 等元素，与 PCB 板料的元素组分相似。用 FTIR 对污染物进行分析，发现污染物的光谱图与一种 PCB 板料的光谱相似，如图 1.62 所示。

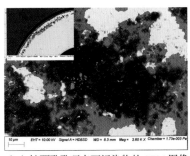
（a）镀覆孔孔环表面污染物的 SEM 图像

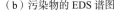
（b）污染物的 EDS 谱图

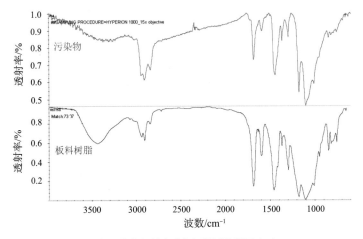
（c）污染物红外光谱与板料树脂谱图比对

图 1.62　镀覆孔孔环漏镀分析

【评论与建议】在 ENIG 流程前，板料树脂残留在孔环表面，导致无法正常沉积上 ENIG 镀层。建议优化压板工艺，确保连接盘表面无板料残留。

5．连接盘漏镀 —— 柔性板材料覆盖膜残留污染物

【案例背景】化学镀镍浸金（ENIG）工艺后，在连接盘表面出现漏镀现象，金相显微镜观察到疑似污染物，如图 1.63 所示，需要分析连接盘漏镀的原因。

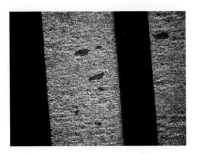

图 1.63　连接盘漏镀金相显微图像

【案例分析】SEM 分析显示缺陷位置有黑色污染物；用 EDS 对污染物进行分析，检测到污染物碳峰很强，表明可能是有机物；用 FTIR 对有机污染物进行分析，污染物的光谱图与一种柔性板材料覆盖膜的光谱图相似，如图 1.64 所示。

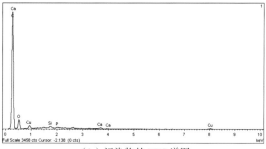

（a）连接盘漏镀污染物的 SEM 图像　　　　　（b）污染物的 EDS 谱图

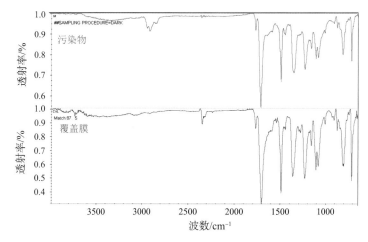

（c）污染物 FTIR 分析图

图 1.64　连接盘的 SEM、EDS、FTIR 分析

【评论与建议】导致漏镀的原因是覆盖膜残留。推测在 ENIG 流程前，覆盖膜残留在连接盘表面，导致无法正常沉积上 ENIG 镀层。建议优化覆盖膜工艺，确保连接盘表面无覆盖膜残留。

6. 连接盘变色 —— 污染物含铜和氯等

【案例背景】PCB 完成 ENIG 流程后，连接盘表面变色，如图 1.65 所示，需要分析连接盘变色的原因。

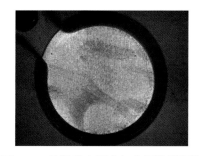

图 1.65　连接盘表面变色金相显微图像

【案例分析】用 SEM 和 EDS 对缺陷位置进行观察分析。SEM 分析显示缺陷位置有黑色污染物，用 EDS 对污染物进行分析，检测到元素 C、O、Cu、Cl，如图 1.66 所示。

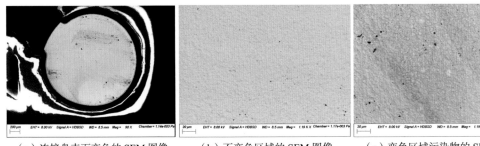

（a）连接盘表面变色的 SEM 图像　　（b）不变色区域的 SEM 图像　　（c）变色区域污染物的 SEM 图像

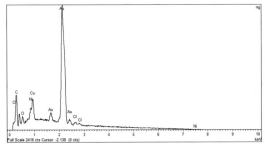 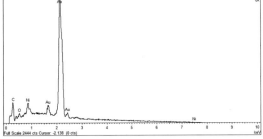

（d）不变色区域的 EDS 谱图　　　　　　（e）变色区域污染物的 EDS 谱图

图 1.66　连接盘变色污染物的 SEM 和 EDS 分析

【评论与建议】污染物导致连接盘变色。可能是在 ENIG 流程后水洗不干净或外来污染引起的。

7. 镀覆孔孔内表面变色 —— 金层漏镀

【案例背景】PCB 完成 ENIG 流程后，镀覆孔孔内表面变色，如图 1.67 所示，需要分析镀覆孔孔内表面变色的原因。

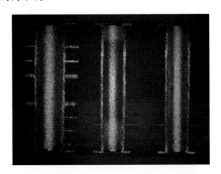

图 1.67　镀覆孔孔内表面变色金相显微图像

【案例分析】用 SEM 和 EDS 对缺陷位置进行观察分析。用 SEM 分析未观察到明显的污染物，但是可见明显的黑白衬度区别。EDS 分析结果显示，表面变色发暗的区域未检测到 ENIG 特征金（Au）元素，如图 1.68 所示。

【评论与建议】经过分析，认为镀覆孔孔内表面变色是由于该变色区域未有金覆盖。推测在 ENIG 工艺过程中，孔内存在气泡，导致化学药水无法与 Ni-P 层发生置换反应，而显露出来的 Ni-P 层与金层相比，其成分衬度显得较暗。

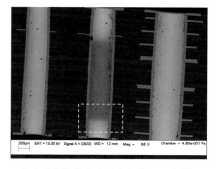
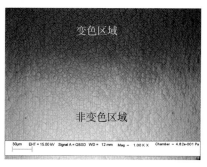

（a）镀覆孔孔内表面变色的 SEM 图像　　（b）变色区域与非变色区域的 SEM 图像

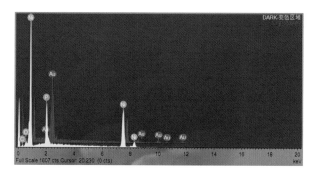

（c）变色与非变色区域的 EDS 谱图

图 1.68　镀覆孔孔内 ENIG 金层漏镀分析

8．连接盘漏镀 —— 铜面无镍金层

【案例背景】PCB 完成 ENIG 流程后，连接盘表面变色，如图 1.69 所示，需要分析连接盘表面变色的原因。

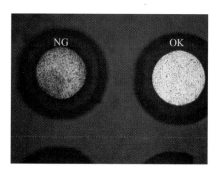

图 1.69　连接盘表面变色金相显微图像

【案例分析】用 SEM 和 EDS 对缺陷位置进行观察分析。SEM 分析显示变色连接盘的形貌没有典型的 Ni-P 晶胞，也未观察到明显的污染物。EDS 分析结果显示，变色区域检测到金和铜元素，如图 1.70 所示。

【评论与建议】经过分析，认为连接盘表面变色的原因是露铜。推测由于连接盘存在污染物，在镍槽中无法镀上 Ni-P 层，而在金槽中，污染物脱落，金与连接盘的铜发生置换反应，但是连接盘的铜未被金完全置换。

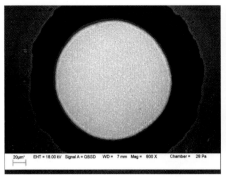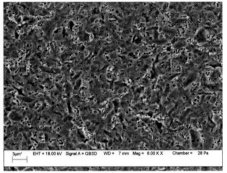

（a）变色连接盘（NG）的 SEM 图像　　　　（b）变色连接盘的 SEM 放大图像

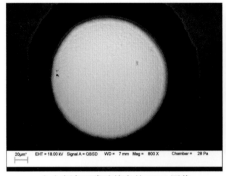

（c）颜色正常连接盘的 SEM 图像　　　　（d）颜色正常连接盘的 SEM 放大图像

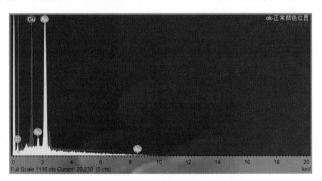

（e）正常颜色与变色位置的 EDS 谱图

图 1.70　连接盘表面铜面无镍金层分析

9．连接盘漏镀 —— 铜面有机污染物

【案例背景】在化学镀镍浸金（ENIG）过程中，连接盘表面出现漏镀现象，通过金相显微镜观察，疑似露铜，如图 1.71 所示。需要分析连接盘漏镀的原因。

【案例分析】用 SEM、EDS 和 FTIR 对缺陷位置进行观察分析。SEM 分析显示缺陷位置有黑色污染物，用 EDS 对污染物进行分析，检测到污染物的碳峰很强，表明可能是有机物。用 FTIR 对有机污染物进行分析，显示污染物的谱图与一种透明胶带的光谱图相似，如图 1.72 所示。

【评论与建议】经过分析，导致连接盘漏镀的原因是透明胶带残留。在 ENIG 流程前，透明胶带残留在连接盘上，导致无法正常沉积 ENIG 层。

图 1.71　连接盘漏镀金相显微图像

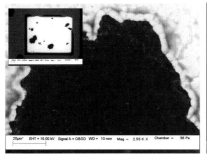

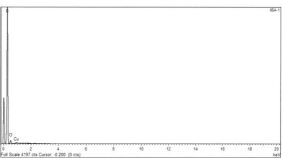

（a）ENIG 连接盘漏镀污染物的 SEM 图像　　　　　　　　（b）污染物的 EDS 谱图

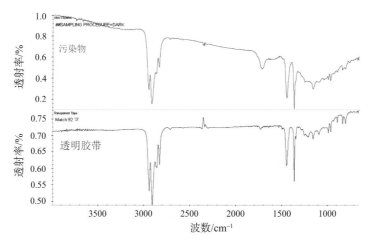

（c）污染物红外光谱与透明胶带谱图比对

图 1.72　连接盘漏镀铜面有机污染物分析

10. 连接盘污染 ——ENIG 金层表面有机物

【案例背景】化学镀镍浸金处理后，通过金相显微镜观察到疑似污染物的存在，如图 1.73 所示。需要分析连接盘污染物的来源。

【案例分析】用 SEM、EDS 和 FTIR 对缺陷位置进行观察分析。SEM 分析显示缺陷位置有黑色污染物，如图 1.74 所示；用 EDS 对污染物进行分析，检测到污染物的碳峰很强，如图 1.75 所示，表明可能是有机物；用 FTIR 对有机污染物进行分析，发现其与一种透明胶带的红外光谱图相似，如图 1.76 所示。

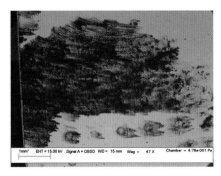

图 1.73　连接盘表面污染　　　　　　图 1.74　污染物的 SEM 图像

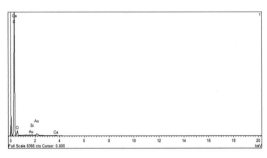

图 1.75　污染物的 EDS 谱图

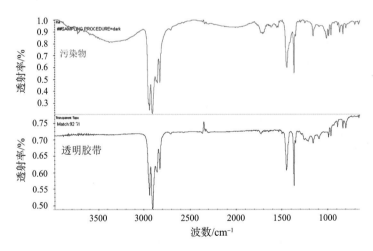

图 1.76　污染物与透明胶带红外光谱图比对

【评论与建议】综合以上分析，导致连接盘表面污染的原因是透明胶带残留在连接盘表面。

1.2.4　ENIG 焊接不良失效案例分析

1. 镍腐蚀

【案例背景】PCB 表面处理工艺为化学镀镍浸金（ENIG），使用表面安装技术进行焊接后，部分焊盘出现退润湿现象，且退润湿区域有疑似黑色物质，如图 1.77 所示。现需分析导致焊盘退润湿的原因。

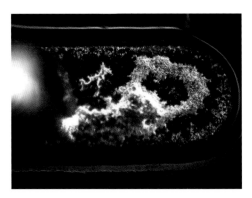

图 1.77　用异丙醇清洗前的焊接不良焊盘

【案例分析】为了除去焊盘表面残留的助焊剂，把样品浸泡在异丙醇中，利用超声波仪器进行清洗，然后用压缩空气吹干，如图 1.78 所示，再用 SEM 和 EDS 对缺陷位置进行观察分析。

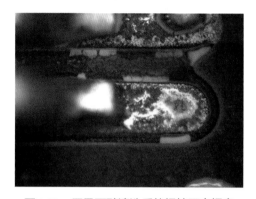

图 1.78　用异丙醇清洗后的焊接不良焊盘

表面分析结果显示，退润湿的焊盘表面除了残留部分助焊剂和焊料，并未有其他污染物，ENIG 表面金层已经溶解在焊料中，Ni-P 晶胞为龟裂状，这是典型的镍腐蚀形貌，如图 1.79 所示。

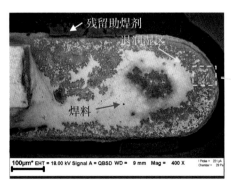
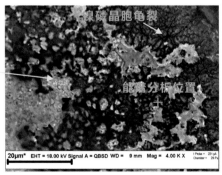

（a）用异丙醇清洗后的焊接不良焊盘　　　　　（b）焊接不良焊盘放大图

图 1.79　焊接不良焊盘表面的 SEM 和 EDS 分析

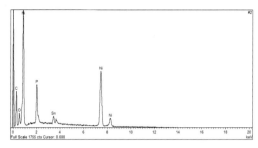

（c）焊盘退润湿位置的 EDS 谱图

图 1.79　焊接不良焊盘表面的 SEM 和 EDS 分析（续）

垂直切片分析的结果显示，退润湿位置的 Ni-P 层上出现明显的连续黑线，也就是明显的富磷层，部分上锡位置无明显的 IMC 层，由于没有 IMC 层，焊料容易从 Ni-P 层脱落，如图 1.80 所示。

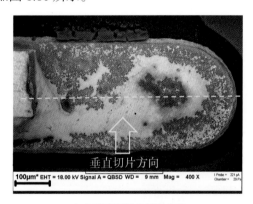

（a）垂直切片位置和方向

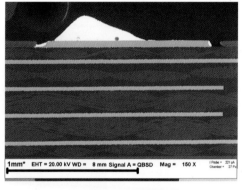

（b）焊接不良焊盘剖面总览

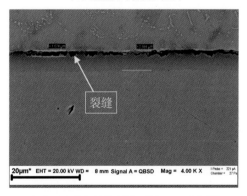

（c）已上锡位置放大图，锡与 Ni-P 层开裂

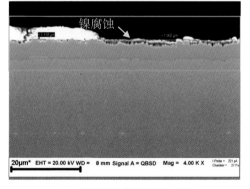

（d）焊接不良位置局部放大图

图 1.80　焊盘焊接不良垂直切片的 SEM 和 EDS 分析

【评论与建议】焊盘有严重的镍腐蚀，为典型的黑盘现象。在焊接过程中，焊料部分脱落，形成了此现象。

2．表面污染

1）焊盘焊接不良 —— 阻焊剂残留

【案例背景】在采用 ENIG 作为 PCB 表面处理工艺，并使用表面安装技术进行焊接后，焊盘出现焊接不良现象，如图 1.81 所示。现需分析导致焊盘焊接不良的原因。

图 1.81　焊接不良焊盘金相显微图像

【案例分析】为了除去焊盘表面残留的助焊剂，把样品浸泡在异丙醇中，利用超声波仪器进行清洗，然后用压缩空气吹干，再用 SEM 和 EDS 对缺陷位置进行观察分析。

表面分析的结果显示，焊盘表面被一层黑色均匀物质覆盖，疑为阻焊剂残留。EDS 分析结果显示，焊盘表面残留的物质有典型的阻焊剂元素 S 和 Ba（可能来源于 $BaSO_4$），如图 1.82 所示。

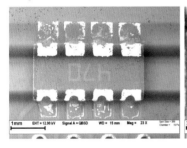 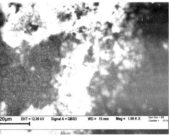 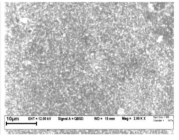

（a）焊接不良焊盘的 SEM 图像　　　（b）焊接不良焊盘放大图　　　（c）阻焊剂的 SEM 图像
　　　　　　　　　　　　　　　　　　（黑色污染物）

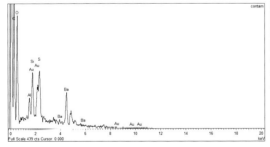 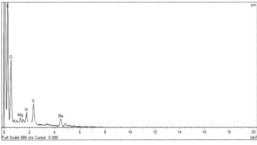

（d）焊接不良焊盘表面污染物的 EDS 谱图　　　（e）阻焊剂的 EDS 谱图

图 1.82　焊接不良焊盘的 SEM 和 EDS 分析

【评论与建议】导致焊盘焊接不良的原因是焊盘阻焊剂残留。建议优化阻焊接工艺，确保连接盘表面无阻焊剂残留。

2）镀覆孔焊接不良 —— 阻焊剂残留

【案例背景】PCB 表面处理工艺为 ENIG，使用表面安装技术进行焊接后，镀覆孔焊接不良，研磨至半孔，观察到孔壁有不润湿现象，如图 1.83 所示。需要分析不润湿的具体原因。

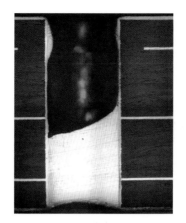

图 1.83　镀覆孔上锡不良

【案例分析】为了除去孔内残留的助焊剂，把样品浸泡在异丙醇中，利用超声波仪器进行清洗，然后用压缩空气吹干，再用 SEM 和 EDS 对缺陷位置进行观察分析。

在 SEM 观察下，发现孔壁不润湿位置有黑色均匀污染物残留。用 EDS 对污染物进行分析，检测到典型的阻焊剂元素 S 和 Ba（可能来源于 $BaSO_4$），如图 1.84 所示。

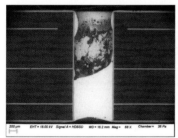  

（a）镀覆孔的 SEM 图像　　（b）上锡不良位置放大图　　（c）PCB 阻焊剂的 SEM 图像
（有黑色污染物）

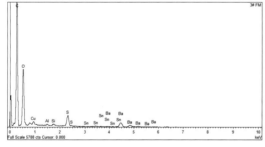 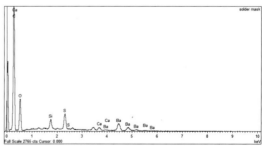

（d）污染物的 EDS 谱图　　　　　　　　（e）阻焊剂的 EDS 谱图

图 1.84　镀覆孔焊接不良的 SEM 和 EDS 分析

【评论与建议】镀覆孔孔壁出现不润湿现象，可能是表面污染物所致，污染物可能来源于 PCB 制造工艺中残留的阻焊剂。

3）镀覆孔孔环焊接不良 —— 阻焊剂残留

【案例背景】PCB 表面处理工艺为 ENIG，波峰焊后，镀覆孔孔环和孔内出现上锡不良的不润湿现象，如图 1.85 所示。需要分析镀覆孔不润湿的原因。

图 1.85 焊接不良镀覆孔金相显微图像

【案例分析】为了除去孔表面残留的助焊剂，把样品浸泡在异丙醇中，利用超声波仪器进行清洗，然后用压缩空气吹干，再用 SEM 和 EDS 对缺陷位置进行观察分析。

SEM 分析显示缺陷位置有黑色污染物，用 EDS 对污染物进行分析，检测到典型的阻焊剂元素 S 和 Ba（可能来源于 $BaSO_4$），如图 1.86 所示。

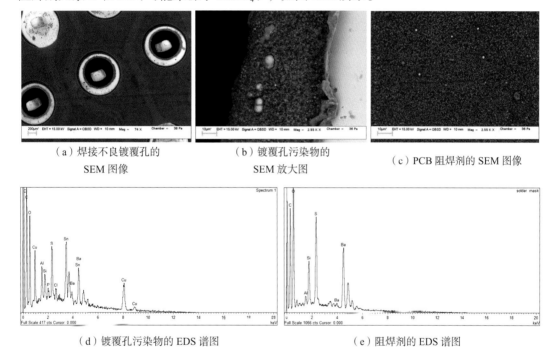

（a）焊接不良镀覆孔的 SEM 图像

（b）镀覆孔污染物的 SEM 放大图

（c）PCB 阻焊剂的 SEM 图像

（d）镀覆孔污染物的 EDS 谱图

（e）阻焊剂的 EDS 谱图

图 1.86 镀覆孔孔环焊接不良的 SEM 和 EDS 分析

【评论与建议】镀覆孔孔环和孔内出现不润湿现象，可能由表面污染物导致，污染物可能来源于 PCB 制造工艺中残留的阻焊剂。

4）焊盘焊接不良 —— 纤维污染物残留

【案例背景】PCB 表面处理工艺为 ENIG，使用表面安装技术进行焊接后，发现元器件无法上锡并且上翘，怀疑焊盘上可能存在污染物。用金相显微镜观察，污染物为透明物质，如图 1.87 所示，需要分析污染物的来源。

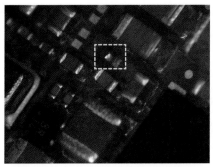

图 1.87　焊接不良焊盘金相显微图像

【案例分析】为了不破坏污染物的原貌，小心把样品切割下来后，再用 SEM 和 EDS 对污染物进行观察分析。

SEM 分析显示污染物为黑色物质。用 EDS 对污染物进行分析，检测出污染物含有有机物组分 C、O 元素。虽然与助焊剂接近，但是两者的形貌并不相同。焊接不良焊盘纤维污染物的 SEM 和 EDS 分析如图 1.88 所示。用 FTIR 对有机污染物进行分析，发现其谱图与棉手套的纤维谱图高度相似，如图 1.89 所示。

【评论与建议】焊盘焊接不良的问题显然是由外来夹杂物导致的，而这些外来夹杂物的红外光谱图与纤维的红外光谱图相似。

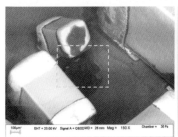
（a）焊接不良焊盘污染物的 SEM 图像

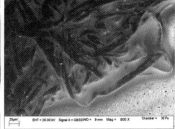
（b）污染物放大的 SEM 图像

（c）残留纤维污染物的 SEM 图像

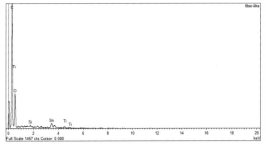
（d）焊盘污染物的 EDS 谱图

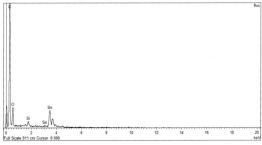
（e）残留纤维污染物的 EDS 谱图

图 1.88　焊接不良焊盘纤维污染物的 SEM 和 EDS 分析

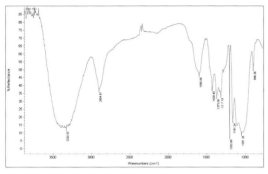 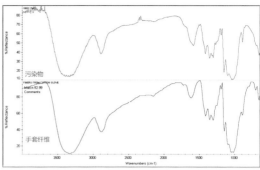

（a）污染物的 FTIR 谱图　　　　　（b）污染物与手套纤维的 FTIR 谱图比对

图 1.89　焊接不良焊盘纤维污染物 FTIR 分析

5）焊盘焊接不良 —— 残胶污染物残留

【案例背景】PCB 表面处理工艺为 ENIG，使用表面安装技术进行焊接后，元器件无法上锡，并且焊盘有透明污染物，如图 1.90 所示。需要分析污染物的来源。

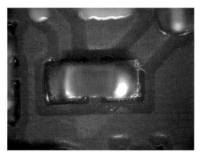

图 1.90　焊接不良焊盘

【案例分析】为了不破坏污染物的原貌，小心把样品切割下来后，再用 SEM、EDS 和 FTIR 对缺陷位置进行观察分析。SEM 分析显示缺陷位置有黑色外来夹杂物。用 EDS 对外来夹杂物进行分析，检测到外来夹杂物的碳峰很强，表明可能是有机物。用 FTIR 对有机外来夹杂物进行进一步分析，发现这些外来夹杂物的光谱图与某种透明胶带的光谱图非常相似，如图 1.91 所示。

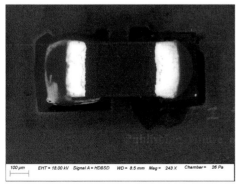 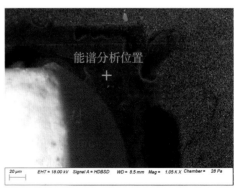

（a）焊接不良焊盘的 SEM 图像　　　　　（b）焊接不良外来夹杂物的 SEM 放大图

图 1.91　焊接不良焊盘残胶分析

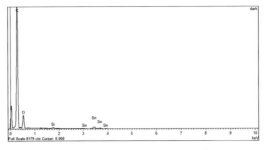

（c）焊接不良外来夹杂物的 EDS 谱图

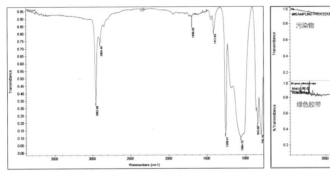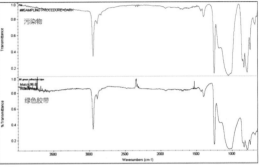

（d）污染物的红外光谱图　　　　　　　（e）污染物与相似物质的红外光谱图比对

图 1.91　焊接不良焊盘残胶分析（续）

【评论与建议】推测焊盘焊接不良是焊盘表面外来夹杂物所致，而外来夹杂物与一种透明胶带相似。

6）焊盘焊接不良 —— 金面变色

【案例背景】PCB 表面处理工艺为 ENIG，使用表面安装技术进行焊接后，焊盘有退润湿现象。用金相显微镜观察，发现焊盘金面变色，如图 1.92 所示。需要分析焊盘退润湿和变色的原因。

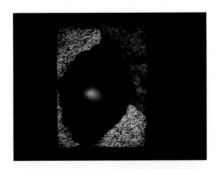

图 1.92　焊接不良焊盘金相显微图像

【案例分析】为了除去焊盘表面残留的助焊剂，把样品浸泡在异丙醇中，利用超声波仪器进行清洗，然后用压缩空气吹干，再用 SEM 和 EDS 对焊盘进行表面分析。

用 SEM 观察焊盘，表面并无明显的异物，但是元素衬度不同。用 EDS 分别检测衬度不同的位置，所测位置都检测到金元素，但是衬度暗的区域 Ni 和 O 的光子能量脉冲数（X 射线能量）更高，说明表面的 Ni 和 O 的含量更高，如图 1.93 所示。

进一步对上锡不良的焊盘进行垂直切片分析,未见明显的镍腐蚀现象,如图1.94所示。

【评论与建议】在焊盘区域检测到金,表明焊盘表面未被焊料润湿,同时,表面检测到了较高含量的 Ni 和 O 元素,表明金面可能存在氧化物。然而,本次分析未能确定氧化物的产生原因和来源。尽管观察到了金面变色,但并未发现严重的镍腐蚀现象。因此,焊接不良的具体原因有待进一步分析。

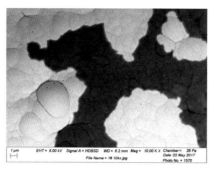

(a)焊接不良焊盘的 SEM 图像(暗色和亮色区域)

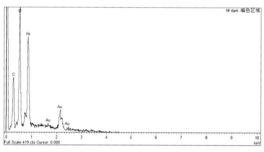

(b)焊盘暗色区域的 EDS 谱图

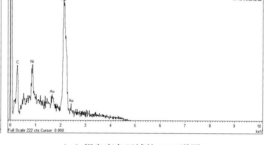

(c)焊盘亮色区域的 EDS 谱图

图 1.93　焊接不良变色焊盘表面分析

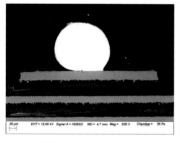

(a)焊接不良焊盘垂直切片

(b)不上锡区域

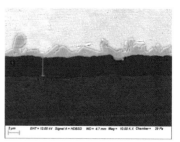

(c)上锡良好区域

图 1.94　焊接不良变色焊盘垂直切片分析

7)连接盘焊接不良 —— 无法确定来源

【案例背景】PCB 表面处理工艺为 ENIG,经过表面安装技术焊接后,观察到连接盘有退润湿现象,且退润湿区域存在疑似黑色物质。怀疑黑色物质是异物或典型的黑盘,如图 1.95 所示。现需要分析退润湿的原因。

图 1.95　焊接不良连接盘的金相显微图像

【案例分析】初步分析结果显示，连接盘表面已经被助焊剂覆盖，需要去除连接盘表面残留的助焊剂再进行分析。为了除去连接盘表面残留的阻焊剂，把样品浸泡在异丙醇中，利用超声波仪器清洗，然后用压缩空气吹干，再用 SEM 和 EDS 对连接盘进行表面分析。

表面分析的结果显示，退润湿的连接盘表面除了残留部分助焊剂（主要为 C、O 元素）和焊料（主要为 Sn 元素），以及 Au 元素，并未发现其他污染物和典型的黑盘形貌。在 ENIG 表面检测到金元素，但金并未扩散到焊料中，说明焊接不良，如图 1.96 所示。

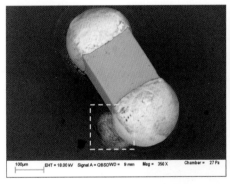

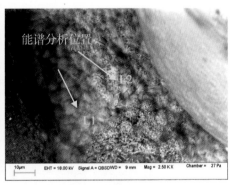

（a）焊接不良连接盘的 SEM 图像　　　　　　（b）焊接不良位置放大的 EDS 分析

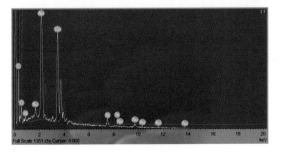

（c）L1 和 L2 区域的 EDS 谱图

图 1.96　焊接不良连接盘表面分析

显微切片结果显示，退润湿位置 Ni-P 层有少量刺入状的腐蚀，金层清晰可见，并没有观察到 IMC 层。上锡良好的连接盘也观察到少量刺入状的腐蚀和 IMC。同时，对上锡不良的连接盘进行垂直切片分析，未见明显的镍腐蚀现象，如图 1.97 所示。

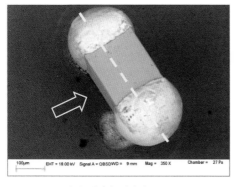 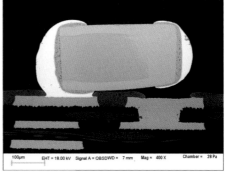

（a）垂直切片方向　　　　　　　　　　（b）垂直切片的 SEM 图像

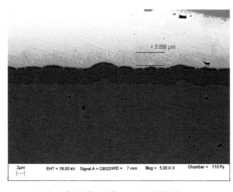

（c）上锡良好区域，IMC 厚度约 3.1μm　　　　　（d）上锡不良区域

图 1.97　焊接不良连接盘垂直切片的 SEM 分析

【评论与建议】对于出现退润湿的连接盘，并未检测到明显的异物和严重的镍腐蚀问题，因此目前还无法确定其不上锡的具体原因。对于焊接不良，可能的原因包括连接盘表面存在与助焊剂成分相似的污染、连接盘表面氧化导致助焊剂无法有效去除，以及上锡量不足等。此类问题分析的难点在于如何从 C、O 元素中区分助焊剂、表面氧化和污染物。建议通过结合工艺的 DOE 试验和表面分析技术来寻找焊接不良的原因。

1.2.5　ENIG 焊接可靠性案例分析

1. ENIG 焊接焊点断裂

【案例背景】PCB 表面处理工艺为 ENIG，经过表面安装技术焊接后，对样品进行跌落测试。实验条件为：四角六面，从 75cm 的高度跌落，重复 10 次。经过功能测试后发现，BGA 焊盘区域功能异常，部分 BGA 上的锡球脱落。现需分析 BGA 焊盘与锡球分离的具体原因。

【案例分析】首先使用 SEM 和 EDS 对焊盘表面进行分析。通过 SEM 观察锡球脱落处的焊盘，未发现污染物。EDS 分析结果显示，BGA 焊盘表面存在 Ni-P 层元素 Ni、P，以及焊料元素 Sn、Cu，但并未检测到 Au 元素，这表明 Au 已经扩散到焊料中，即 ENIG 表面已被焊料润湿。然而，表面分析结果并不能直接说明焊料与 ENIG 层断裂的具体原因，如图 1.98 所示。随后，我们对锡球脱落的 BGA 焊盘进行了垂直切片分析，观察到 ENIG 表层的富磷层（Phosphorus Rich Layer），如图 1.99 所示，这暗示锡球可能在 ENIG 的富磷层脱落。

再对锡球未脱落的 BGA 焊盘进行垂直切片分析，观察到锡球与焊盘之间的裂缝位于 IMC 层与 Ni-P 层之间的富磷层。同时，在锡球与焊盘结合良好的焊盘上，也观察到了 IMC 层与 Ni-P 层之间的富磷层，如图 1.100 所示。

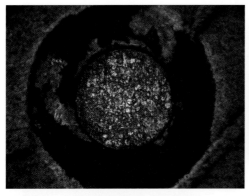

（a）锡球脱落焊盘金相显微图像　　　　（b）锡球脱落焊盘的 SEM 显微图像

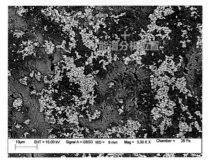

（c）锡球脱落焊盘的 EDS 分析区域　　　　（d）锡球脱落焊盘的 EDS 谱图

图 1.98　锡球脱落焊盘表面分析

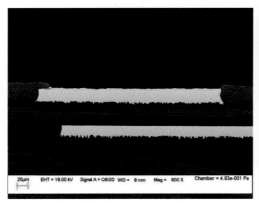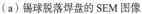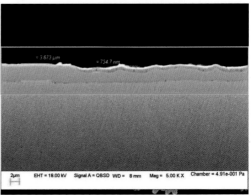

（a）锡球脱落焊盘的 SEM 图像　　　　（b）锡球脱落焊盘的放大图像

图 1.99　锡球脱落焊盘垂直切片的 SEM 和 EDS 分析

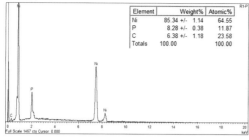

Element	Weight%	Atomic%
Ni	85.34 +/- 1.14	64.55
P	8.28 +/- 0.38	11.87
C	6.38 +/- 1.18	23.58
Totals	100.00	100.00

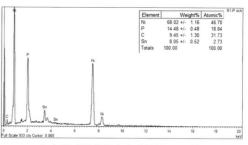

Element	Weight%	Atomic%
Ni	68.02 +/- 1.16	46.70
P	14.48 +/- 0.48	18.84
C	9.45 +/- 1.30	31.73
Sn	8.05 +/- 0.52	2.73
Totals	100.00	100.00

（c）锡球脱落焊盘 Ni-P 层中间位置的 EDS 谱图 （d）锡球脱落焊盘富磷层的 EDS 谱图

图 1.99 锡球脱落焊盘垂直切片的 SEM 和 EDS 分析（续）

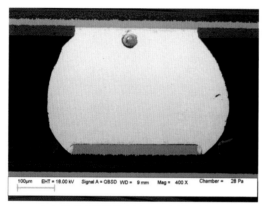

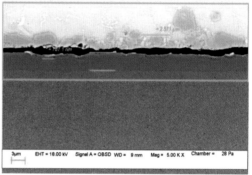

（a）锡球未脱落焊盘的 SEM 图像（有裂缝） （b）锡球未脱落焊盘的放大图像（有裂缝）

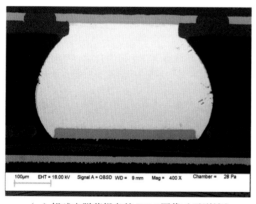

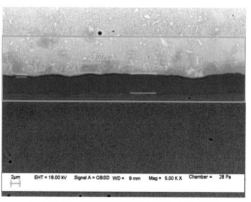

（c）锡球未脱落焊盘的 SEM 图像（无裂缝） （d）锡球未脱落焊盘的放大图像（无裂缝）

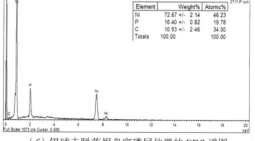

Element	Weight%	Atomic%
Ni	83.76 +/- 1.54	63.46
P	10.41 +/- 0.50	14.95
C	5.83 +/- 1.64	21.59
Totals	100.00	100.00

Element	Weight%	Atomic%
Ni	72.67 +/- 2.14	46.23
P	16.40 +/- 0.82	19.78
C	10.93 +/- 2.46	34.00
Totals	100.00	100.00

（e）锡球未脱落焊盘 Ni-P 层中间位置的 EDS 谱图 （f）锡球未脱落焊盘富磷层位置的 EDS 谱图

图 1.100 元器件未脱落 BGA 焊盘垂直切片的 SEM 和 EDS 分析

【评论与建议】PCB 的 BGA 焊盘已经和焊料形成良好焊接，并且形成了 IMC 层。跌落测试产生的应力富磷层开裂。

2. ENIG 焊接焊点断裂

【案例背景】PCB 表面处理工艺为 ENIG，经过表面安装技术焊接后电测未能通过，怀疑某些 BGA 焊盘上锡不良，但是无法准确定位不良焊盘。贴装单位用电热风枪方法，在高温下移除了组装在 PCB 表面的芯片，观察到部分焊盘有疑似退润湿现象，如图 1.101 所示。现需分析 BGA 焊盘焊接不良的具体原因。

图 1.101　BGA 焊盘的金相显微图像

【案例分析】在用 SEM 和 EDS 对焊盘进行表面分析前，需要除去焊盘表面残留的助焊剂。把样品浸泡在异丙醇中，利用超声波仪器清洗，然后用压缩空气吹干。用 SEM 对退润湿的焊盘进行观察，发现焊盘表面呈颗粒状的断口形貌以及残留助焊剂。EDS 分析结果显示，其颗粒状成分为 Ni、Sn、Cu，疑似助焊剂的元素成分为 C、O，并未检测到 Au，表明 ENIG 的金层已经溶解在焊料中，即 ENIG 焊盘已经被焊料润湿，如图 1.102 所示。

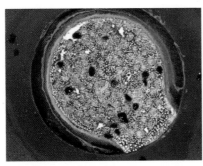 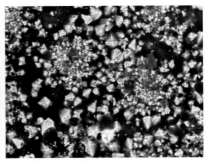

（a）疑似上锡不良焊盘的 SEM 图像　　　（b）疑似上锡不良焊盘的 SEM 放大图像

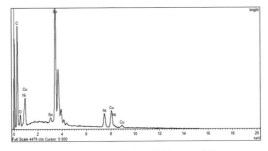

（c）焊盘表面亮色区域的 EDS 谱图

图 1.102　焊盘断口表面的 SEM 和 EDS 分析

接下来进行垂直切片分析，使用 SEM 进行观察，确认呈颗粒状的断口形貌为焊料和 IMC。同时，在表面上锡良好的焊盘上观察到 IMC 与焊料之间存在微裂缝，如图 1.103 所示。

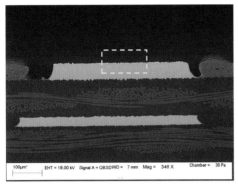

<table>
<tr><td>（a）疑似上锡不良焊盘剖面的 SEM 图像</td></tr>
</table>

（a）疑似上锡不良焊盘剖面的 SEM 图像　　　　（b）疑似上锡不良焊盘剖面的 SEM 放大图像

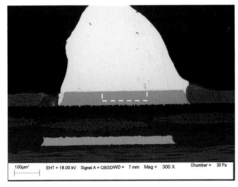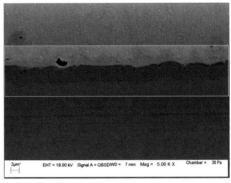

（c）上锡良好焊盘的 SEM 图像　　　　（d）上锡良好焊盘的 SEM 放大图像

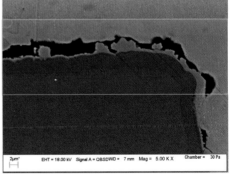

（e）上锡良好焊盘的 SEM 图（裂缝）　　　　（f）上锡良好焊盘的 SEM 放大图（裂缝）

图 1.103　焊盘上锡良好与断裂垂直切片的 SEM 分析

【评论与建议】最初观察到的焊接不良焊盘在经受热风枪高温处理后，可能重新被焊料润湿。由于锡量不足，在 Ni-P 层表面只形成了不具备可焊性的 IMC 层。即使 IMC 层被焊料覆盖，也无法与焊料有效结合。然而，通过本案例分析，我们并未能找到最初反馈的"焊接不良"的确切原因。对于失效分析而言，需要确定具体的焊盘位置，并且应避免进行破坏性或不可逆的操作，以免丢失可靠证据而无法找到真正的原因。

3．ENIG 焊接不良

【案例背景】PCB 表面处理工艺为 ENIG，经过表面安装技术焊接后电测未能通过，怀疑 BGA 某些焊盘上锡不良，但是未能准确定位不良焊盘。贴装单位用电热风枪方法，在高温下移除组装在 PCB 表面的芯片，观察到部分焊盘有疑似退润湿现象，如图 1.104 所示。需要分析 BGA 焊盘上锡不良的原因。

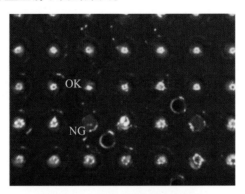

图 1.104　焊盘的金相显微图像

【案例分析】在用 SEM 和 EDS 对焊盘表面分析前，需要除去焊盘表面残留的助焊剂。把样品浸泡在异丙醇中，利用超声波仪器清洗，然后用压缩空气吹干。用 SEM 对退润湿的焊盘进行观察，发现焊盘表面的形貌疑似界面金属化合物。EDS 分析结果显示，其元素成分为 Ni、Sn、Cu，并未检测到 Au，表明 ENIG 的金层已经溶解在焊料中，即 ENIG 已经被焊料润湿，如图 1.105 所示。

接下来进行垂直切片分析，用 SEM 观察，确认疑似焊锡不良的焊盘表面残留物为焊料和 IMC，如图 1.106 所示。

【评论与建议】在疑似退润湿焊盘处观察到 ENIG 镀层和焊料形成了界面金属化合物的 IMC 形貌，并未观察到典型的 ENIG 形貌，说明 ENIG 镀层已经被焊料润湿。由于经过高温处理，焊盘的初始状态已经被破坏，"焊接不良"的具体原因有待进一步分析。

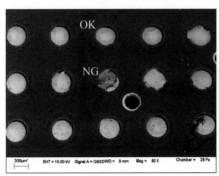

（a）焊盘的 SEM 图像

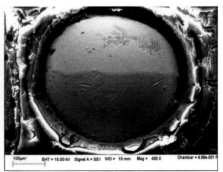

（b）上锡良好焊盘的 SEM 图像

图 1.105　焊盘表面的 SEM 和 EDS 分析

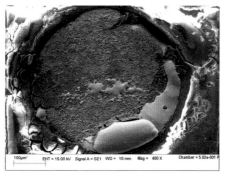
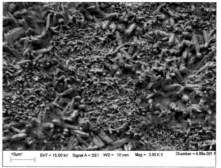

（c）上锡不良焊盘的 SEM 图像　　　　（d）上锡不良焊盘放大的 SEM 图像（IMC 形貌）

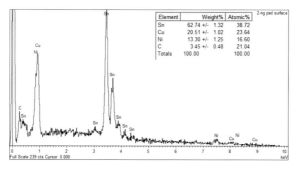

（e）上锡不良焊盘表面的 IMC EDS 谱图

图 1.105　焊盘表面的 SEM 和 EDS 分析（续）

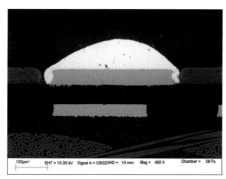

（a）上锡良好焊盘　　　　　　　　　　（b）上锡不良焊盘

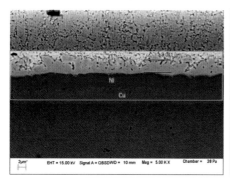

（c）上锡良好焊盘（放大图）　　　　　　（d）上锡不良焊盘（放大图）

图 1.106　焊盘垂直切片的 SEM 分析

1.2.6 ENIG 铝线键合失效案例分析

1. 铝线键合不良 —— 镍腐蚀

【案例背景】FPC（柔性印制电路板）表面处理工艺为 ENIG，铝线键合后，连接盘铝线脱落，如图 1.107 所示。需要分析铝线脱落的原因。

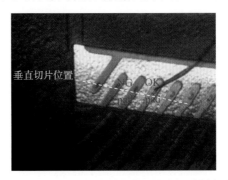

图 1.107　铝线键合不良连接盘的金相显微图像

【案例分析】利用 SEM 和 EDS 进行表面分析，发现键合不良连接盘有疑似镍腐蚀的形貌。在铝线键合区域的 Ni-P 晶胞中存在明显的裂纹，部分 Ni-P 晶胞疑似已经脱落。在连接盘键合区域，除了残留的铝，并未检测到其他污染成分，如图 1.108 所示。

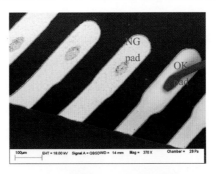

（a）铝线键合不良的 SEM 图像

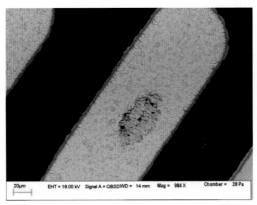

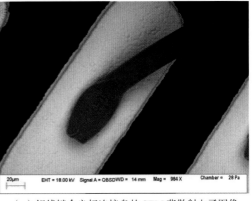

（b）铝线键合不良连接盘的 SEM 背散射电子图像　　（c）铝线键合良好连接盘的 SEM 背散射电子图像

图 1.108　铝线键合不良连接盘表面分析

（d）铝线键合不良连接盘的 SEM 二次电子图像　　　　（e）铝线键合良好连接盘的 SEM 二次电子图像

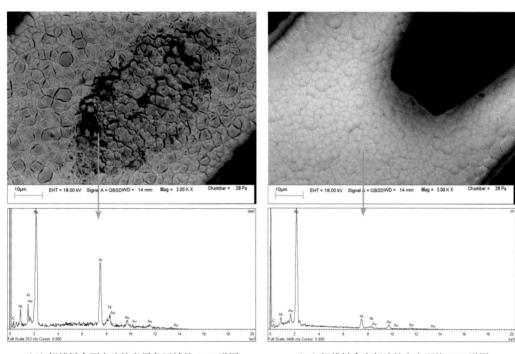

（f）铝线键合不良连接盘黑色区域的 EDS 谱图　　　　（g）铝线键合良好连接盘金面的 EDS 谱图

图 1.108　铝线键合不良连接盘表面分析（续）

　　为了验证是否有镍腐蚀现象，进行垂直切片分析。结果显示键合不良连接盘有严重的镍腐蚀现象，而键合良好的连接盘除了有轻微的刺入状镍腐蚀，并未观察到明显的镍腐蚀现象，如图 1.109 所示。

　　【评论与建议】镍腐蚀导致 Ni-P 层疏松，进而导致键合后铝线脱落。

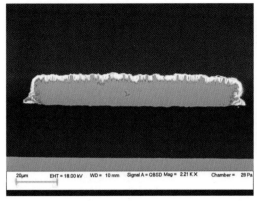 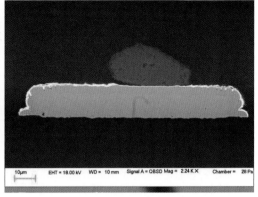

（a）铝线键合不良连接盘剖面的 SEM 图像　　　（b）铝线键合良好连接盘剖面的 SEM 图像

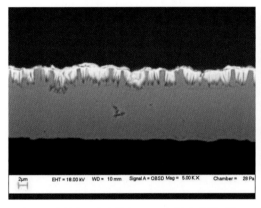 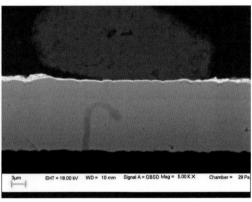

（c）铝线键合不良连接盘，Ni-P 层被金大量置换　　（d）铝线键合良好连接盘，Ni-P 层有轻微的刺入腐蚀

图 1.109　连接盘铝线键合不良的镍腐蚀分析

2. 铝线键合不良——ENIG 层脱落

【案例背景】FPC 表面处理工艺为 ENIG，铝线键合后，连接盘铝线脱落，如图 1.110 所示。需要分析铝线脱落的原因。

图 1.110　铝线键合不良金相显微图像

【案例分析】利用 SEM 和 EDS 进行表面分析。通过 SEM 观察到键合不良连接盘的 ENIG 层脱落，显露出 Ni-P 层底下的铜和残留物，用 EDS 对铜面残留物表面进行分析，发现除了残留的 Ni-P 层以及微量的 C、O 元素，并未检测到其他污染物，如图 1.111 所示。

【评论与建议】铝线键合不良可能是 Ni-P 层与铜之间的结合力不足，导致 Ni-P 层从铜面脱落。然而，Ni-P 层与铜结合不良的具体原因有待进一步分析。

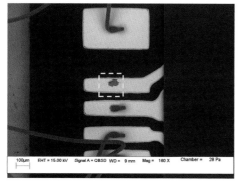 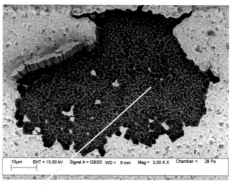

（a）铝线键合不良的 SEM 图像　　　　（b）铝线键合不良连接盘的 SEM 图像

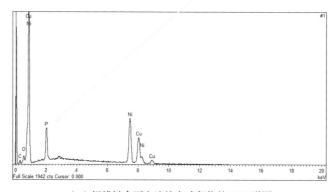

（c）铝线键合不良连接盘残留物的 EDS 谱图

图 1.111　连接盘铝线键合不良 -ENIG 层脱落分析

1.3　化学镀镍镀钯浸金（ENEPIG）表面处理

1.3.1　ENEPIG 介绍

ENEPIG 是 Electroless Nickel Electroless Palladium Immersion Gold 的缩写，中文全称为化学镀镍镀钯浸金。该工艺与 ENIG 的主要差别在于 Au 和 Ni-P 层之间多了 Pd 层。Pd 层作为中间层，可以阻挡 Au 与 Ni-P 的置换反应，从而降低了镍腐蚀发生的概率。此外，Pd 比 Au 的硬度高，耐磨性更好。ENEPIG 是一种多功能的表面处理技术，广泛应用于焊接，金线、铝线和铜线的键合，以及表面接触连接。

1. ENEPIG 工艺流程

ENEPIG 典型的问题有镍腐蚀、键合不良等。在进行失效机理分析前，需要了解 ENEPIG 工艺和 ENEPIG 镀层的特性。ENEPIG 的工艺流程及其主要作用如表 1.7 所示。

金与钯进行置换反应的方程式如下：

$$阳极：\quad Pd \longrightarrow Pd^{2+} + 2e^-$$

$$\text{阴极：} \quad Au^{+}+e^{-} \longrightarrow Au$$

$$\text{总方程式：} \quad Pd+2Au^{+} \longrightarrow Pd^{2+}+2Au$$

表 1.7　ENEPIG 的工艺流程及其主要作用

序号	工艺流程	作用
1	酸性除油	清洁和降低铜面表面张力
2	微蚀	清洁和粗化铜面，增强沉积附着力
3	预浸	阻挡污染物进入预活化槽
4	活化	铜与钯进行置换反应，在铜表面沉积上钯 $Cu+Pd^{2+} \longrightarrow Cu^{2+}+Pd$
5	化学镀镍	自催化反应沉积上 Ni-P 层
6	化学镀钯	自催化反应沉积上钯层
7	浸金	金层与钯进行置换反应，保护 Ni-P 层不容易被氧化

2. ENEPIG 镀层的表面形貌

ENEPIG 镀层表面有典型的 Ni-P 晶胞，如图 1.112 所示。

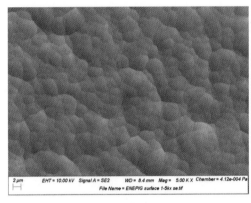

（a）ENEPIG 镀层表面的二次电子图像　　（b）ENEPIG 镀层表面的背散射电子图像

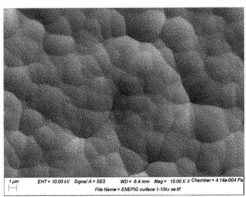
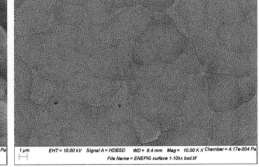

（c）ENEPIG 镀层表面的二次电子局部放大图像　　（d）ENEPIG 镀层表面的背散射电子局部放大图像

图 1.112　ENEPIG 镀层的表面形貌

3. ENEPIG 镀层的垂直切片形貌

如图 1.113 所示，Ni-P 保护层沉积在金（Au）层之上，在 Ni-P 层表面上浸锡，然后进行垂直切片分析，Au 层的厚度约为 65nm，Pd 层的厚度约为 247nm。

4. ENEPIG 镀层与铝线键合的剖面形貌

ENEPIG 镀层与铝线键合的剖面形貌如图 1.114 所示，铝（Al）与金（Au）的结合处未观察到明显的 IMC 层。

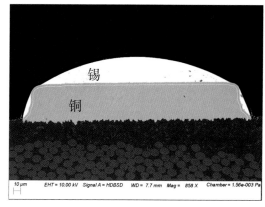
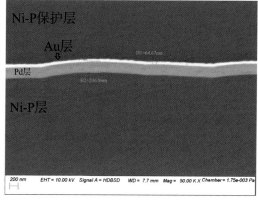

（a）ENEPIG 镀层剖面图像　　　　　　（b）ENEPIG 镀层的局部放大图像

图 1.113　ENEPIG 垂直切片的 SEM 图像

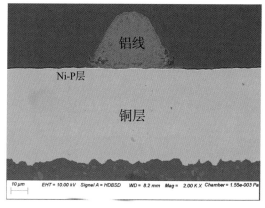
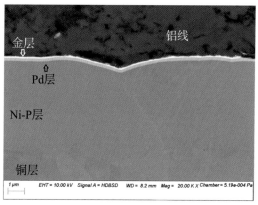

（a）ENEPIG 镀层与铝线键合垂直切片　　（b）ENEPIG 镀层与铝线键合的放大图像

图 1.114　ENEPIG 与铝线键合垂直切片的 SEM 图像

5. ENEPIG 镀层与金线键合的剖面形貌

ENEPIG 镀层与金线键合的剖面形貌如图 1.115 所示，从微观结构上来看，金线的晶粒明显大于 ENEPIG 镀层中金的晶粒。金线与 ENEPIG 镀层表面结合的黑色缝隙可能由金面表面吸附污染物或键合工艺流程导致。

6. ENEPIG 镀层与无铅焊料焊接的剖面形貌

ENEPIG 镀层与无铅焊料焊接后形成界面金属化合物（IMC），如图 1.116 所示。

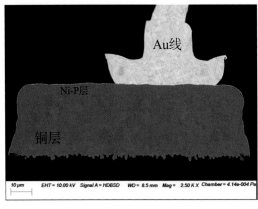

（a）ENEPIG 镀层与金线键合垂直切片

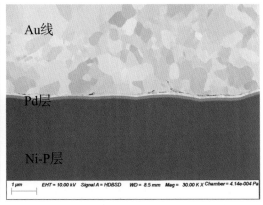

（b）ENEPIG 镀层与金线键合垂直切片放大图像

图 1.115　ENEPIG 与金线键合垂直切片的剖面形貌

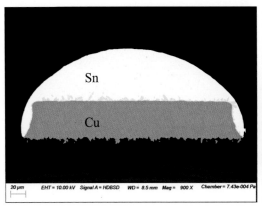

（a）ENEPIG 镀层与无铅焊料剖面图

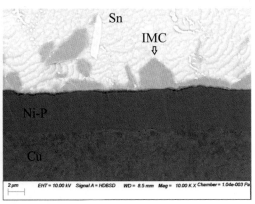

（b）ENEPIG 镀层与无铅焊料的局部放大图

图 1.116　ENEPIG 镀层与无铅焊料焊接后形成界面金属化合物

1.3.2　ENEPIG 镍腐蚀产生的原理

与分析 ENIG 的镍腐蚀一样，可以从表面和剖面分析 ENEPIG 镍腐蚀。

1．表面剥金方法

（1）化学方法

把 ENEPIG 连接盘浸泡在 ENIG 褪金液的无氰化物溶液（体积浓度 50%）中，并加热至 50℃，时间为 2 分钟，接着进行清洗、烘干和蒸镀导电膜，然后用 SEM 和 EDS 进行分析，连接盘表面形貌如图 1.117 所示。EDS 结果显示钯层还在，说明无氰化物，只是溶解金层，而不能溶解钯层。

（2）物理方法

参考前面 ENIG 的离子研磨方法，加速电压为 6kV，选择合适的氩气气压和流量，样品与离子束的角度约 30°，研磨时间为 3 分钟，连接盘表面形貌如图 1.118 所示。EDS 结果显示钯层已经被去除。

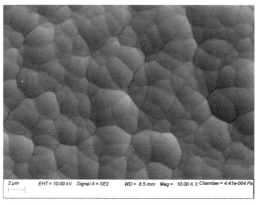 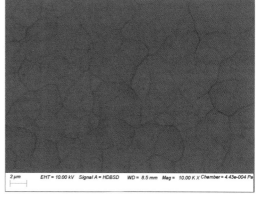

（a）ENEPIG 镀层褪金后表面图像　　　　　（b）ENEPIG 镀层褪金后表面的局部放大图像

图 1.117　ENEPIG 表面褪金（化学方法）后的形貌

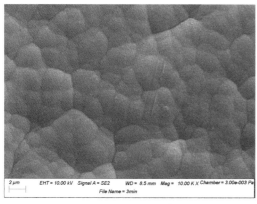

（a）ENEPIG 镀层褪金褪钯后表面图像　　　　（b）ENEPIG 镀层褪金褪钯后的局部放大图像

图 1.118　ENEPIG 表面褪金（离子研磨）后形貌

2．垂直切片观察

参照前面介绍的 ENIG 的垂直切片方法，ENEPIG 镀层的镍腐蚀现象如图 1.119 所示。

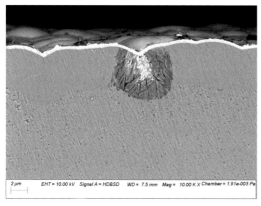 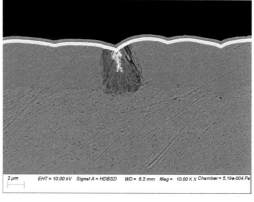

（a）镍腐蚀（金层无保护 Ni-P 层）　　　　　（b）镍腐蚀（金层有保护 Ni-P 层）

图 1.119　ENEPIG 镀层的镍腐蚀垂直切片的 SEM 图像

1.3.3　ENEPIG 工艺流程失效案例分析

1．连接盘渗镀

【案例背景】完成 ENEPIG 流程后，观察到连接盘之间有异物。需要分析异物的来源。

【案例分析】用 SEM 和 EDS 对缺陷位置进行观察分析。SEM 分析显示连接盘之间的基材之间有丝状物质，用 EDS 对丝状物质进行检测，发现元素成分与 ENEPIG 镀层的 Au 与 Pd 成分相似，如图 1.120 与图 1.121（c）所示。为了验证异物的深度方向，进行垂直切片分析，观察到丝状物质沉积在基材表面，如图 1.121 所示。

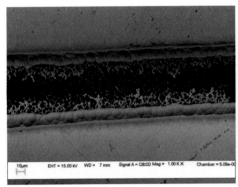
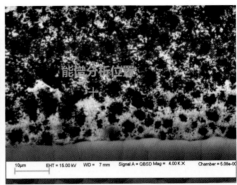

（a）连接盘表面（渗镀）的 SEM 图像　　　　（b）渗镀位置表面的放大 SEM 图像

图 1.120　连接盘之间异物表面的 SEM 分析

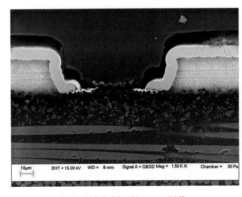
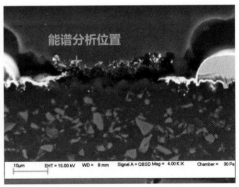

（a）连接盘剖面的 SEM 图像　　　　（b）渗镀位置剖面的放大 SEM 图像

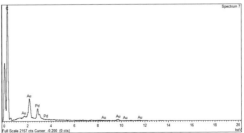

（c）渗镀位置表面的 EDS 谱图　　　　（d）渗镀剖面的 EDS 谱图

图 1.121　连接盘之间异物垂直切片的 SEM 和 EDS 分析

【评论与建议】连接盘之间的异物来源于 ENEPIG 过程中 Pd、Au 在基材的沉积，是一种渗镀现象。渗镀的发生可能是由于基材表面有污染残留，但是污染物可能在工艺过程中脱落而无法被检测到。

2．连接盘颜色差异

【案例背景】完成 ENEPIG 流程后，连接盘表面变色，如图 1.122 所示，需要分析连接盘变色的原因。

图 1.122　表面变色连接盘金相显微图像

【案例分析】用 SEM 和 EDS 对缺陷位置进行观察分析，发现表面没有明显的污染物，也未观察到异常的粗糙形貌。用 EDS 对变色区域进行分析，检测到异常的元素有 C、O、Cu，如图 1.123 所示。

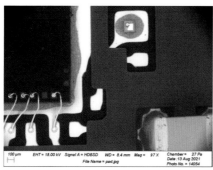

（a）表面变色连接盘的 SEM 图像　　（b）表面变色连接盘的 SEM 放大图像

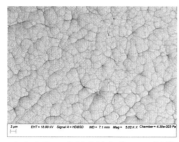 

（c）颜色正常的连接盘的 SEM 图像　　（d）变色和正常颜色连接盘的 EDS 谱图

图 1.123　连接盘的 SEM 和 EDS 分析

【评论与建议】推测连接盘变色的原因可能是异常元素的存在。这种情况在 ENEPIG 流程后可能会出现，很可能是水洗不彻底或受到外来污染导致的。

1.3.4 ENEPIG 键合失效案例分析

1. 金线键合不良 —— 镍腐蚀

【案例背景】FPC 的表面处理工艺为 ENEPIG，与金线键合后，连接盘金线脱落，如图 1.124 所示，需要分析金线脱落的原因。

图 1.124 连接盘金线脱落金相显微图像

【案例分析】用 SEM 和 EDS 进行表面分析，发现键合不良，连接盘区域金层脱落，显露出有疑似镍腐蚀的形貌。用 EDS 对连接盘脱落区域进行分析，检测到 C、Ni、P、O 元素，并未检测到其他污染成分，如图 1.125 所示。

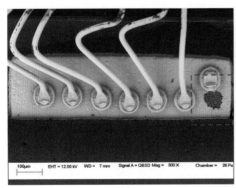

（a）连接盘金线脱落的 SEM 图像　　　　（b）金线脱落位置的 SEM 放大图像

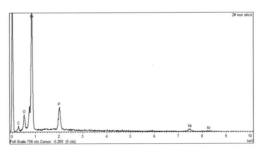

（c）金线脱落位置的 EDS 谱图

图 1.125 连接盘金线键合不良 -ENEPIG 镀层脱落表面分析

为了验证镍腐蚀的深度方向，对其进行垂直切片分析，键合不良连接盘的 Ni-P 层脱落，如图 1.126 所示。

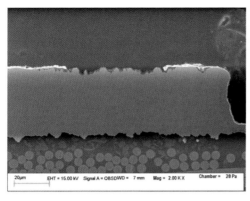 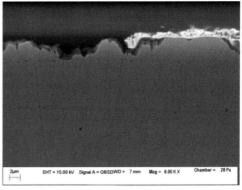

（a）连接盘金线脱落位置剖面图像　　　　　（b）连接盘金线脱落位置的局部放大图像

图 1.126　连接盘金线键合不良 -ENEPIG 镀层脱落垂直切片分析

【评论与建议】在金线键合工艺流程中，Ni-P 层比较疏松，受到压力和振动而脱落。Ni-P 层疏松可能是由镍腐蚀导致的。

2. 铝线键合不良 —— 富磷层

【案例背景】采用 ENEPIG 工艺为 PCB 进行表面处理，与铝线键合后，连接盘的铝线出现脱落现象，如图 1.127 所示，需要分析铝线脱落的原因。

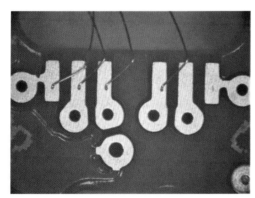 

（a）连接盘铝线脱落金相显微图像　　　　　（b）连接盘铝线脱落金相显微放大图像

图 1.127　连接盘铝线脱落分析

【案例分析】利用 SEM 和 EDS 进行表面分析，发现键合不良的连接盘区域金层和钯层脱落，显露出 Ni-P 晶胞形貌，部分晶胞的晶边界呈现出疑似镍腐蚀的形态。用 EDS 对疑似镍腐蚀区域进行分析，检测到 C、Ni、P、O 元素，并未检测到其他污染成分，如图 1.128 与图 1.129（e）所示。

为进一步验证疑似镍腐蚀的情况，进行了垂直切片分析。结果显示，在钯层之下的 Ni-P 层存在连续的疑似镍腐蚀或富磷层。同时观察到，钯层中夹杂着刺入状的金，并延伸至 Ni-P 层，如图 1.129 所示。

【评论与建议】铝线与 ENEPIG 镀层键合后脱落，Ni-P 层暴露在表面，在镍磷晶胞的边界区域观察到疑似典型的镍腐蚀缺陷，而且能谱结果显示该区域的磷含量异常高。

推测在 ENEPIG 工艺过程中，Pd 层在 Ni-P 晶胞之间的边界处由于应力等裂开，导致金离子与 Ni-P 层的 Ni 发生置换反应，在 Ni-P 层与 Pd 层之间形成富磷层。富磷层由于结构疏松，在键合过程中容易受到振动、压力等影响，与 Pd 层分离，从而导致铝线键合失效。

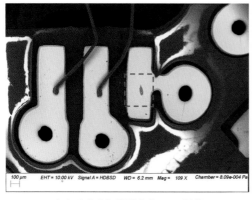

（a）连接盘铝线脱落的 SEM 图像 　　　　　（b）连接盘铝线脱落的 SEM 图像

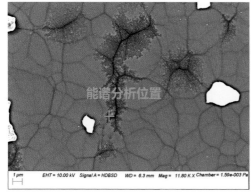
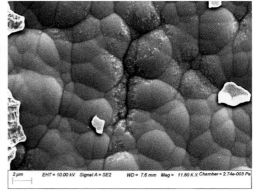

（c）铝线脱落处放大的 SEM 背散射电子图像 　　　（d）铝线脱落处放大的 SEM 二次电子图像

图 1.128　连接盘铝线键合不良（金和钯层脱落）表面的 SEM 分析

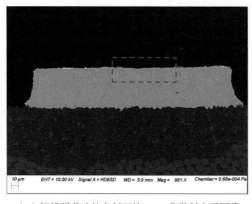
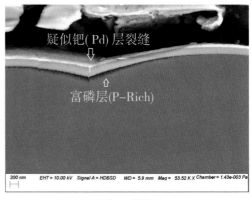

（a）铝线脱落连接盘剖面的 SEM 背散射电子图像 　　　　　（b）Pd 层断裂

图 1.129　连接盘铝线键合不良（金和钯层脱落）垂直切片的 SEM 和 EDS 分析

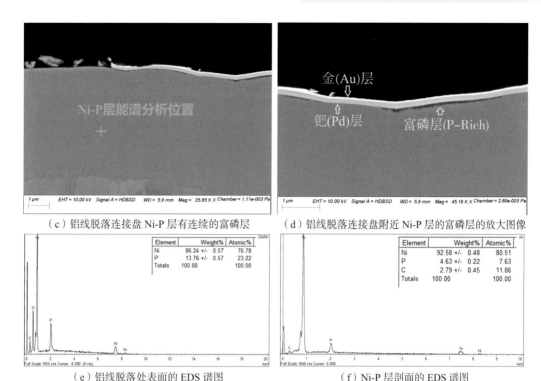

（c）铝线脱落连接盘 Ni-P 层有连续的富磷层　　（d）铝线脱落连接盘附近 Ni-P 层的富磷层的放大图像

（e）铝线脱落处表面的 EDS 谱图　　　　　　　（f）Ni-P 层剖面的 EDS 谱图

图 1.129　连接盘铝线键合不良（金和钯层脱落）垂直切片的 SEM 和 EDS 分析（续）

1.4　有机可焊性保护层（OSP）表面处理

1.4.1　OSP 介绍

OSP 是 Organic Solderability Preservatives 的简称，中文翻译为有机可焊性保护层。它通常被认为是由苯基三氮唑（Benzo-Tri-Azole，BTA）类化合物在清洁的铜表面形成的一层有机物膜。这层膜具有出色的保护性能，能够在加热环境下有效防止铜面氧化，同时具备高耐热性和高温可焊性。自 20 世纪 90 年代开始应用以来，OSP 工艺已成为当今 PCB 制造中广泛采用的表面处理方法之一。

1．OSP 工艺流程

OSP 的工艺流程及其主要作用如表 1.8 所示。

表 1.8　OSP 工艺流程及其作用

序号	工艺流程	作用
1	酸性除油	清洁和降低铜面表面张力
2	微蚀	清洁和粗化铜面，增强沉积附着力
3	预浸	阻挡污染物进入预活化槽
4	有机可焊性保护层	在铜表面沉积上有机膜

2．OSP 膜表面形貌

不同类型的化合物在铜面会形成不同的 OSP 膜，如图 1.130 所示，两种不同的 OSP 膜的表面形貌是不同的。

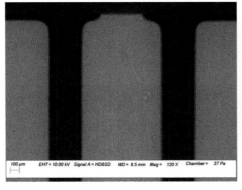
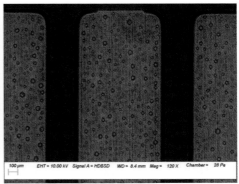

（a）连接盘 OSP 膜形貌（A 工艺）　　　　（b）连接盘 OSP 膜形貌（B 工艺）

图 1.130　连接盘 OSP 膜表面的 SEM 图像

3．OSP 剖面形貌

1）膜厚度

测量 OSP 膜厚度时，采用了聚焦离子束（FIB）技术对铜面剖面进行切割。如图 1.131 所示，可以观察到，在铜面凹陷处的 OSP 膜厚度要比凸起处更厚。

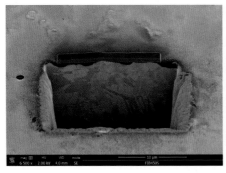
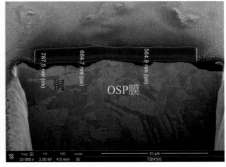

（a）OSP 膜剖面总览　　　　（b）OSP 膜剖面的局部放大图像

图 1.131　连接盘 OSP 膜剖面的 SEM 图像

2）OSP 处理后的焊盘与无铅焊料形成 IMC

（1）对于经过 OSP 表面处理的铜焊盘，在与无铅焊膏焊接后，对其进行了垂直切片分析。为了凸显铜锡 IMC 层，我们采用了以下操作方法：使用干净的棉签将体积浓度 10% 的硝酸溶液均匀涂敷在铜表面，持续约 10 秒。随后，用去离子水彻底冲洗切片表面，以清除残留的蚀刻剂，如图 1.132 所示。

（2）OSP 焊盘焊锡后形成的 IMC 表面形貌

OSP 焊盘与无铅焊膏焊接形成的 IMC 表面形貌是颗粒状的，如图 1.133 所示，元素成分为铜和锡。

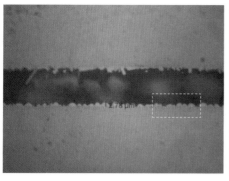 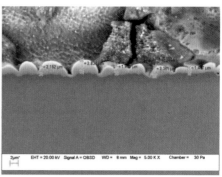

（a）OSP 处理后的焊盘形成 IMC 金相图像　　（b）OSP 处理后的焊盘形成 IMC 放大的 SEM 图像

图 1.132　OSP 处理后焊盘形成的 IMC 剖面图

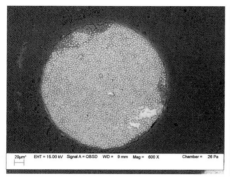 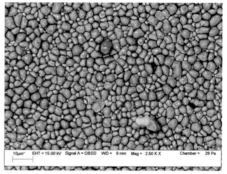

（a）OSP 焊盘处理后形成的 IMC 表面形貌　　　　（b）IMC 形貌放大的 SEM 图像

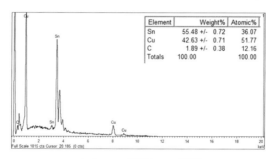

（c）IMC 表面的 EDS 谱图

图 1.133　OSP 处理后焊盘形成的 IMC 表面的 SEM 和 EDS 分析

1.4.2　OSP 工艺流程常见问题分析

1. 连接盘表面污染 —— 阻焊剂残留污染

【案例背景】PCB 表面采用 OSP 处理，但连接盘出现变色发暗的现象，如图 1.134 所示。本案例旨在分析连接盘颜色异常的根本原因。

【案例分析】通过 SEM 和 EDS 对变色的连接盘进行细致观察和分析。SEM 分析结果显示，缺陷位置存在黑色污染物。进一步使用 EDS 对这些污染物进行分析，检测到了典型的阻焊剂元素 S 和 Ba（可能来源于 $BaSO_4$），相关数据如图 1.135 所示。

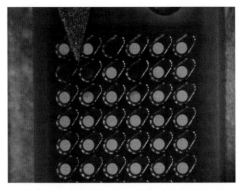

图 1.134　连接盘表面污染物金相显微镜图像

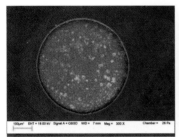

（a）变色连接盘的 SEM 图像

（c）阻焊剂的 SEM 图像

（b）连接盘表面污染物的 SEM 图像

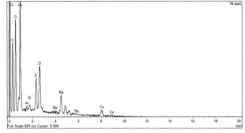

（d）连接盘污染物的 EDS 谱图

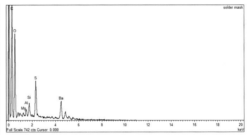

（e）阻焊剂的 EDS 谱图

图 1.135　OSP 处理连接盘表面的 SEM 和 EDS 分析

【评论与建议】连接盘颜色异常发暗主要是由于污染物导致的铜面无法形成有效的 OSP 膜。这些污染物很可能来源于 OSP 处理流程前残留的阻焊剂。建议优化阻焊剂工艺，确保连接盘表面无阻焊剂残留。

2．连接盘表面色差 ——OSP 膜缺失

【案例背景】PCB 表面处理工艺为 OSP，连接盘变色发红，正常和异常颜色分别如图 1.136 和图 1.137 所示。需要分析连接盘颜色异常的原因。

【案例分析】用 SEM 和 EDS 对变色连接盘进行观察分析，SEM 分析显示缺陷位置并无明显的污染物，用 EDS 对变色连接盘进行分析，并未检测到正常连接盘表面典型的 OSP 膜元素 C 和 I，如图 1.138、图 1.139 所示。

【评论与建议】连接盘铜面无 OSP 膜覆盖保护是引起变色的原因。但是，连接盘无 OSP 膜的原因有待进一步分析。

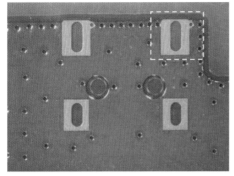 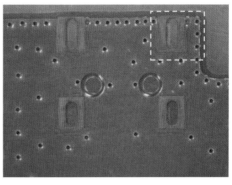

图 1.136　颜色正常 OSP 连接盘金相显微图像　　图 1.137　颜色发红 OSP 连接盘金相显微图像

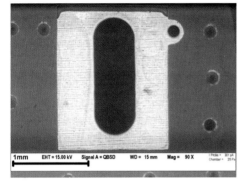 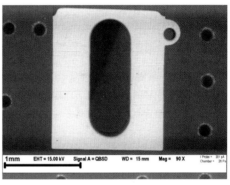

（a）颜色正常 OSP 连接盘的 SEM 图像　　　　　（b）颜色发红 OSP 连接盘的 SEM 图像

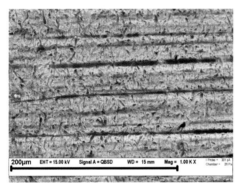 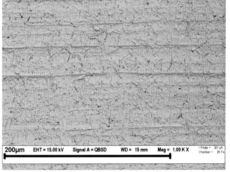

（c）颜色正常 OSP 连接盘的 SEM 放大图　　　　（d）颜色发红 OSP 连接盘的 SEM 放大图

图 1.138　OSP 连接盘表面的 SEM 图像

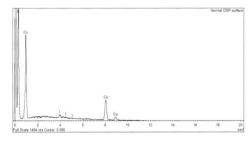 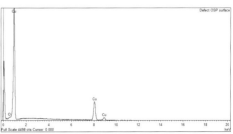

（a）颜色正常连接盘的 EDS 谱图　　　　　　　（b）颜色发红连接盘的 EDS 谱图

图 1.139　OSP 连接盘表面的 EDS 分析

3．连接盘表面色差 ——OSP 膜差异

【案例背景】PCB 表面处理工艺为 OSP，连接盘有颜色差异，如图 1.140 所示，需要分析连接盘颜色存在差异的原因。

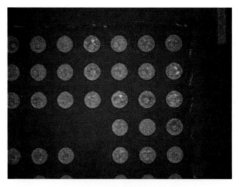

图 1.140　OSP 连接盘颜色存在差异

【案例分析】使用 SEM 和 EDS 对变色连接盘进行观察和分析。用 SEM 观察，发现有色差的连接盘疑似 OSP 膜更厚。进一步用 EDS 分析，在 OSP 膜厚的区域检测到典型的 OSP 膜元素碘（Ⅰ），如图 1.141 所示。

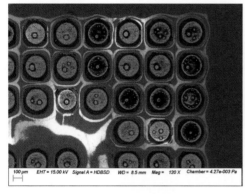

（a）连接盘表面的 SEM 图像

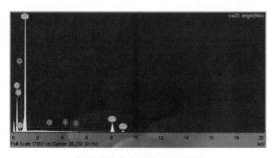

（b）颜色差异连接盘的 SEM 图像

（c）连接盘表面的 EDS 谱图

图 1.141　OSP 连接盘表面 SEM 和 EDS 分析

【评论与建议】基于上述分析，推测连接盘颜色差异的原因可能是 OSP 膜的不均匀分布。

4．连接盘表面色差 —— 表面形貌（粗糙度）差异

【案例背景】PCB 表面处理工艺为 OSP，连接盘有颜色差异，如图 1.142 所示，需要分析连接盘颜色存在差异的原因。

1.142　OSP 连接盘颜色差异

【案例分析】用 SEM 和 EDS 对变色连接盘进行观察和分析。用 SEM 观察发现，有颜色差异的连接盘的表面形貌（粗糙度）明显不同，如图 1.143 所示。

【评论与建议】基于上述分析，推测连接盘颜色差异是表面粗糙度不同导致的。

 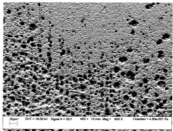 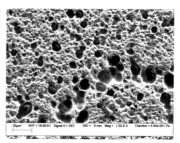

（a）OSP 连接盘的 SEM 图像　　（b）OSP 连接盘区域的 SEM 图像　　（c）OSP 连接盘发暗区域的 SEM 图像

图 1.143　OSP 连接盘表面的 SEM 分析

5．连接盘表面色差 —— 表面污染物

【案例背景】PCB 表面处理工艺为 OSP，连接盘变色，如图 1.144 所示，需要分析连接盘变色的原因。

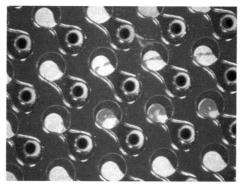

图 1.144　OSP 连接盘变色金相显微图像

【案例分析】用 SEM、EDS 和 FTIR 对缺陷位置进行观察和分析。用 SEM 进行观察，发现缺陷位置有黑色污染物。用 EDS 对污染物进行分析，检测到污染物的碳峰很强，表明可能是有机物。用 FTIR 对有机污染物进行分析，发现其红外光谱图与双面胶胶黏剂的红外光谱图相似，如图 1.145 所示。

【评论与建议】基于上述分析，推测连接盘变色是残留的胶黏剂导致的。

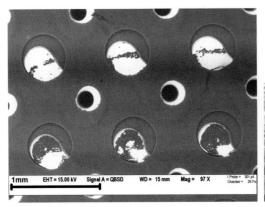 

（a）OSP 连接盘的 SEM 图像　　　　　　　（b）连接盘污染物的 SEM 图像

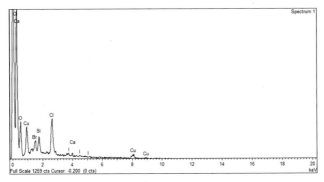

（c）连接盘污染物 EDS 谱图

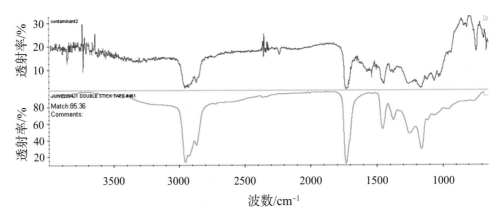

（d）污染物与双面胶胶黏剂的红外光谱比对

图 1.145　OSP 连接盘残胶污染物的 SEM、EDS 和 FTIR 分析

1.4.3 OSP 焊接不良失效案例分析

1. 镀覆孔（PTH）焊接不良 —— 阻焊剂残留污染

【案例背景】PCB 表面处理工艺为 OSP，波峰焊后，发现镀覆孔的孔环和孔内上锡不良，为不润湿现象，如图 1.146 所示。需要分析镀覆孔不润湿的原因。

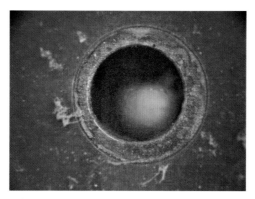

图 1.146　焊接不良镀覆孔

【案例分析】使用 SEM 和 EDS 对缺陷位置进行观察和分析。在 SEM 观察下，发现孔环不润湿位置有黑色物质残留。进一步使用 EDS 对污染物进行分析，检测到典型的阻焊剂元素 S 和 Ba（可能来源于 $BaSO_4$），如图 1.147 所示。

【评论与建议】镀覆孔出现不润湿现象，可能是阻焊剂残留污染所致，而阻焊剂残留物来自 PCB 的制造工艺和流程中的不当操作或清洗不彻底。

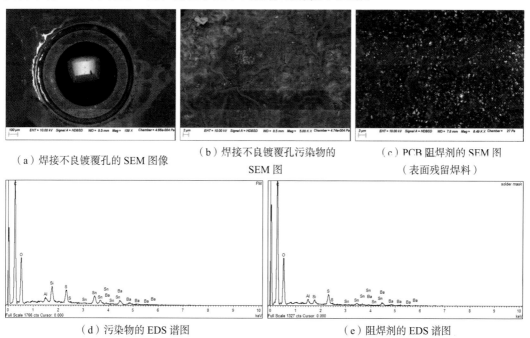

（a）焊接不良镀覆孔的 SEM 图像　　（b）焊接不良镀覆孔污染物的　　（c）PCB 阻焊剂的 SEM 图
　　　　　　　　　　　　　　　　　　　　SEM 图　　　　　　　　　　（表面残留焊料）

（d）污染物的 EDS 谱图　　　　　　　　　　（e）阻焊剂的 EDS 谱图

图 1.147　镀覆孔焊接不良 SEM 和 EDS 分析

2. 焊盘焊接不良 —— 阻焊剂残留污染

【案例背景】PCB 表面处理工艺为 OSP，采用表面安装技术焊接后，出现焊盘上锡不良，为不润湿现象，如图 1.148 所示，需要分析焊盘不润湿的原因。

图 1.148　焊接不良焊盘

【案例分析】使用 SEM 和 EDS 对缺陷位置进行观察和分析。在 SEM 观察下，发现焊盘不润湿位置有黑色物质残留；用 EDS 对污染物进行分析，检测到典型的阻焊剂元素 S 和 Ba（可能来源于 $BaSO_4$），如图 1.449 所示。

【评论与建议】焊盘出现不润湿现象，可能是阻焊剂残留污染所致，而阻焊剂残留物来自 PCB 的制造工艺和流程中的不当操作或清洗不彻底。

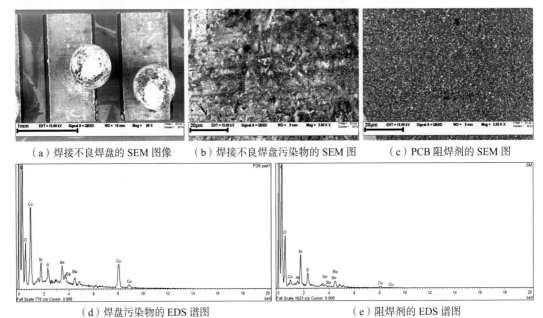

（a）焊接不良焊盘的 SEM 图像　　（b）焊接不良焊盘污染物的 SEM 图　　（c）PCB 阻焊剂的 SEM 图

（d）焊盘污染物的 EDS 谱图　　　　　　　　（e）阻焊剂的 EDS 谱图

图 1.149　焊盘焊接不良表面 SEM 和 EDS 分析

3. 焊盘焊接不良 —— 有机污染物

【案例背景】OSP 作为 PCB 表面处理工艺，使用表面安装技术进行焊接时，发现元器件无法上锡，且位置偏离。通过金相显微镜观察，发现焊盘表面有污染物存在，如图 1.150 所示。需对污染物的来源进行分析。

图 1.150　焊盘焊接不良外来夹杂物金相显微图像

【案例分析】为保持污染物的原貌，小心地将样品切割下来，并使用 SEM 和 EDS 对污染物进行了详细的观察和分析。SEM 分析显示污染物为黑色物质。EDS 分析检测到含有有机物组分的 C、O 元素。尽管这些元素与助焊剂相似，但两者的形貌并不相同。进一步使用红外光谱仪（FTIR）对有机污染物进行分析，但未能在红外光谱图库中找到相似度较高的物质，如图 1.151 所示。

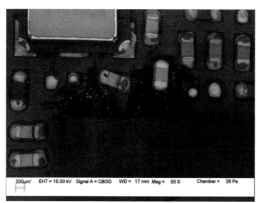

（a）外来夹杂物的 SEM 图　　　　　　　　　　（b）外来夹杂物的放大 SEM 图

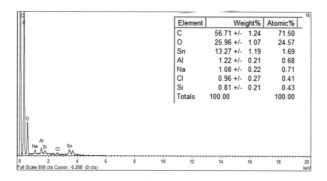

Element	Weight%		Atomic%
C	56.71 +/-	1.24	71.50
O	25.96 +/-	1.07	24.57
Sn	13.27 +/-	1.19	1.69
Al	1.22 +/-	0.21	0.68
Na	1.08 +/-	0.22	0.71
Cl	0.96 +/-	0.27	0.41
Si	0.81 +/-	0.21	0.43
Totals	100.00		100.00

（c）外来夹杂物的 EDS 谱图

图 1.151　焊接不良焊盘表面 SEM、EDS 和 FTIR 分析

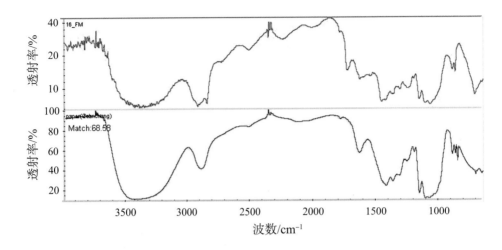

（d）外来夹杂物红外光谱与数据库红外光谱比对

图 1.151　焊接不良焊盘表面 SEM、EDS 和 FTIR 分析（续）

【评论与建议】焊盘焊接不良很可能是由外来夹杂物导致的。由于这些夹杂物与助焊剂等未知物质混合在一起而无法分离，且红外光谱在谱库中无法找到与其相似的物质，因此无法准确地鉴别其来源。为避免此类问题，建议加强 PCB 制造和焊接过程中的环境控制，减少外来夹杂物的引入。

4. 焊盘焊接不良 —— 无 OSP 膜覆盖

【案例背景】OSP 作为 PCB 表面处理工艺，进行表面安装技术焊接时发现元器件无法上锡。通过金相显微镜观察焊盘表面，未发现明显的污染物，如图 1.152 所示。需对焊盘无法上锡的原因进行分析。

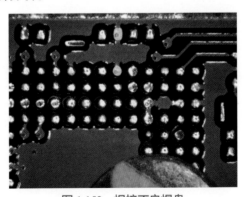

图 1.152　焊接不良焊盘

【案例分析】将样品切割下来后，用去离子水超声波清洗表面，以去除由于切割引入的附着物，然后用压缩空气吹干。接着使用 SEM 和 EDS 对焊盘表面进行详细的分析。分析结果显示表面并无明显的污染物。退润湿的焊盘表面除了 Cu 元素，并未检测到其他污染物和典型的 OSP 成分元素，如图 1.153 所示。

【评论与建议】在焊盘表面未检测到典型的 OSP 膜的元素，导致元器件无法上锡的原因尚不清楚。

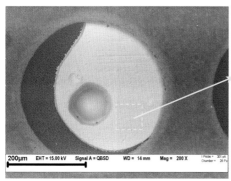 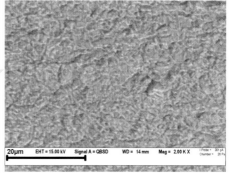

（a）焊接不良焊盘的 SEM 图　　　　　　　　（b）焊接不良焊盘的 SEM 放大图

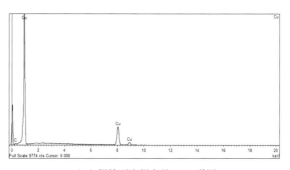

（c）焊接不良焊盘的 EDS 谱图

图 1.153　焊接不良焊盘 SEM 和 EDS 分析

5．焊盘焊接不良但 OSP 膜仍在

【案例背景】PCB 表面处理工艺为 OSP，使用表面安装技术焊接后，元器件无法上锡，用金相显微镜观察，焊盘表面未观察到污染物，如图 1.154 所示，需要分析焊盘无法上锡的原因。

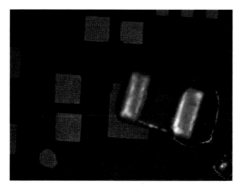

图 1.154　焊接不良焊盘图

【案例分析】把样品切割下来，用 DI 水超声波清洗表面由于切割引入的附着物，然后用压缩空气吹干，再用 SEM 和 EDS 对缺陷位置进行观察分析。表面分析的结果显示，退润湿的焊盘表面除了 Cu 元素和典型的 OSP 成分元素（Cl），并未检测到其他污染物。焊接不良的直接原因并未能从此分析结果中得出，如图 1.155 所示。

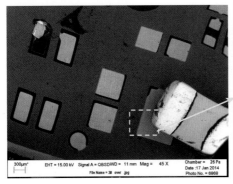 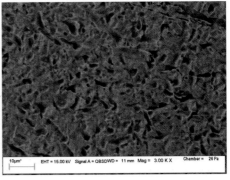

（a）焊接不良（退润湿）焊盘的 SEM 图　　　（b）焊接不良（退润湿）焊盘的 SEM 放大图

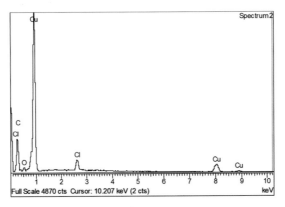

（c）焊接不良（退润湿）焊盘的 EDS 谱图

图 1.155　焊接不良焊盘的 SEM 和 EDS 分析

【评论与建议】在焊盘表面虽然未检测到典型的 OSP 膜的元素，但是并未检测到其他污染物。因此，上锡不良的具体原因仍有待进一步分析。

6. 焊盘焊接不良 ——IMC 已形成

【案例背景】OSP 作为 PCB 表面处理工艺，采用表面安装技术焊接后，电测结果显示未通过。初步怀疑 BGA 的某些焊盘存在上锡不良的问题，但无法精确定位具体的不良焊盘。为深入调查，采用电热风枪和机械方法，在高温下移除组装在 PCB 表面的芯片。随后观察到两个焊盘（分别标记为焊盘 1 和焊盘 2）出现疑似退润湿的现象，如图 1.156 所示。现在需要对这两个 BGA 焊盘焊接不良的原因进行分析。

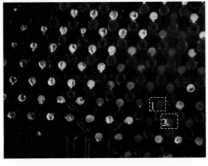

图 1.156　BGA 焊盘金相显微图像

【案例分析】在对焊盘表面进行 SEM 和 EDS 分析之前，为确保分析结果的准确性，首先清除了焊盘表面残留的助焊剂。具体操作将样品浸泡在异丙醇中，使用超声波仪器进行清洗，然后用压缩空气彻底吹干。

接下来，利用 SEM 和 EDS 对退润湿的焊盘进行详细分析。在焊盘 1 上，观察到了典型的锡与铜形成的界面金属化合物（IMC），这表明 PCB 的 OSP 焊盘已经被锡润湿并形成了 IMC。然而，在焊盘 2 上虽然检测到了锡的存在，但同时发现了明显的划痕，如图 1.157 所示。

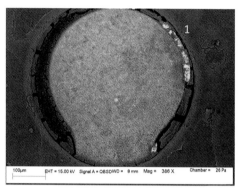

（a）焊盘 1 的 SEM 图像　　　　　　　（b）焊盘 2 的 SEM 图像

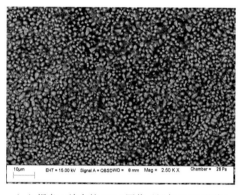

（c）焊盘 1 放大的 SEM 图像（疑似 IMC 形貌）　　　（d）焊盘 2 放大的 SEM 图像（表面有划痕）

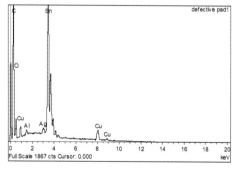

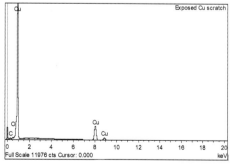

（e）焊盘 1 的 EDS 谱图　　　　　　　（f）焊盘 2 的 EDS 谱图

图 1.157　焊盘焊接不良的 SEM 和 EDS 分析

【评论与建议】经过初步分析，原先观察到的焊接不良焊盘在经受热风枪高温处理后，可能已经重新被焊料润湿。但由于锡量不足，仅在 Ni-P 层表面形成了不具备可焊性的 IMC 层。即使 IMC 被焊料覆盖，也无法与焊料有效结合。

然而，值得注意的是，在本案例中并未找出最初反馈的"焊接不良"的确切原因。这可能是因为在进行失效分析时，未能先通过无损的分析方法确定具体的焊盘位置，而是直接进行了破坏性的分析。提前使用热风枪等可能破坏或不可逆的操作，可能已经改变了样品的原始状态，从而无法准确找到其真正失效的原因。

7. 连接盘焊接不良 —— 镀覆孔焊锡空洞

【案例背景】PCB 的表面处理工艺采用 OSP，经过波峰焊后，发现镀覆孔的上锡效果不佳。具体观察发现孔壁存在退润湿现象，如图 1.158 所示。需对镀覆孔退润湿的原因进行深入分析。

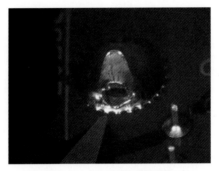

图 1.158　镀覆孔上锡不良

【案例分析】为了准确分析原因，首先清除了镀覆孔表面的助焊剂残留。具体操作为：将样品浸泡在异丙醇中，利用超声波仪器进行清洗，随后用压缩空气吹干。之后，利用 SEM 和 EDS 对缺陷位置进行了详细观察和分析。

表面分析结果显示，在镀覆孔上锡不良的区域可以观察到空洞存在，但除了焊料锡，并未检测到其他污染物，如图 1.159 所示。为了进一步了解焊接情况，进行了垂直切片分析。结果显示，焊接不良的 PTH 孔壁与焊料之间存在明显的缝隙，但孔壁铜与锡之间已经形成了 IMC（界面金属化合物），如图 1.160 所示。

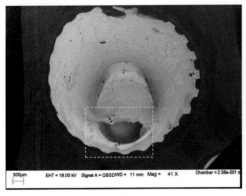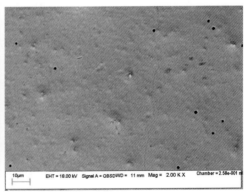

（a）镀覆孔的 SEM 图像　　　　　　　　（b）上锡不良位置放大图

图 1.159　镀覆孔上锡不良表面分析

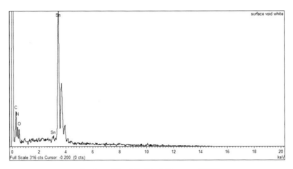

（c）上锡不良位置的 EDS 谱图

图 1.159　镀覆孔上锡不良表面分析（续）

（a）垂直切片位置　　　　　　　　（b）镀覆孔剖面的 SEM 图

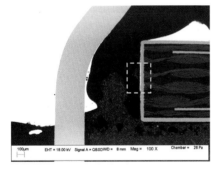

（c）镀覆孔剖面的 SEM 放大图　　　　（d）镀覆孔孔壁的 SEM 放大图

图 1.160　镀覆孔上锡不良垂直切片分析

【评论与建议】根据以上分析，可以判断镀覆孔孔壁在焊接过程中已经被焊料润湿。因此，焊接不良现象很可能由焊接过程中产生的气泡导致。

1.5　浸锡（ImSn）表面处理

1.5.1　浸锡介绍

　　浸锡是一种金属化表面处理工艺，通过在 PCB 表面的铜与锡之间进行化学置换反应，使铜表面沉积上一层锡。这一工艺不仅能够保护铜层免受氧化侵蚀，还为后续制程的组装提供了优良的可焊性。自 20 世纪 60 年代起，浸锡工艺就开始得到应用，并逐渐成为当今 PCB 制造中广泛采用的表面处理方法之一。

1．浸锡的工艺流程

浸锡的工艺流程及其主要作用如表 1.9 所示。

表 1.9　浸锡工艺流程及其作用

序号	工艺流程	作用
1	酸性除油	清洁和降低铜面表面张力
2	微蚀	清洁和粗化铜面，增强沉积附着力。可以使用不同类型的微蚀剂（例如过硫酸钠、过氧化氢／硫酸）
3	预浸	类似浸锡槽的成分，减缓锡的初始沉积和阻挡污染物进入浸锡槽
4	浸锡	铜层与锡发生置换反应，在铜面沉积上锡

浸锡槽的锡离子与铜表面发生反应，反应方程式如下：

$$\text{阳极：}\quad Cu \longrightarrow Cu^{2+} + 2e^{-}$$

$$\text{阴极：}\quad Sn^{2+} + 2e^{-} \longrightarrow Sn$$

$$\text{总方程式：}\quad Cu + Sn^{2+} \longrightarrow Cu^{2+} + Sn$$

通常情况下，铜是不会被锡离子置换的。为了实现铜与锡的置换反应，需要加入特定的添加剂，如硫脲（Thiourea）。这些添加剂能够逆转铜和锡在电动势序列中的正常位置，使铜的电极电位降低至低于锡的电极电位，从而引发铜原子与锡离子之间的置换反应，成功地在铜表面沉积上一层锡。

浸锡层的形态和厚度受温度影响较大。随着温度的升高，铜与锡之间的迁移现象会变得更加显著。

2．表面分析

（1）浸锡连接盘表面的形貌（未经高温处理）如图 1.161 所示。

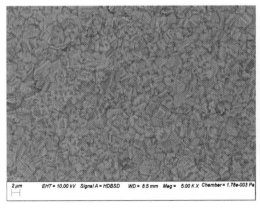

（a）浸锡连接盘表面背散射电子图像　　　　（b）浸锡连接盘表面的 SEM 二次电子图像

图 1.161　浸锡表面（未经高温处理）形貌

（2）浸锡连接盘表面形貌（经高温处理，一次无铅再流焊接后）如图 1.162 所示。

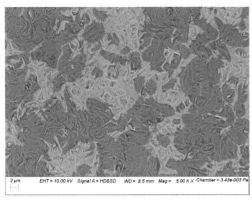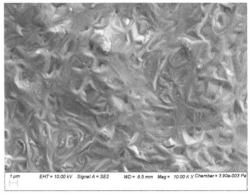

（a）浸锡连接盘表面背散射电子图像　　　　（b）浸锡连接盘表面的 SEM 二次电子图像

图 1.162　浸锡连接盘表面（经高温处理）的 SEM 图像

3．剖面分析

（1）未经高温处理的浸锡连接盘表面的剖面图如图 1.163 所示。在锡层与铜层之间，未观察到明显的 IMC 层，可能是 IMC 层太薄。

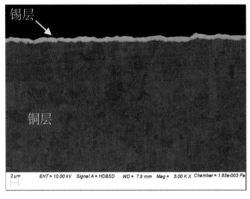

（a）浸锡连接盘表面剖面的 SEM 图　　　　（b）浸锡连接盘表面剖面的 SEM 放大图

图 1.163　浸锡连接盘表面剖面图

（2）经过高温处理和一次无铅再流焊接后的浸锡连接盘，其垂直切片（离子研磨抛光后）的剖面图如图 1.164 所示。锡与铜之间可见明显的 IMC 层，部分灰色衬度 IMC 层迁移至表面。由此可见，温度对 IMC 层的生长有显著的作用。

（3）浸锡层厚度测量 —— 库仑剥离技术。

铜和锡会相互迁移并形成铜锡界面金属化合物（IMC）。但值得注意的是，X 射线荧光光谱分析（X Ray Fluorescence，XRF）无法有效区分这种 IMC。在需要测量浸锡层的纯锡厚度以及铜锡界面金属化合物（IMC）厚度时，除了采用显微切片和 XRF 测量，库仑剥离技术也是一个不错的选择，该技术也被称为阳极溶解库仑法。

这种测量方法的原理是将待测的金属镀层作为阳极，置于电解液中进行电解。在此过程中，溶解的金属量与通过的电流及溶解时间的乘积成正比，也就是说，与消耗的电量成正比。通过已知的阳极面积，就可以精确地计算出镀层的厚度。

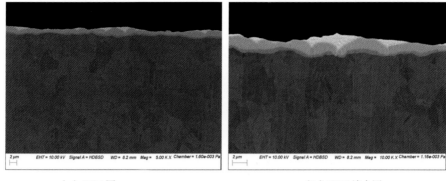

（a）SEM 图　　　　　　　　　　（b）SEM 放大图

图 1.164　浸锡连接盘再流焊接后的表面剖面 SEM 图

本文中提到的库仑剥离技术采用的是 SERA（Sequential Electrochemical Reduction Analysis）技术，所使用的仪器型号为 ECI Technology QC-100。有关 SERA 的测试系统以及浸锡镀层的剖面图如图 1.165 所示。

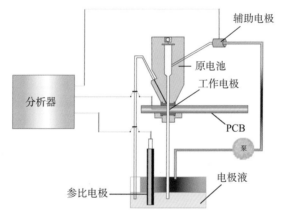

（a）SERA 测试系统

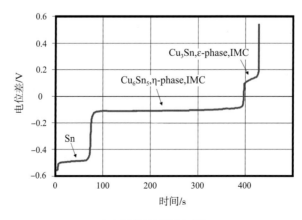

（b）浸锡镀层的剖面图

图 1.165　SERA 测试系统和浸锡镀层的剖面图

1.5.2 浸锡工艺流程常见问题分析

1. 浸锡镀层厚度测量

【案例背景】浸锡是 PCB 的表面处理工艺之一。在分别经过烘烤和再流焊高温处理后，浸锡层的颜色由亮白变为浅黄，同时其形貌也发生了变化。尽管使用 XRF 对浸锡层厚度进行测量并未发现异常，如图 1.166 所示，但仍需深入分析浸锡颜色及镀层变化的原因。

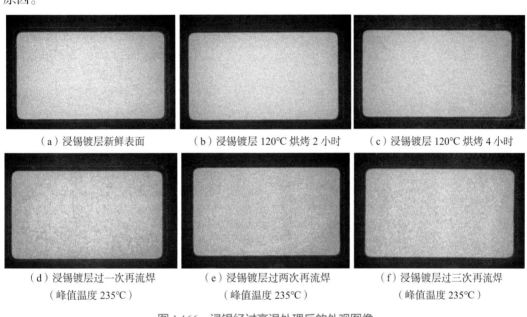

（a）浸锡镀层新鲜表面　　　（b）浸锡镀层 120℃ 烘烤 2 小时　　　（c）浸锡镀层 120℃ 烘烤 4 小时

（d）浸锡镀层过一次再流焊　　　（e）浸锡镀层过两次再流焊　　　（f）浸锡镀层过三次再流焊
（峰值温度 235℃）　　　　　　（峰值温度 235℃）　　　　　　（峰值温度 235℃）

图 1.166　浸锡经过高温处理后的外观图像

【案例分析】利用 SEM 对不同烘烤条件下的镀层形貌进行了观察。结果显示，在经过烘烤和再流焊高温处理后，镀层形貌由颗粒状逐渐变得致密平整。其中，再流焊处理后的镀层比烘烤处理后的更平整，如图 1.167 所示。

此外，采用 SERA 技术对连接盘的镀层进行了纯锡（Sn）和 IMC 的分析。分析结果表明，随着温度的升高，纯锡层的厚度明显下降，同时纯锡与铜相互迁移，形成了 IMC 层。具体数据详见图 1.168 和表 1.10。

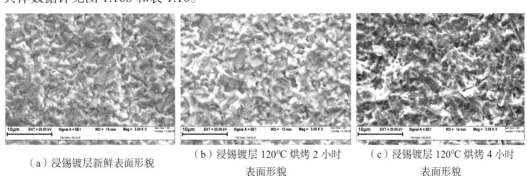

（a）浸锡镀层新鲜表面形貌　　　（b）浸锡镀层 120℃ 烘烤 2 小时　　　（c）浸锡镀层 120℃ 烘烤 4 小时
　　　　　　　　　　　　　　　　表面形貌　　　　　　　　　　　　　表面形貌

图 1.167　浸锡经过高温处理后的 SEM 图像

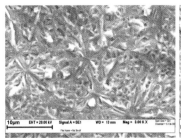 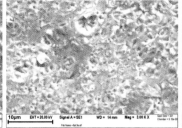 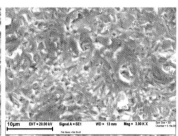

（d）浸锡镀层过一次再流焊表面形貌　（e）浸锡镀层过两次再流焊表面形貌　（f）浸锡镀层过三次再流焊表面形貌
（峰值温度 235℃）　　　　　　　　（峰值温度 235℃）　　　　　　　　（峰值温度 235℃）

图 1.167　浸锡经过高温处理后的 SEM 图像（续）

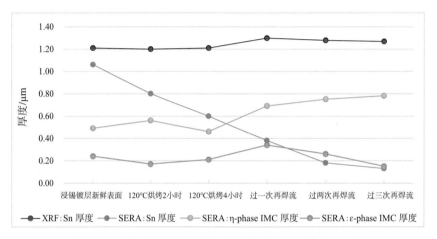

图 1.168　不同浸锡厚度测量方法比较（XRF 对比 SERA）

表 1.10　浸锡厚度方法与测量值比较

	XRF 分析浸锡镀层厚度 /μm	循序电化学还原法分析浸锡镀层厚度 /μm		
	XRF：Sn 厚度	SERA：Sn 厚度	SERA：η-phase IMC 厚度	SERA：ε-phase IMC 厚度
浸锡镀层新鲜表面	1.21	1.06	0.49	0.24
120℃ 烘烤 2 小时	1.20	0.80	0.56	0.17
120℃ 烘烤 4 小时	1.21	0.60	0.46	0.21
过一次再流焊	1.30	0.38	0.69	0.34
过两次再流焊	1.28	0.18	0.75	0.26
过三次再流焊	1.27	0.13	0.78	0.15

　　【评论与建议】浸锡镀层受温度影响显著，温度升高会导致纯锡镀层厚度下降。值得注意的是，在经过高温处理后，X 射线荧光光谱分析可能无法有效检测纯锡镀层，而 SERA 技术则可以有效检测纯锡和 IMC 的厚度。浸锡表面的变色现象主要是由于纯锡镀层与铜相互迁移形成了 IMC，导致纯锡镀层变薄。

2．锡须

锡须是一种从镀层表面自发生长出的柱形细丝，通常为单晶金属。在电子线路中，锡须可能引起短路，降低电子器件的可靠性，甚至导致电子器件发生故障或失效。锡须的形态各异，可能呈现为直线型、弯曲型、扭结型或环形等。锡须的生长受多种因素影响，包括应力松弛、金属间化合物、电镀工艺、温度及环境等。本节中提到的锡须案例主要与电镀工艺和高温高湿环境有关，具体如图 1.169 所示。

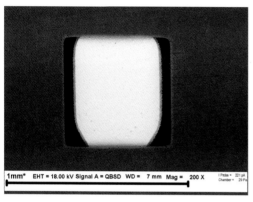

（a）浸锡不同工艺参数处理连接盘　　　　　（b）浸锡不同工艺参数处理连接盘锡须

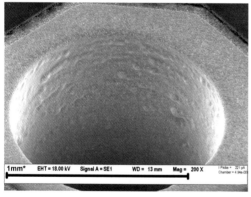

（c）高温高湿环境处理后浸锡镀覆孔　　　（d）高温高湿环境处理后浸锡镀覆孔（放大）

图 1.169　锡须的 SEM 图像

3．浸锡表面污染

（1）连接盘阻焊剂污染

【案例背景】PCB 完成浸锡后，在连接盘表面观察到黑色污染物，如图 1.170 所示，需要分析污染物的来源。

【案例分析】用 SEM 和 EDS 进行观察和分析，SEM 分析显示缺陷位置有黑色污染物，接着用 EDS 对污染物进行分析，检测到典型的阻焊剂元素 S 和 Ba（可能来源于 $BaSO_4$），如图 1.171 所示。

【评论与建议】连接盘表面的污染物可能来源于 PCB 制造工艺残留的阻焊剂。

图 1.170　浸锡连接盘表面污染

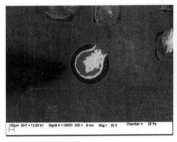

（a）连接盘的 SEM 图像

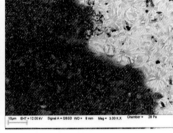

（b）污染物的 SEM 图像

（c）PCB 阻焊剂的 SEM 图像

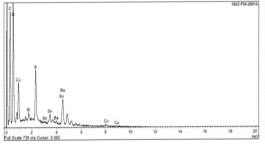

（d）污染物的 EDS 谱图

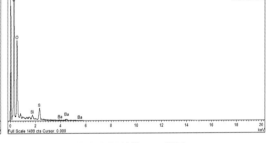

（e）阻焊剂的 EDS 谱图

图 1.171　浸锡处理连接盘污染物分析

（2）连接盘未知污染

【案例背景】PCB 完成浸锡后，在连接盘表面观察到黑色污染物，如图 1.172 所示，需要分析污染物的来源。

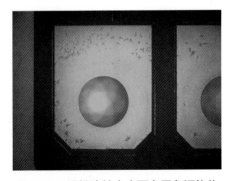

图 1.172　浸锡连接盘表面有黑色污染物

【案例分析】用 SEM 和 EDS 进行观察和分析，SEM 观察到污染物的形貌类似晶体状物质，通过 EDS 进一步分析，污染物的元素组成为磷（P）和氧（O），如图 1.173 所示。

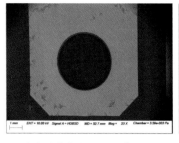  

（a）连接盘的 SEM 图像　　　（b）污染物金相显微图像　　　（c）污染物的 SEM 图像

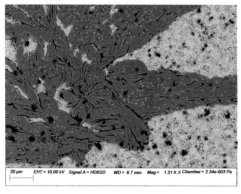 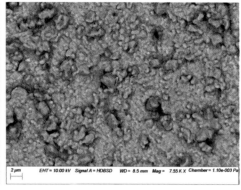

（d）污染物的 SEM 图像（放大）　　　　　　（e）浸锡表面的 SEM 图像

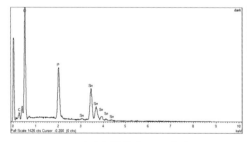 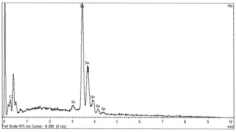

（f）污染物的 EDS 谱图　　　　　　（g）浸锡表面的 EDS 谱图

图 1.173　浸锡连接盘污染物表面分析

【评论与建议】从污染物的形貌和元素组分无法分析出其来源。建议优化浸锡的清洗工艺，确保连接盘表面无污染物残留。

1.5.3　浸锡焊接不良失效案例分析

1．浸锡阻焊剂残留污染

【案例背景】PCB 表面处理使用的是浸锡工艺，采用表面安装技术焊接后，焊盘出现上锡不良现象，具体表现为退润湿现象，如图 1.174（a）所示。需要分析焊盘退润湿的原因。

【案例分析】利用 SEM 和 EDS 对缺陷位置进行了详细的观察和分析。在 SEM 观察下，发现焊盘退润湿的位置有黑色物质残留。进一步通过 EDS 对这些污染物进行分析，检测到了典型的阻焊剂元素 S 和 Ba（可能来源于 $BaSO_4$），相关分析结果如图 1.174（b）~ 图 1.174（f）所示。

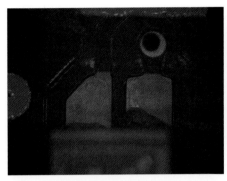

（a）焊盘退润湿金相显微图像

（b）焊盘退润湿的 SEM 图像

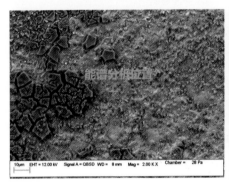

（c）焊盘退润湿的 SEM 图像（放大）

（d）阻焊剂的 SEM 图像

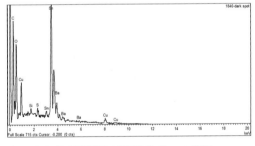
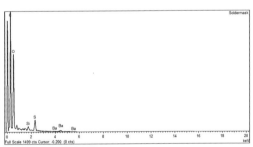

（e）焊盘退润湿区域污染物的 EDS 谱图

（f）阻焊剂的 EDS 谱图

图 1.174　焊接不良焊盘表面 SEM 和 EDS 分析

【评论与建议】根据分析结果，焊盘出现退润湿现象很可能是由阻焊剂的残留污染所致，这些阻焊剂可能来源于 PCB 的制造工艺和流程。建议对 PCB 的制造过程进行审查，以减少或消除阻焊剂的残留。

2．浸锡焊接不良

【案例背景】PCB 表面处理工艺为浸锡，但在采用表面安装技术焊接后，焊盘出现了退润湿现象，具体表现如图 1.175 所示。现需对退润湿的原因进行详尽分析。

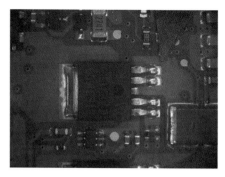

图 1.175　浸锡焊接不良焊盘

【案例分析】在进行 SEM 和 EDS 分析之前，首先对焊盘表面残留的助焊剂进行了清除处理。样品经过异丙醇浸泡和超声波清洗后，用压缩空气吹干。通过 SEM 观察退润湿的焊盘，发现其表面形貌疑似为界面金属化合物（IMC）以及部分助焊剂残留（主要元素组分为 C、O）。进一步通过 EDS 分析，疑似 IMC 的元素成分为 Sn、Cu，而疑似助焊剂的元素成分为 C、O，如图 1.176 所示。在退润湿的焊盘表面并未观察到明显的污染物，但有明显的 IMC 存在，而 IMC 是不具备可焊性的。接下来，进行了垂直切片分析，并通过 SEM 观察，进一步确认了疑似退润湿焊盘表面的残留物为 IMC，如图 1.177 所示。

【评论与建议】从以上分析中无法确定浸锡表面形成的 IMC 是在焊接前还是焊接后形成的，因此焊接不良的确切原因尚未明确。

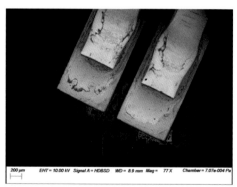

（a）焊接不良焊盘的 SEM 图像　　　　　　　　（b）焊盘退润湿的 SEM 图像

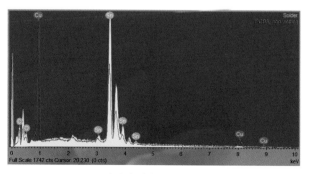

（c）焊盘的 EDS 谱图

图 1.176　焊接不良焊盘表面分析

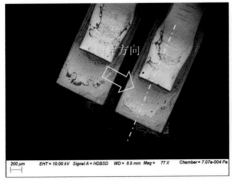

（a）焊接不良焊盘垂直切片研磨方向

（b）焊接不良焊盘的 SEM 图像

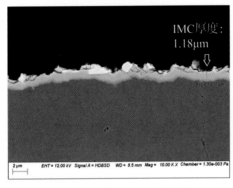

（c）上锡不良位置的 SEM 放大图

（d）上锡良好位置的 SEM 放大图

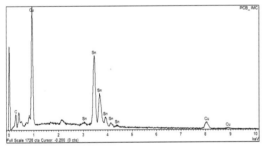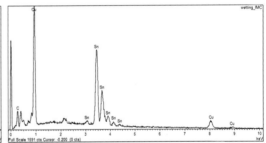

（e）焊接不良焊盘 IMC 的 EDS 谱图

（f）焊接良好焊盘 IMC 的 EDS 谱图

图 1.177   焊接不良焊盘垂直切片分析

3. 浸锡焊接可靠性问题

【案例背景】PCB 表面处理工艺为浸锡，采用表面安装技术焊接后，电测时出现问题。经过排查，怀疑 BGA 焊盘的连接可靠性存在问题，现需分析 BGA 焊盘与锡球是否出现了分离现象。

【案例分析】对疑似存在问题的 BGA 焊盘进行了垂直切片分析，结果显示在界面金属化合物（IMC）和锡层之间存在裂缝，如图 1.178 所示。

【评论与建议】锡层与 IMC 层之间的裂缝可能由应力导致。建议对焊接过程中的应力因素进行深入分析，并采取相应的措施来减少或消除应力，以提高 BGA 焊盘的连接可靠性。

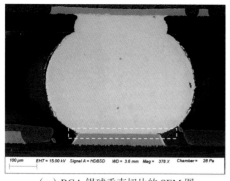
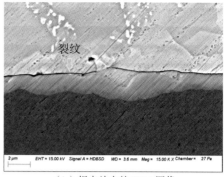

（a）BGA 锡球垂直切片的 SEM 图　　　　（b）焊点放大的 SEM 图像

图 1.178　BGA 锡球垂直切片的 SEM 图像

1.6　浸银（ImAg）表面处理

1.6.1　浸银介绍

浸银（Immersion Silver，ImAg），是一种在 PCB 表面通过铜与银的化学置换反应，使银沉积在铜表面的金属化表面处理工艺。在铜表面镀上银，除了能保护铜不易氧化，主要还能为后续的组装制程提供良好的可焊性。因此，浸银工艺在当今 PCB 制造中得到广泛应用。

1. 浸银的工艺流程

浸银的工艺流程及其主要作用如表 1.11 所示。

表 1.11　浸银工艺流程及其作用

序号	工艺流程	作用
1	酸性除油	清洁和降低铜面表面张力
2	微蚀	清洁和粗化铜面，增强沉积附着力
3	预浸	阻挡污染物进入浸银槽，特别是阻挡破坏浸银槽的氯化物渗入此槽中
4	浸银	铜层与银置换反应，在铜表面沉积上银，保护铜面免受氧化

浸银槽的银离子与铜表面发生反应，反应方程式如下：

$$阳极：Cu \longrightarrow Cu^{2+}+2e^{-}$$

$$阴极：Ag^{+}+e^{-} \longrightarrow Ag$$

$$总方程式：Cu+2Ag^{+} \longrightarrow Cu^{2+}+2Ag$$

经过浸银处理的 PCB，在良好受控的环境中表现出稳定的性能，其储存时间可达 1 年。然而，需要注意的是，浸银表面在含有硫的环境中，如 H_2S、SO_2 或含硫的有机酸等，容易受到腐蚀，形成 Ag_2S。

2. 浸银表面分析

PCB 浸银焊盘的表面形貌用 SEM 观察的图像如图 1.179 所示。

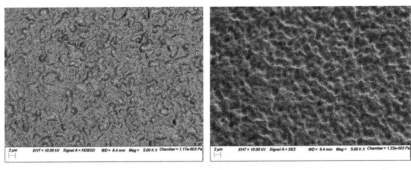

（a）浸银焊盘表面 SEM 背散射电子图像　　（b）浸银焊盘表面 SEM 二次电子图像

图 1.179　浸银焊盘表面的 SEM 图像

3．浸银剖面分析

（1）浸银剖面图

PCB 焊盘表面经过浸银处理后，参照 ENIG 的镍磷层保护方法，在银层表面沉积上 Ni-P 层，再进行垂直切片和离子研磨抛光处理，用 SEM 观察其剖面结构，其图像如图 1.180 所示。

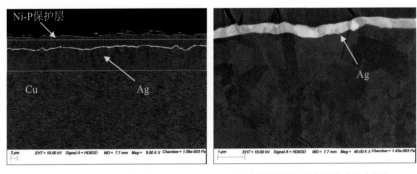

（a）浸银焊盘垂直切片　　　　　　（b）浸银焊盘垂直切片（放大图）

图 1.180　浸银焊盘垂直切片的 SEM 图像

（2）浸银 IMC 剖面图

PCB 焊盘表面处理工艺为浸银，与无铅焊膏焊接后，进行垂直切片和离子研磨处理，用 SEM 观察浸银层剖面结构，如图 1.181 所示。

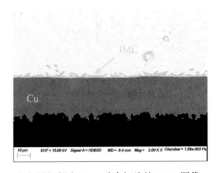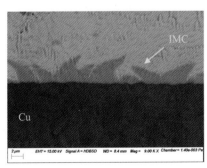

（a）浸银焊盘 IMC 垂直切片的 SEM 图像　　（b）浸银焊盘 IMC 垂直切片的 SEM 图像（放大）

图 1.181　浸银焊盘 IMC 垂直切片的 SEM 图像

1.6.2 浸银工艺流程常见问题分析

1．浸银表面污染

（1）浸银连接盘阻焊剂污染

【案例背景】PCB 完成浸银流程后，在连接盘表面观察到黑色污染物，如图 1.182 所示，需要分析污染物的来源。

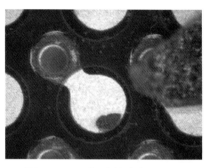

图 1.182　浸银连接盘表面污染

【案例分析】用 SEM 和 EDS 进行观察和分析，SEM 分析显示缺陷位置有黑色污染物，用 EDS 对污染物进行进一步分析，检测到典型的阻焊剂元素 S 和 Ba（可能来源于 $BaSO_4$），如图 1.183 所示。

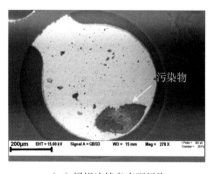

（a）浸银连接盘表面污染

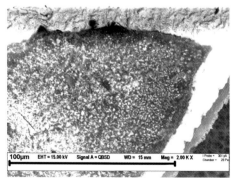

（b）污染物的 SEM 图像　　　　　　　　（c）阻焊剂的 SEM 图像

图 1.183　浸银连接盘表面污染的 SEM 和 EDS 分析

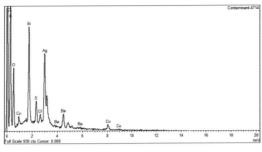 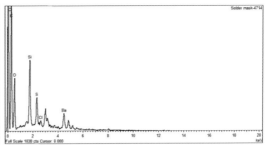

（d）污染物的 EDS 谱图   （e）阻焊剂的 EDS 谱图

图 1.183   浸银连接盘表面污染的 SEM 和 EDS 分析（续）

【评论与建议】连接盘表面的污染物可能来自 PCB 制造工艺残留的阻焊剂。

（2）浸银孔环阻焊剂污染

【案例背景】PCB 完成浸银流程后，发现孔环表面疑似露铜，如图 1.184 所示，需
要分析露铜的原因。

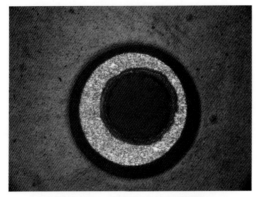

图 1.184   浸银孔环表面露铜

【案例分析】用 SEM 和 EDS 进行观察和分析。SEM 分析显示缺陷位置有黑色污染
物，用 EDS 对污染物进行进一步分析，检测到典型的阻焊剂元素 S 和 Ba（可能来源于
$BaSO_4$），如图 1.185 所示。

【评论与建议】在浸银流程前，阻焊剂残留在孔环表面，导致无法正常沉积上银层。

（a）孔环的 SEM 图像   （b）孔环污染物的 SEM 图像   （c）阻焊剂的 SEM 图像

图 1.185   浸银孔环表面污染物的 SEM 和 EDS 分析

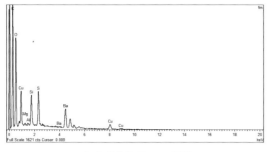

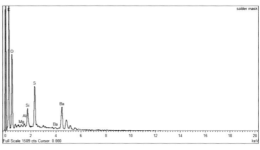

（d）污染物的 EDS 谱图　　　　　　　（e）阻焊剂的 EDS 谱图

图 1.185　浸银孔环表面污染物的 SEM 和 EDS 分析（续）

（3）浸银连接盘未知有机物污染

【案例背景】PCB 完成浸银流程后，发现连接盘表面疑似露铜，如图 1.186 所示，需要分析连接盘露铜的原因。

图 1.186　浸银连接盘表面露铜

【案例分析】用 SEM、EDS 和 FTIR 对缺陷位置进行观察和分析。SEM 分析显示缺陷位置有黑色污染物，用 EDS 对污染物进行进一步分析，检测到很强的碳峰，表明可能是有机物。用 FTIR 对有机污染物进行分析，在红外光谱图中，未能找到与其谱图相似度较高的物质，如图 1.187 所示。

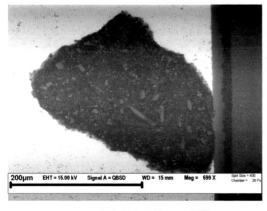

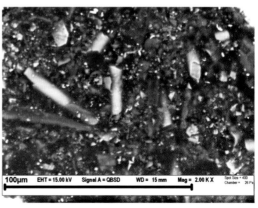

（a）污染物的 SEM 图像 1　　　　　　　（b）污染物的 SEM 图像 2

图 1.187　连接盘污染物 SEM、EDS 和 FTIR 分析

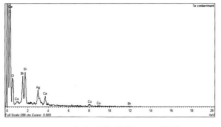

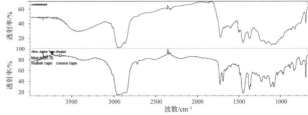

（c）污染物的 EDS 谱图　　　　　　　　（d）污染物 FTIR 谱图与谱库图比对

图 1.187　连接盘污染物 SEM、EDS 和 FTIR 分析（续）

【评论与建议】连接盘焊接不良是由污染物导致的。这些污染物可能与其他未知物质混杂在一起，导致红外光谱在谱库中无法找到与其较为相似的物质进行比较，因此无法准确地鉴别污染物的来源。

（4）浸银孔环字符油墨残留及其他有机物污染

【案例背景】PCB 完成浸银流程后，孔环表面疑似露铜。孔环表面有黑色污染物，如图 1.188 所示，需要分析黑色污染物的来源。

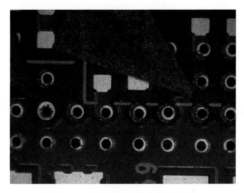

图 1.188　浸银孔环表面污染物

【案例分析】用 SEM、EDS 和 FTIR 对缺陷位置进行观察和分析。SEM 分析显示缺陷位置有黑色污染物，通过 EDS 对污染物进行分析，检测到典型的字符油墨元素 Ti（可能来源于 TiO_2），如图 1.189 所示。

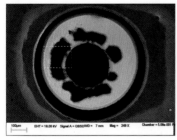  

（a）孔环表面污染物的 SEM 图像　　　（b）污染物放大图像　　　（c）字符油墨的 SEM 图像

图 1.189　孔环字符油墨残留及其他有机污染物的 SEM、EDS 分析

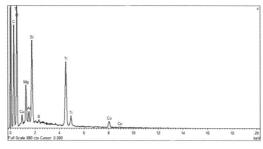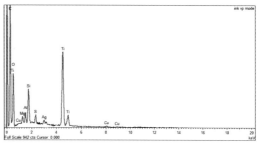

（d）污染物的 EDS 谱图　　　　　　　　（e）字符油墨的 EDS 谱图

图 1.189　孔环字符油墨残留及其他有机污染物的 SEM、EDS 分析（续）

【评论与建议】推测污染物来源于字符油墨残留。在浸银流程中，字符油墨残留在连接盘表面，导致无法正常沉积上银层。建议优化浸银的清洗工艺，确保连接盘表面无油墨残留。

2．浸银连接盘、孔环表面变色

（1）浸银连接盘表面铜污染变色

【案例背景】PCB 完成浸银流程后，在组装前的外观检查中发现连接盘出现变色现象，如图 1.190 所示，需要分析连接盘变色的原因。

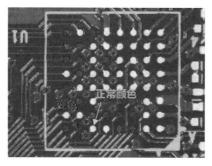

图 1.190　浸银连接盘表面变色金相图像

【案例分析】采用 SEM 和 EDS 对缺陷位置进行观察和分析。用 SEM 未观察到明显的污染物，用 EDS 对颜色发暗的位置进行分析，检查到了铜和氧元素，而正常的连接盘并未检测到铜元素，如图 1.191 所示。

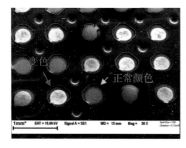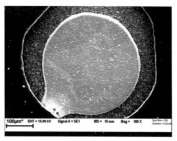

（a）连接盘的 SEM 图像　　　（b）变色的连接盘的 SEM 图像　　　（c）颜色正常的连接盘的 SEM 图像

图 1.191　连接盘变色的 SEM 和 EDS 分析

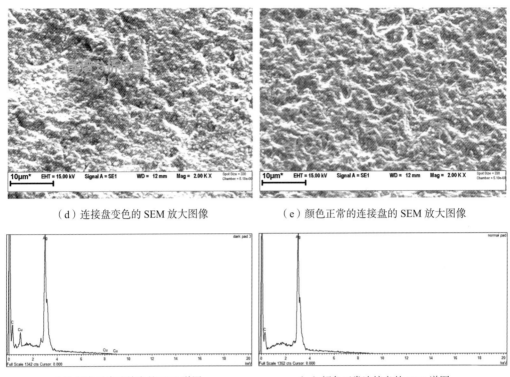

（d）连接盘变色的 SEM 放大图像　　　　　　（e）颜色正常的连接盘的 SEM 放大图像

（f）颜色异常连接盘的 EDS 谱图　　　　　　　（g）颜色正常连接盘的 EDS 谱图

图 1.191　连接盘变色的 SEM 和 EDS 分析（续）

【评论与建议】浸银表面颜色发暗，可能是由于银层不够厚，无法完全覆盖铜表面，铜暴露在空气中被氧化，从而引起连接盘变色。建议优化浸银工艺，确保银层厚度均匀且足够覆盖铜表面。

（2）浸银连接盘表面硫污染变色

【案例背景】PCB 完成浸银流程后，在组装前进行外观检查时，观察到连接盘变色，如图 1.192 所示，需要分析变色的原因。

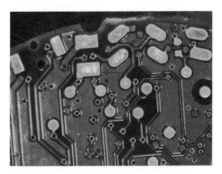

图 1.192　浸银连接盘表面变色

【案例分析】利用 SEM 和 EDS 对缺陷位置进行综合观察与分析。SEM 结果显示未观察到明显的污染物。然而，EDS 分析在变色区域检测到了硫元素的存在，如图 1.193 所示，而正常连接盘中并未检测到硫元素，如图 1.194 所示。

【评论与建议】连接盘颜色发暗是由于连接盘表面存在硫。银在空气中只要遇上极微量硫化氢气体或硫离子，就会发生化学反应。表面检测到铜可能是因为银层厚度不够，无法完全覆盖铜表面。

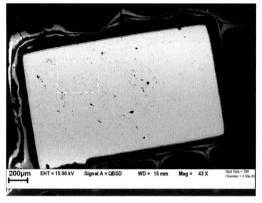

（a）变色连接盘的总览图像

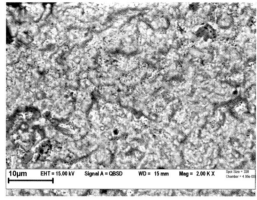

（b）变色区域的放大图像

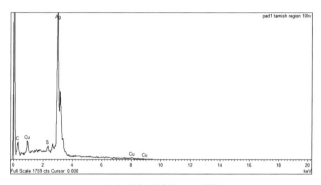

（c）变色区域的 EDS 谱图

图 1.193　连接盘变色的 SEM 和 EDS 分析

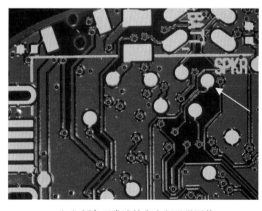

（a）颜色正常连接盘金相显微图像

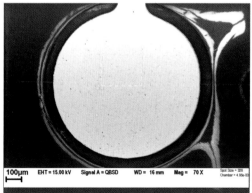

（b）颜色正常连接盘的 SEM 图像

图 1.194　颜色正常连接盘的 SEM 和 EDS 表面分析

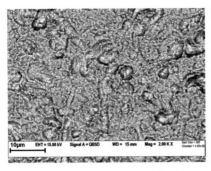 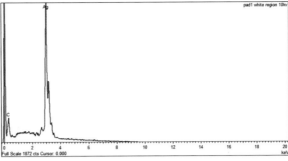

（c）颜色正常连接盘的 SEM 放大图像　　　　　　（d）颜色正常连接盘的 EDS 谱图

图 1.194　颜色正常连接盘的 SEM 和 EDS 表面分析（续）

（3）浸银连接盘表面粗糙度不同变色

【案例背景】PCB 完成浸银流程后，在组装前进行外观检查时，观察到连接盘的银面变色，如图 1.195 所示，需要分析变色的原因。

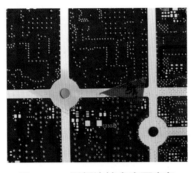

图 1.195　浸银连接盘表面变色

【案例分析】用 SEM 和 EDS 进行观察和分析。SEM 观察到变色连接盘表面相比颜色正常连接盘更为粗糙，用 EDS 对变色连接盘和颜色正常连接盘进行分析，只有在变色的连接盘上检查到了铜元素，而在颜色正常的连接盘上并未检测到铜元素，如图 1.196所示。

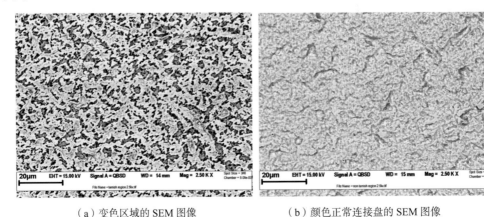

（a）变色区域的 SEM 图像　　　　　　　　　　（b）颜色正常连接盘的 SEM 图像

图 1.196　连接盘变色的 SEM 和 EDS 分析

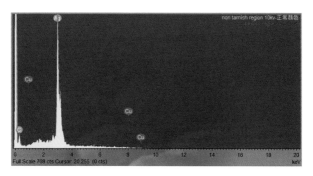

（c）颜色正常与异常连接盘的 EDS 谱图

图 1.196　连接盘变色的 SEM 和 EDS 分析（续）

【评论与建议】连接盘银面变色是由表面铜元素的存在以及粗糙的形貌共同作用导致的。表面检测到铜，可能是银层厚度不足，未能完全覆盖铜表面。

3. 浸银贾凡尼效应

贾凡尼效应是指两种金属因电位差的存在，通过介质产生电流，进而发生电化学反应，其中电位较高的金属作为阳极被氧化。在化学浸银的工艺流程中，由于银的电极电位高于铜，它们构成的金属原电池之间会有电子流动。具体地说，电子从电极电位较低的铜原电池流向电极电位较高的银原电池，这一过程中，高电位的银离子被还原成银金属，而铜金属因不断失去电子而发生腐蚀。

腐蚀的可能原因有以下几点：

• 如果浸银表面银的覆盖性不佳，或表面银层存在空洞、破口，那么这些空洞、破口处裸露的铜将会受到腐蚀，进而形成更大的空洞。

• 如果阻焊油墨的覆盖性不良，铜与已覆盖的银会形成原电池，这容易导致阻焊剂下的铜发生腐蚀。

• 线路排布的问题也可能导致腐蚀。在连接线路的两端如果存在电位差，电位较低的线路更容易受到腐蚀，从而出现贾凡尼效应。

（1）浸银孔环表面变色与空洞

【案例背景】在 PCB 完成浸银流程后，在进行组装前的外观检查时，观察到孔环的银面出现变色，如图 1.197 所示。需要深入分析变色的具体原因。

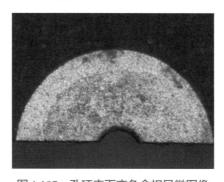

图 1.197　孔环表面变色金相显微图像

【案例分析】通过 SEM 和 EDS 进行观察分析。用 SEM 观察发现孔环表面存在微小的空洞。用 EDS 对变色区域和这些微小空洞位置进行了详细分析，结果在变色区域检测到铜和银，而空洞表面仅检测到铜，没有银元素，如图 1.198 所示。

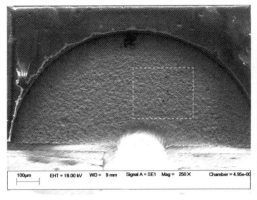

（a）孔环表面变色的 SEM 图像（空洞）　　　　（b）表面变色区域的 SEM 放大图像

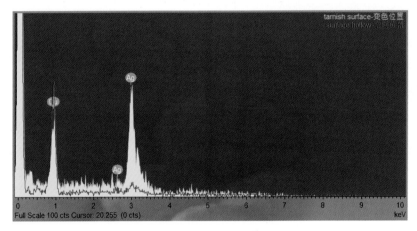

（c）变色区域的 EDS 谱图

图 1.198　浸银孔环的 SEM 和 EDS 表面分析

【评论与建议】孔环表面的变色是由于表面存在铜元素，这可能是因为银层厚度不足，无法完全覆盖铜表面，而形成的空洞很可能是贾凡尼效应导致的结果。

（2）浸银表面变色与空洞

【案例背景】PCB 完成浸银流程后，在外观检查时观察到 PCB 的表面出现变色（呈水滴状），如图 1.199 所示，需要分析变色的原因。

【案例分析】用 SEM 进行观察，观察到 PCB 表面有微小的空洞，如图 1.200 ~ 图 1.202 所示。

【评论与建议】PCB 的表面颜色变色是由于表面有空洞，空洞可能是贾凡尼效应导致的。

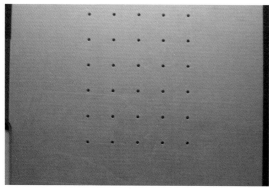

图 1.199　PCB 表面金相显微图像

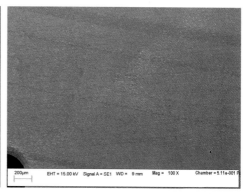

图 1.200　PCB 表面的 SEM 图像

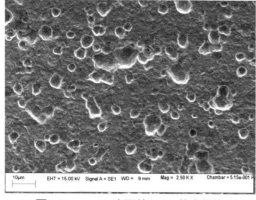

图 1.201　PCB 表面的 SEM 放大图像

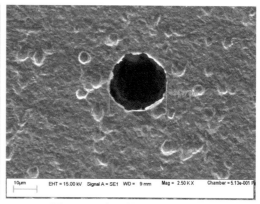

图 1.202　空洞的 SEM 放大图像

（3）浸银连接盘线路缺口

【案例背景】在 PCB 完成浸银流程后，观察到阻焊剂覆盖的线路与连接盘结合处似乎出现了过度蚀刻的现象，具体如图 1.203 所示。针对这一情况，我们需要对铜导线被过度蚀刻的原因进行确认和分析。

（a）褪阻焊剂前金相显微图像

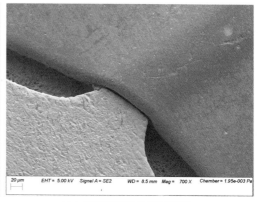

（b）褪阻焊剂后的 SEM 图像

图 1.203　连接盘线路缺口

【案例分析】为了深入了解这一问题，我们褪除了表面的阻焊剂，并使用 SEM 对缺陷位置进行了详细的观察和分析。结果证实了过度蚀刻问题的存在，如图 1.204 所示。同时，我们也观察了正常的连接盘，在褪去表面阻焊剂后，并未发现明显的过度蚀刻问题。正常浸银连接盘褪阻焊剂前后比对如图 1.205、图 1.206 所示。

（a）褪阻焊剂后金相显微图像　　　　　　　（b）褪阻焊剂后的 SEM 图像

图 1.204　连接盘线路缺口

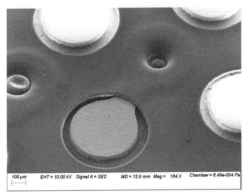
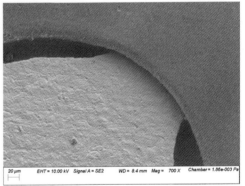

（a）褪阻焊剂前的 SEM 图像　　　　　　　（b）褪阻焊剂前的 SEM 放大图像

图 1.205　正常浸银连接盘褪阻焊剂前的 SEM 分析

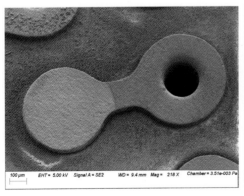

（a）褪阻焊剂后的 SEM 图像　　　　　　　（b）褪阻焊剂后的 SEM 放大图像

图 1.206　正常浸银连接盘褪阻焊剂后的 SEM 分析

【评论与建议】经过分析，我们认为铜线的过度蚀刻可能是由贾凡尼效应引起的。为了避免类似问题再次发生，建议对浸银流程进行优化，以减少贾凡尼效应的发生。

1.6.3 浸银焊接不良失效案例分析

【案例背景】在 PCB 表面处理工艺为浸银的情况下，采用表面安装技术焊接完成后，发现镀覆孔孔环出现了不润湿的现象。不润湿区域似乎存在黑色物质，具体如图 1.207 所示。针对这一情况，我们需要分析孔环不润湿的原因。

图 1.207　焊接不良镀覆孔金相显微图像

【案例分析】为了解决这个问题，我们首先清除了镀覆孔孔环表面残留的助焊剂。具体为：包括将样品浸泡在异丙醇中，使用超声波仪器进行清洗，然后用压缩空气吹干。接着使用 SEM 和 EDS 对缺陷位置进行了详细的观察和分析。SEM 分析结果显示缺陷位置存在黑色污染物，而 EDS 分析则检测到了典型的阻焊剂元素 S 和 Ba（可能来源于 $BaSO_4$），具体如图 1.208、图 1.209 所示。

【评论与建议】根据分析结果，镀覆孔孔环出现不润湿现象的原因可能是阻焊剂残留污染。这些污染物可能来自 PCB 的制造工艺和流程。为了避免类似问题再次发生，建议优化阻焊剂工艺，以减少阻焊剂的残留。

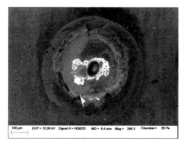  

（a）焊接不良镀覆孔的 SEM 图像　（b）焊接不良镀覆孔表面污染物的 SEM 图像　（c）PCB 阻焊剂表面的 SEM 图像

图 1.208　镀覆孔孔环焊接不良的 SEM 图像

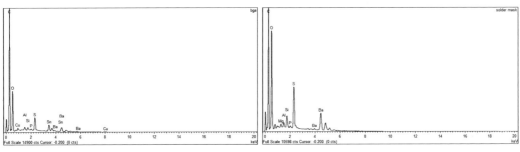

（a）焊接不良镀覆孔表面污染物的 EDS 谱图　　　　　　（b）阻焊剂的 EDS 谱图

图 1.209　镀覆孔孔环焊接不良的 EDS 分析

1.7　电镀镍／金（表面处理）

1.7.1　电镀镍／金介绍

1．电镀镍／金简介

电镀镍／金（Electrolytic Nickel/Gold）是一种表面处理工艺，它通过电镀原理在 PCB 表面导体上先镀上一层镍，然后再镀上一层金。这种工艺自 20 世纪 70 年代以来就被广泛应用于 PCB 制造中。电镀镍的主要目的是阻止金和铜相互扩散，因为铜和金具有不同的晶体结构，如果直接接触，它们会相互扩散并形成疏松的结构，从而影响其可靠性。新鲜的镍层在空气中容易被氧化，因此，在镍表面再镀一层金可以有效防止镍层的氧化。电镀镍金表面处理使得铜表面的镍层和金层具有良好的耐腐蚀性、耐磨性、可焊性，并且具有较低的接触电阻。

2．电镀镍／金工艺流程

电镀镍／金的工艺流程及其作用如表 1.12 所示。

表 1.12　电镀镍／金工艺流程及其作用

序号	工艺流程	作用
1	酸性除油	清洁和降低铜面表面张力
2	微蚀	清洁和粗化铜面，增强沉积附着力
3	电镀镍	阻挡金与铜互相扩散
4	电镀金	保护镍层不被氧化

3．电镀镍／金表面形貌与剖面形貌

用 SEM 观察，电镀镍／金表面形貌与剖面形貌如图 1.210 所示。

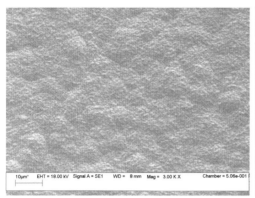
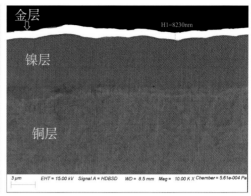

（a）电镀镍／金表面形貌　　　　　　　　　（b）电镀镍／金剖面形貌

图 1.210　电镀镍／金表面形貌与剖面形貌

4．电镀镍与锡形成的界面金属化合物（IMC）

电镀镍与锡形成的界面金属化合物（IMC）如图 1.211 所示。

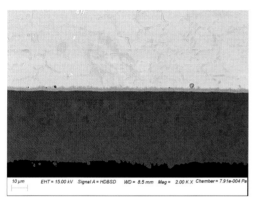
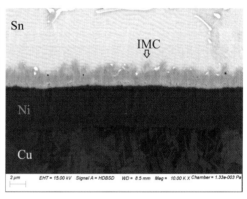

（a）电镀镍／金表面与锡形成 IMC　　　　（b）电镀镍／金表面与锡形成 IMC（放大图）

图 1.211　电镀镍／金表面与锡形成 IMC

1.7.2　电镀镍／金焊接不良失效案例分析

1．电镀镍／金焊接不良

【案例背景】在采用电镀镍／金作为 PCB 表面处理工艺后，经过表面安装技术焊接后，焊盘出现了退润湿现象，如图 1.212 所示。针对此问题，我们需要深入分析不上锡的具体原因。

【案例分析】为了有效去除焊盘表面可能残留的助焊剂，我们将样品浸泡在异丙醇中，并利用超声波仪器进行清洗。随后，使用压缩空气将样品吹干，并通过 SEM 和 EDS 对缺陷位置进行了详细的观察和分析。SEM 分析结果显示，缺陷位置存在黑色污染物。通过 EDS 对这些污染物进行分析，我们检测到了 Au、C 和 O 元素。尽管 C 和 O 与助焊剂的元素组分相符，但仍无法确切断定这些污染物是否完全来源于残留的助焊剂如

图 1.213 所示。

图 1.212　焊接不良焊盘

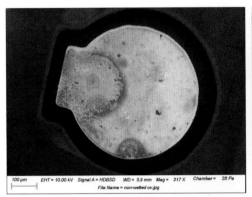

（a）焊接不良焊盘的 SEM 图

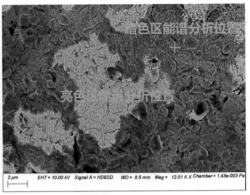

（b）焊接不良焊盘的 SEM 图（放大图）

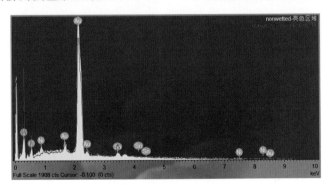

（c）焊接不良焊盘的 EDS 谱图

图 1.213　焊接不良焊盘表面 SEM 和 EDS 分析

2．电镀镍金可靠性问题 —— 焊点断裂

【案例背景】PCB 在电镀镍/金表面处理工艺后，经过表面安装技术焊接，电测时发现电路间存在间歇性通断问题。通过电气网络分析，怀疑问题可能出在 BGA 区域，但具体位置尚未确定。初步推测是 BGA 焊点出现了问题，如图 1.214 所示。当前需要深入分析电路间歇性通断的原因，并确认 BGA 焊点是否开裂。

【案例分析】本次分析涉及两块存在相同失效问题的 PCBA，分别标记为 PCBA1 和 PCBA2。

图 1.214　PCBA1 失效的 BGA 区域

对 PCBA1 的分析过程与结果如下：

首先使用 X 射线对 BGA 焊点进行观察，但未发现焊点裂缝、空洞等缺陷，如图 1.215 所示。接着对 PCBA1 进行垂直切片分析，金相显微镜观察显示缺陷主要发生在 BGA 拐角处，失效模式包括焊点裂缝（位于 IMC 界面 /PCB 焊盘）和焊盘坑裂，如图 1.216 所示。需要注意的是，切片分析只能对一个方向进行线性分布分析，无法全面评估 BGA 焊点的全部分布情况。

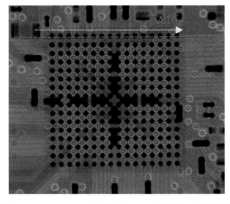

图 1.215　PCBA1 失效的 BGA 区域 X 射线图

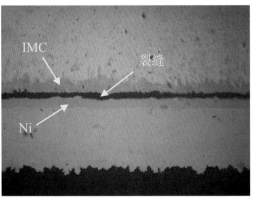

（a）A1 焊盘断裂总览　　　　　　　　（b）A1 焊盘 IMC 与镍层断裂

图 1.216　PCBA1 垂直切片分析

（c）A14 焊盘金相图   （d）A14 焊盘坑裂

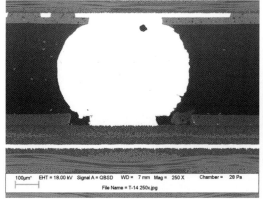

（e）A14 焊盘 SEM 图像   （f）A14 焊盘

图 1.216   PCBA1 垂直切片分析（续）

为了更全面地评估 BGA 焊点的缺陷分布，采用红墨水染色试验。这是一种利用液体渗透性的失效分析方法，通过使用油性且具有高黏稠度的特殊红色染色剂对焊点进行着色，使电子组装焊接缺陷点显现出来。通过这种方法可以检测电子零件的焊接工艺是否存在虚焊、假焊、裂缝等缺陷。染色试验的原理是利用液体的渗透性，将焊点置于红色染剂中，让染料渗入焊点裂缝，干燥后将焊点强行分离。如果焊接位置出现红色药水，就表示该处有空隙，即存在焊接裂缝。

对 PCBA2 的分析流程与结果如下：

对 PCBA2 的 BGA 区域也进行了红墨水染色试验。试验结果显示了焊点裂缝的模式和分布，如图 1.217、图 1.218 所示。断裂模式表现为 PCBA 焊点裂缝和 PCB 焊盘脱落，露出基材和玻璃布，如图 1.219 所示。

【评论与建议】通过切片分析和红墨水染色试验分析，发现 BGA 焊盘具备良好的可焊性，并且在焊盘和焊料锡之间形成了典型的 IMC。然而，在 PCB 的 BGA 焊盘的对角位置出现锡球染色现象和 PCB 端基材染色现象，这表明可能在此对角方向存在机械应力，导致 BGA 连接盘的焊点开裂，从而出现电路间歇性通断失效。为了解决这个问题，建议对 PCB 设计和制造过程进行优化，以减少机械应力的影响，并提高 BGA 焊点的可靠性。

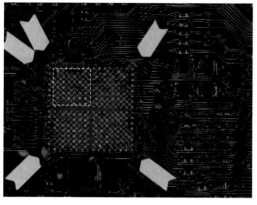
（a）红墨水染色试验，PCB 面观察

（b）红墨水染色试验，部分焊盘放大图

图 1.217 PCBA2 红墨水染色试验

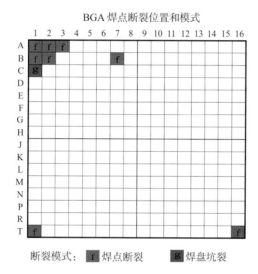

BGA 焊点断裂位置和模式

断裂模式： f 焊点断裂　　 g 焊盘坑裂

图 1.218 PCBA2 的 BGA 焊盘焊点裂缝分布图

（a）A1 金相显微图像，红墨水渗透在焊盘表面

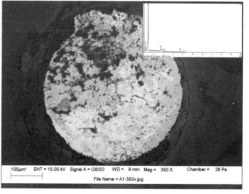
（b）A1 焊盘总览和 EDS 谱图

图 1.219 PCBA2 焊盘焊点裂缝模式

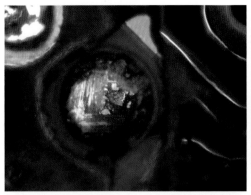

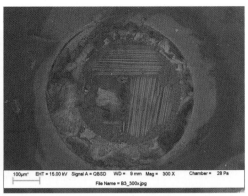

（c）C1 金相显微图像，红墨水渗透焊盘位置　　　　（d）C1 的 SEM 图像，坑裂位置有玻纤显露

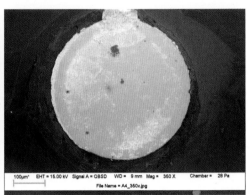

（e）A4 焊盘无红墨水渗透焊盘表面　　　　　（f）A4 焊盘的 SEM 图像

图 1.219　PCBA2 焊盘焊点裂缝模式（续）

1.8　热风整平（HASL）焊锡表面处理

1.8.1　热风整平焊锡

1．热风整平焊锡

热风整平（Hot Air Solder Leveling，HASL）焊锡是指在 PCB 焊盘上（含镀覆孔）热涂覆熔融 Sn/Pb 或 Sn 焊料，并用热压空气整（吹）平的工艺。该工艺能形成一层既抗氧化（保护铜表面）又提供良好可焊性的表面涂覆层。采用不含铅的熔融焊料的热风整平焊锡工艺，则称为无铅热风整平焊锡。

热风整平焊锡处理后覆盖的 Sn 或 Sn/Pb 与铜面会形成界面金属化合物（IMC），其主要化学形态为 Cu_6Sn_5（η-phase）和 Cu_3Sn（ε-phase）的混合物。IMC 层不具备可焊性。如果锡量不足，IMC 层裸露在表面，就会导致焊接不良的问题。

2．无铅热风整平焊锡沉积结构

对于无铅热风整平焊锡的 PCB 焊盘表面，用 SEM 观察，其形貌如图 1.220 所示。

用 SEM 观察无铅热风整平焊锡的 PCB 焊盘剖面，用传统的微切片技术进行研磨抛光后，再进行离子研磨抛光，其 SEM 图像如图 1.221 所示。

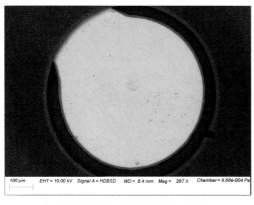 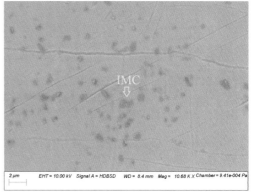

（a）无铅热风整平焊锡焊盘表面总览　　　　（b）无铅热风整平焊锡焊盘的局部放大图像

图 1.220　无铅热风整平焊锡表面的 SEM 图像

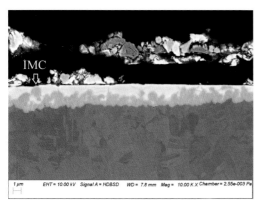 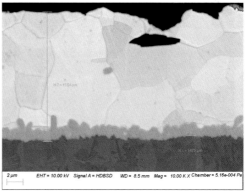

（a）无铅热风整平焊盘剖面的 SEM 图像　　　（b）无铅热风整平焊盘剖面放大的 SEM 图像

图 1.221　无铅热风整平垂直切片的 SEM 图

1.8.2　热风整平焊锡工艺流程案例分析

1．热风整平焊锡镀层不均

【案例背景】热风整平焊锡的焊料为 Sn/Pb，外观检查发现颜色有差异，怀疑 Sn/Pb 镀层厚度不均，如图 1.222 所示。需要分析镀层厚度是否不同。

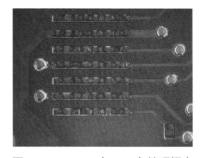

图 1.222　HASL（Sn/Pb）处理焊盘

【案例分析】使用 SEM 和 EDS 进行表面分析。通过 SEM 观察，可见衬度不同的区域，分别标记为 T1（薄镀层）和 T2（厚镀层）。EDS 分析结果显示，T1 区域发白的部分主要元素为铅，发暗部分检测到铜与锡元素；而 T2 区域发白的部分主要元素也为铅，发暗的厚镀层只检测到锡，如图 1.223 所示。

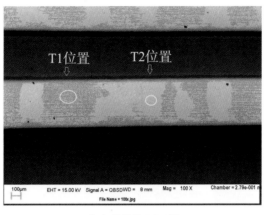

（a）焊盘的 SEM 图

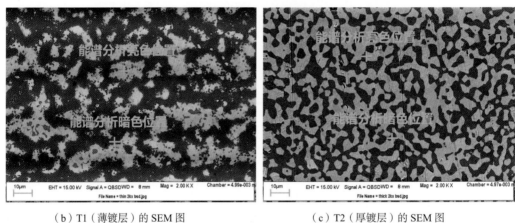

（b）T1（薄镀层）的 SEM 图　　　　　　　（c）T2（厚镀层）的 SEM 图

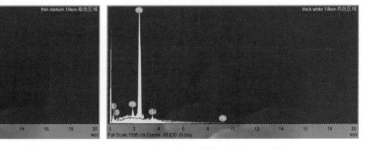

（d）T1（薄镀层）的 EDS 谱图　　　　　　（e）T2（厚镀层）的 EDS 谱图

图 1.223　焊盘表面的 SEM 和 EDS 分析

进一步采用垂直切片分析，确认焊盘 HASL 镀层不均。T1（薄镀层）的 IMC 层已经裸露在镀层外表面，而 T2（厚镀层）的 IMC 则位于 Sn/Pb 镀层之下，如图 1.224 所示。

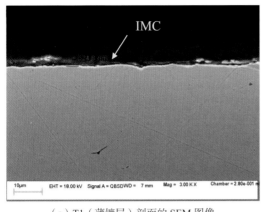 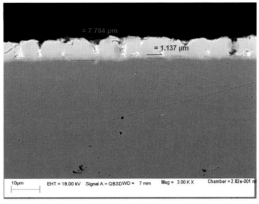

（a）T1（薄镀层）剖面的 SEM 图像　　　　　（b）T2（厚镀层）剖面的 SEM 图像

图 1.224　焊盘垂直切片 SEM 分析

【评论与建议】热风整平焊锡（HASL）镀层不均与热风整平工艺有关。检测到的 IMC 层不具备可焊性，这可能影响焊接质量。

2. 热风整平焊锡（HASL）露铜

【案例背景】PCB 表面处理工艺采用热风整平焊锡（焊膏为 Sn/Pb）。外观检查发现焊盘疑似露铜，如图 1.225 所示。需要分析露铜的原因。

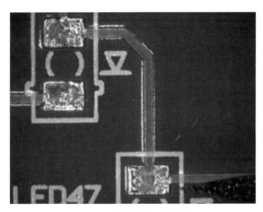

图 1.225　焊盘表面退润湿

【案例分析】在进行 SEM 和 EDS 分析前，首先去除了焊盘表面残留的助焊剂。样品经过异丙醇浸泡和超声波清洗后，用压缩空气吹干。

SEM 观察退润湿后的焊盘发现，露铜区域并无明显的污染物。EDS 检测结果显示露铜区域存在铜和微量氧。

【评论与建议】焊盘未能被 Sn/Pb 层完全覆盖，推测铜表面存在氧化。在热风整平过程中，被氧化的铜面无法形成 HASL 层，从而导致露铜现象，如图 1.226 所示。为避免此类问题，建议在热风整平焊接前加强铜表面的处理，确保铜面清洁无氧化。

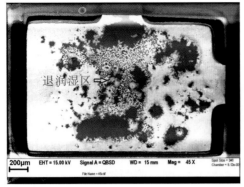
（a）焊盘的 SEM 图

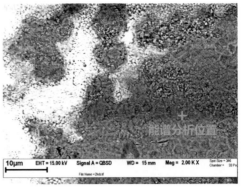
（b）焊盘露铜区的 SEM 图

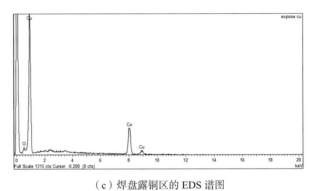
（c）焊盘露铜区的 EDS 谱图

图 1.226　焊盘露铜 SEM 和 EDS 分析

1.8.3　热风整平焊锡焊接不良失效案例分析

1. 热风整平焊锡（HASL）焊盘焊接不良 —— 阻焊剂残留污染

【案例背景】PCB 表面处理工艺采用的是无铅热风整平焊锡。然而，在进行无铅组装后，发现焊盘表面存在上锡不良的现象，如图 1.227 所示，因此，需要对焊盘不上锡的原因进行深入分析。

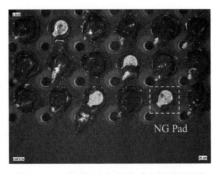

图 1.227　焊接不良焊盘金相显微图像

【案例分析】为了彻底清除焊盘表面可能残留的助焊剂，我们将样品浸泡在异丙醇中，并利用超声波仪器进行清洗。清洗完成后，使用压缩空气将样品吹干。随后，采用

SEM 和 EDS 技术对缺陷位置进行了详细的观察和分析。通过 SEM 分析，发现缺陷位置存在黑色污染物。进一步利用 EDS 对污染物进行分析，检测到了典型的阻焊剂元素 S 和 Ba（可能来源于 $BaSO_4$），如图 1.228 所示。

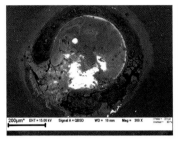
（a）焊接不良焊盘的 SEM 图

（b）焊接不良污染物的 SEM 图像

（c）PCB 阻焊剂的 SEM 图像

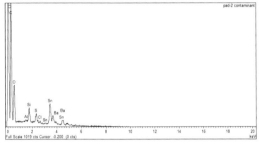
（d）污染物的 EDS 谱图

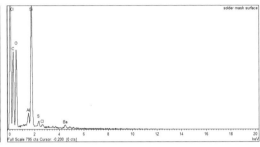
（e）阻焊剂的 EDS 谱图

图 1.228　焊接不良焊盘 SEM 和 EDS 表面分析

【评论与建议】综合以上分析结果，我们可以得出结论：焊盘出现的上锡不良现象很可能是污染物导致的。而这些污染物很可能来源于 PCB 制造过程中残留的阻焊剂。

2. 热风整平焊锡（HASL）焊盘焊接不良 —— 无明显污染

【案例背景】PCB 表面采用了热风整平焊锡（焊膏成分为 Sn/Pb）处理工艺。组装完成后，观察到焊盘表面存在退润湿问题，具体表现如图 1.229 所示。现需对焊盘不上锡的原因进行深入分析。

图 1.229　焊盘表面退润湿

【案例分析】在进行 SEM 和 EDS 分析之前，为确保分析结果的准确性，我们首先对焊盘表面进行了清洁处理。具体步骤为：将样品浸泡在异丙醇，利用超声波仪器进行清洗，随后用压缩空气将样品彻底吹干。

通过 SEM 观察，我们发现退润湿区域存在衬度较暗和颜色较亮的两个部分。利用 EDS 对这两个区域进行元素分析，结果显示：衬度较暗的区域主要由铜和锡组成，而颜色较亮的区域则主要元素为铅。在焊料润湿区域，元素组分主要为锡和铅。值得注意的是，在退润湿焊盘表面并未发现明显的污染物，但可以观察到明显的界面金属化合物（IMC）存在。由于 IMC 不具备可焊性，因此这可能是导致焊盘不上锡的主要原因，如图 1.230 所示。

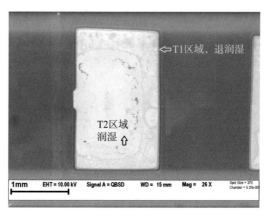

（a）焊盘表面的 SEM 图像

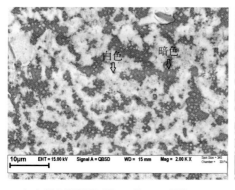

（b）焊盘退润湿区域 T1 的 SEM 图像　　　　　（c）焊盘润湿区域 T2 的 SEM 图像

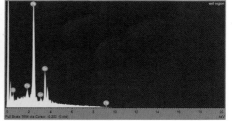

（d）焊盘退润湿区域 T1 的 EDS 图像，检测到铜　　（e）焊盘润湿区域 T2 的 EDS 图像，检测不到铜

图 1.230　焊盘表面的 SEM 和 EDS 分析

为进一步验证这一推测，我们进行了垂直切片分析。通过 SEM 观察，确认了疑似退润湿焊盘表面残留物为界面金属化合物（IMC），如图 1.231 所示。

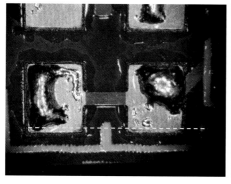

（a）焊盘表面 退润湿

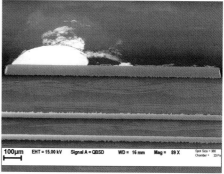

（b）退润湿焊盘剖面的 SEM 图像

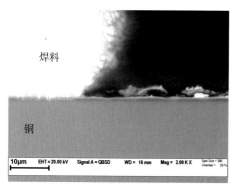

（c）退润湿区域 IMC 暴露焊盘表面

（d）润湿区域 IMC 在焊料和铜之间

图 1.231 焊盘垂直切片分析

【评论与建议】综合以上分析结果，我们可以初步断定：焊盘不上锡的主要原因是 IMC 层的暴露导致其失去了可焊性。然而，目前我们无法准确判断 IMC 是在焊接前还是焊接后形成的。

参考文献

[1] 中国电子电路协会 . 电子电路术语 [S]. 2022-5-10.

[2] 林金堵，龚永林 . 现代印制电路基础 [M]. 上海：中国印制电路协会（CPCA），印制电路信息杂志社（PCI），2005.

[3] 焦汇胜，李香庭 . 扫描电镜能谱仪及波谱仪分析技术 [M]. 长春：东北师范大学出版社，2011.

[4] 张大同 . 扫描电镜与能谱仪分析技术 [M]. 广州：华南理工大学出版社，2009.

[5] 李静，李美超，莫卫民 . 显微红外光谱技术的发展及应用 [M]. 理化检验（化学分册），2009，45(10):1245-1248.

[6] 王敬尊，王霆 . 如何解释红外谱图 [J]. 大学化学，2016, 31(6): 90-97.

[7] 邵晓鹏 . 超分辨率，到底超了谁 [EB]. (2022-11-28)[2023-6-18].

[8] 金相学 – 介绍，如何揭示金属与合金的微观结构特征 [EB].[2023-6-18].

[9] ASTM. ASTM B504-1990(1997) Standard Test Method for Measurement of Thickness of Metallic Coatings by the Coulometric Method[S].

[10] Peter Bratin, Michael Pavlov.Evaluating Finishes Using SERA[EB/OL].

[11] DIN EN ISO 2177-2004 ,Metallic coatings - Measurement of coating thickness - Coulometric method by anodic dissolution (ISO 2177:2003)[S] German ,2004.

[12] Cannon, R. D. The Dissolution of Iron and Nickel in Dilute Aqua Regia[R]. Idaho Falls, Idaho, United States: Phillips Petroleum Co. Atomic Energy Div.,1961.

[13] Birich, A., Stopic, S. & Friedrich, B. Kinetic Investigation and Dissolution Behavior of Cyanide Alternative Gold Leaching Reagents[J]. Springer Nature. Scientific Reports, 7191 (2019).

[14] Stefan Zaefferer. Electron Channelling Contrast Imaging (ECCI): An Amazing Tool for Observations of Crystal Lattice Defects in Bulk Samples[J].Microscopy Society of America. July 2017, 566–567.

[15] ECI Technology, Surface-Scan QC-100 User's Manual [Z].

[16] Nicolet FT-IR Series Spectrometers TGA-IR Module User Guide, Revision A July 2014 [Z].

[17] R. Winston Revie. Uhlig's Corrosion Handbook(THIRD EDITION)[M]. Hoboken New Jersey, United States:John Wiley&Sons,Inc.2011.

Chapter
2

第 2 章
PCB 内层互连缺陷分析

2.1 导　言

　　导通孔（Via）也称金属化孔，用于连接 PCB 不同层的导体，是电气连接不可或缺的重要组成部分。PCB 常见的导通孔有三类：镀覆孔（Plated Through Hole，PTH）、盲孔（Blind Via）和埋孔（Buried Via）。PCB 在高温组装或热循环的条件下，板料会出现热胀冷缩的情况，导通孔由于热应力的作用产生的内层互连缺陷（Interconnect Defects，ICD）。典型的 ICD 为镀覆孔的电镀铜与内层铜连接分离，或者盲孔电镀铜与盲孔底部的目标连接盘分离，如图 2.1 所示。

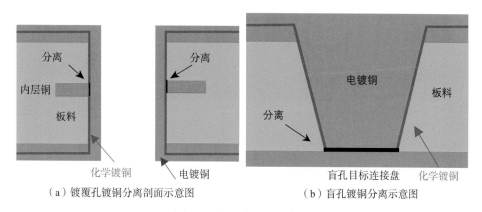

（a）镀覆孔镀铜分离剖面示意图　　　　　　　（b）盲孔镀铜分离示意图

图 2.1　导通孔 ICD 示意图

　　导通孔与内层铜连接分离的失效原因主要有两大类：一类是污染物的原因，污染物可能来自钻孔后残留的板料的树脂、玻璃纤维、填料等；一类是镀层结合不良的原因，可能来自化学镀铜（Electroless Plating Cu）或电镀铜（Electroplating Cu）结构的影响，不同镀铜层在应力的作用下从界面分离。

2.2　ICD 分析技术的介绍

内层互连缺陷在电路中表现出来的特征常常是电阻异常增大，但是需要通过显微切片分析后才能确定其失效位置。分析的流程一般先通过万用表四线电阻方法或其他无损检测技术定位异常导通孔，然后采用微切片技术来确定是否是 ICD。对 ICD 产生的原因和机理进行分析，还需借助其他分析技术，例如化学微蚀、电解抛光、离子研磨和聚焦离子束等技术。

2.2.1　微切片技术

微切片技术的一般分析流程如下：首先从 PCB 样品切下一小片，然后将这片样品固定在模具中，紧接着加入胶水，待胶水与样品完全固化后，进行切片研磨、抛光、去离子水清洗或用超声波清洗切片表面附着物，最后用压缩空气吹干。这一系列流程完成后，将使用金相显微镜进行观察分析。

以镀覆孔的 ICD 为例，微切片研磨抛光既可以从与 PCB 表面平行的水平（横向）方向进行，也可以从与 PCB 垂直（轴向）的方向进行。如图 2.2 所示，这两种方向的研磨抛光方式都有可能被采用。通过金相显微图像可以观察到电镀镀铜与内层铜之间有明显的黑线。然而，由于金相显微镜的分辨率（极限分辨率为 $0.3 \sim 0.4\mu m$）能力所限，我们无法准确判断这条黑线究竟是裂缝还是外来夹杂物。

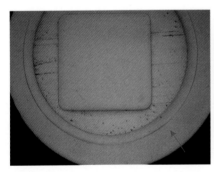

　　（a）水平（横向）切片　　　　　　　　（b）垂直（轴向）切片

图 2.2　镀覆孔内层连接盘与孔壁镀层分离的金相显微图像

2.2.2　化学微蚀技术

用金相显微镜判断切片的导通孔为 ICD 后，要分析缺陷所处的镀层位置，一般通过蚀刻剂对铜表面进行处理。常用的蚀刻剂是氨水、双氧水和去离子水按照一定比例 [10mL $NH_4OH(25\% \sim 30\%)$+1mL $H_2O_2(35\%)$+10mL H_2O] 配置而成的蚀刻混合溶液。对切片表面进行处理的步骤是：用干净的棉签将蚀刻混合溶液涂在铜表面 $3 \sim 10$ 秒，再用去离子水把切片表面的蚀刻剂冲刷干净。不同的电镀铜层之间的界面极容易受到蚀刻剂的侵蚀，晶界被过度腐蚀，形成明显的电镀分界线。正常与有 ICD 的镀覆孔被蚀刻剂处理前、后的金相显微图像如图 2.3 和图 2.4 所示，正常与有 ICD 的盲孔被蚀刻剂处理前、后的金相显微图像如图 2.5 和图 2.6 所示。当 ICD 处于电镀层界面时，经过微蚀处理后，界线的颜色更深，这可能是由于蚀刻剂对 ICD 缝隙的侵蚀更大所致。在使用蚀刻剂对铜表面进行处理时，电镀层的界线的颜色深浅容易受蚀刻剂的浓度、涂覆的时间等因素影响。当电镀层的界线被侵蚀严重时，难以判断电镀层的界线是否有 ICD。

（a）微蚀前金相显微图像　　　　　　　　（b）微蚀后金相显微图像

图 2.3　正常镀覆孔微蚀前、后金相显微图像

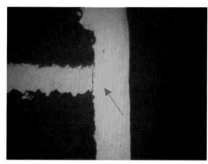
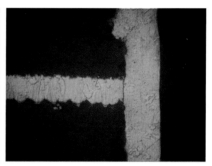

（a）微蚀前金相显微图像　　　　　　　　（b）微蚀后金相显微图像

图 2.4　有 ICD 镀覆孔微蚀前、后金相显微图像

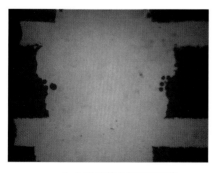
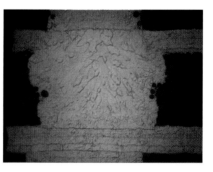

（a）微蚀前金相显微图像　　　　　　　　（b）微蚀后金相显微图像

图 2.5　正常盲孔微蚀前、后金相显微图像

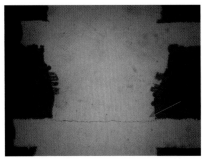 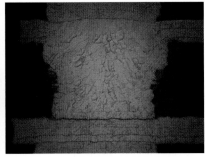

（a）微蚀前金相显微图像　　　　　　　　　　（b）微蚀后金相显微图像

图 2.6　有 ICD 盲孔微蚀前、后金相显微图像

2.2.3　电解抛光技术

导通孔的 ICD 通过微蚀技术处理后，镀铜的晶界被过度腐蚀后，可以观察其所处在的镀层位置。由于蚀刻剂对铜的晶粒侵蚀速率难以控制，因此难以观察铜的晶粒形貌。如果要对镀铜的晶粒形貌进行观察，可以通过电解抛光处理。

电解抛光又称为电化学抛光（Electrolytic Polishing，EP），其目的是改善金属表面的微观几何形态、降低金属表面的显微粗糙度或细微划痕、减少或去除表面原有的应力层等。电解抛光是利用阳极在电解池中所产生的电化学溶解现象，使阳极上的微观凸起部分发生选择性溶解，以形成平滑表面的方法。

黏膜理论对电解抛光的解释为电极表面形成的是黏性膜，黏性膜的厚度决定了电极表面的电阻，微凸处比凹处的电阻小。通电后，微凸处电流密度较大，溶解速度比凹处快，随着电解时间的延长，突出部位被溶解整平直至凹洼部位的位置，整个表面变得平滑光亮。

电解抛光的系统主要由搅拌器、电解液、直流电源、试样和阴极组成，如图 2.7 所示。电解液主要由磷酸、乙醇、异丙醇和去离子水按一定比例 [120mL H_3PO_4+120mL C_2H_6O+2.5mL C_3H_8O+235mL H_2O] 配置组成。切片作为试样的阳极，连接上电源的正极。阴极可用铜、钛等导电材料，连接上电源的负极。两者以一定的相隔距离浸入电解溶液中，直流电压通常设定 3～6V，通电时间通常从几秒钟到几分钟，理想化电流密度与电压的关系图，如图 2.8 所示。

- AB 部分：电流与电压成正比例增加，阳极表面活化产生溶解。
- BC 部分：电阻增大，电流强度下降。
- CD 部分：电压升高而电流强度不变，金属表面正常溶解可以得到光滑表面。
- DE 部分：电压升高，电流强度急剧增大，阳极析出氧，产生阳极腐蚀现象，电抛光过程受到破坏。

铜面电解抛光后，可以通过扫描电镜的背散射电子探测器观察铜晶粒取向。

为了观察盲孔和镀覆孔的 ICD 位置的铜晶粒结构，用电解抛光技术对切片进行研磨抛光处理后，再用扫描电镜分别观察镀覆孔和盲孔，可以观察到衬度明暗不同的铜的晶粒以及 ICD 裂缝的铜晶粒形貌，如图 2.9 所示。

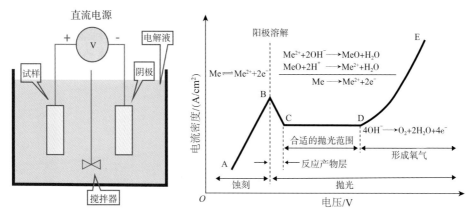

图 2.7　电解抛光示意图　　　　图 2.8　理想化电流密度与电压的关系

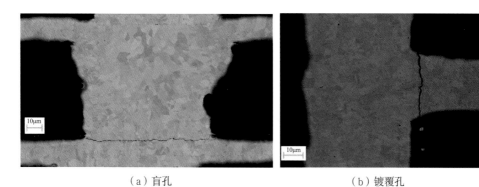

（a）盲孔　　　　　　　　　　（b）镀覆孔

图 2.9　导通孔 ICD 电解抛光后的扫描电镜图像

电解抛光是一种利用电流将金属表面的离子薄层溶解到电解质溶液中，从而提高金属表面光亮度的方法。电解抛光的效果受到多种因素的影响，其中主要的因素有电压、电流密度、电解液的成分和搅拌、试样的面积以及机械研磨抛光后的铜面粗糙度等。一般来说，电解抛光前的铜面越光滑，电解抛光后的效果就越好。如果电解抛光参数设置不合理，可能会造成铜表面溶解过度或不足的问题。溶解过度会导致铜晶粒或铜晶界被严重腐蚀，类似于化学侵蚀；溶解不足则无法消除表面的应力和机械磨痕。因此，为了获得理想的电解抛光效果，通常需要经过多次的机械研磨抛光、超声波去离子水水洗和电解抛光处理，这个过程不仅耗时，而且对操作者的经验和耐心有较高的要求。

2.2.4　离子研磨技术

离子加工技术可以根据离子束的类型分为两种：离子研磨（Ion Milling）和聚焦离子束（Focused Ion Beam，FIB）。离子研磨使用惰性气体氩（Ar）电离产生离子，其束斑（Ion Beam）的大小为几百微米。聚焦离子束使用金属液态镓（Ga）电离产生离子，其束斑的最小尺寸可达几纳米，比离子研磨的氩离子束斑小得多。

离子研磨的工作原理是：在真空环境中，将氩气通过电极电离，电离后的氩离子在电场的作用下加速并聚焦，形成高能量的宽束离子源轰击样品表面，与表面原子或分子发生物理碰撞。当高能离子传递的能量超过样品表面原子或分子间的键合能时，材料表面的原子或分子就会被逐个溅射出去。经过离子研磨后的样品表面不仅光滑，而且不会受到机械损伤，能够反映材料内部的真实结构。离子研磨的原理如图 2.10 所示。

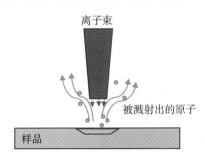

离子束

被溅射出的原子

样品

图 2.10 离子研磨的原理

商用的离子研磨主要有两种方法。

第一种是用离子束对样品表面进行抛光，类似机械加工的"平面铣削"技术，如图 2.11 所示。这种方法适用于已经通过传统的机械研磨切片并观察到 PCB 内层互连缺陷（ICD）的情况。通过调节离子束与样品的夹角，以及设定合适的离子束能量和时间，能够去除样品浅表层的铜面。离子研磨前的铜面状况直接影响离子研磨后的效果。机械研磨的划痕越浅，离子研磨后的表面就越光滑，也就越能反映铜面的真实结构。

第二种是用离子束对样品直接进行切割，类似机械加工的"横截面铣削"技术，如图 2.12 所示。这种方法不需要预先制作微切片。切割的原理是离子束对样品表面进行轰击而切割材料。为了使得切割后的样品获得平整的剖面，切割过程需要用特殊材质的挡板遮挡部分的离子束。离子束沿着平整的挡板直下，切割后的材料就可以形成平整的剖面图。如果没有挡板遮掩，由于离子束呈锥形，切割后就会形成弧形的剖面图，影响剖面切割的效果。这种方法虽然不需要预先制作切片，但是离子研磨前必须锁定缺陷孔及 ICD 出现的具体位置，这对于缺陷定位是极具挑战性的。另外，在切割前需要确认离子束所切割的区域无明显的空洞或缝隙，可以采用非破坏性的检测方法，如 X 射线检测、超声波扫描显微镜（SAM）检测等进行确认。

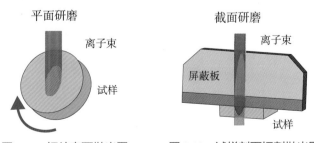

平面研磨　　　　　　　　　　截面研磨

离子束　　　　　　　　　　　离子束

屏蔽板

试样　　　　　　　　　　　　试样

图 2.11 切片表面抛光图　　　图 2.12 试样剖面切割抛光图

无论采用哪种方法，都要确保离子束通过的区域无大的裂缝或空洞，否则，离子束就会发生散射，能量无法集中，从而导致切割或者抛光不光滑的问题，影响抛光效果。

检验离子研磨抛光铜面是否平整光滑，需要调整离子研磨机的参数，如加速电压、氩气压力及真空度等。镀铜表面经过离子研磨后，一般用扫描电镜的背散射电子探测器观察铜晶粒取向。当电子束和晶体表层发生作用时，会产生大量的背散射电子，背散射电子的强度取决于入射电子束与晶面的相对取向。入射电子束与晶面间的夹角越大时，溢出晶体表面的背散射电子就越多，扫描电镜探头接收到的信号越强，图像亮度越高；相反，入射电子束与晶面之间的夹角越小时，晶面间形成通道，背散射电子多数进入试样内部，溢出试样表面的背散射电子越少，信号越弱，图像越暗。由此可形成电子通道衬度成像（Electron Channeling Contrast Imaging，ECCI），反映晶粒的取向衬度差异。在灰度图像上，不同的晶粒会产生明暗对比，如图 2.13 所示。加速电子通道效应的信息在 50 ~ 100nm 深度，晶体表层的任何表面缺陷和表面污染均会影响电子通道成像的质量。

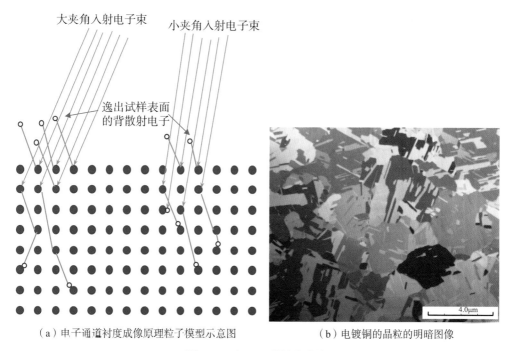

（a）电子通道衬度成像原理粒子模型示意图　　　　（b）电镀铜的晶粒的明暗图像

图 2.13　电子通道衬度成像

1. 离子研磨应用例 1

【案例背景】在 PCB 常规流程的微切片检查过程中，用金相显微镜观察到样品 #29712 镀覆孔孔壁镀铜与内层铜连接处有黑色夹杂物，是 ICD。进一步用扫描电镜分析，观察到黑色夹杂物的形貌与板料的玻璃纤维和树脂的形貌相似，如图 2.14 所示。为了确定夹杂物的来源，本案用离子平面研磨技术对切片进行抛光处理，然后进行进一步的分析。

【案例分析】通过离子研磨机对切片进行平面研磨抛光处理后，用扫描电镜观察，如图 2.15 所示。从图中可以看出，大部分铜晶粒的取向形貌清晰可见，而内层铜连接处的外来夹杂物与板料的玻璃纤维十分相似。夹杂的玻璃纤维被薄铜包裹，说明玻璃纤维在镀铜前已经存在于孔内，并非由制作研磨切片过程中引入的夹杂物。推测 PCB 经过钻孔后，有部分板料残留在内层铜表面而无法被去钻污流程彻底清除，导致内层铜与孔壁镀铜分离，形成 ICD。建议优化去钻污工艺，确保镀覆孔内层铜连接处无钻污残留。

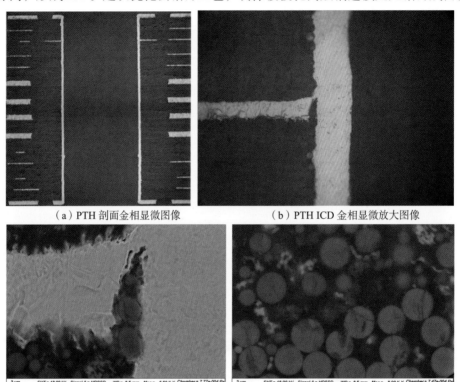

（a）PTH 剖面金相显微图像　　　　　　（b）PTH ICD 金相显微放大图像

（c）ICD SEM 背散射电子图像（外来污染物）　　（d）PCB 板料剖面 SEM 背散射电子图像

图 2.14　离子研磨前

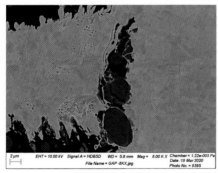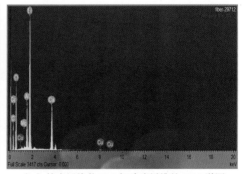

（a）ICD SEM 背散射电子图像（外来污染物）　　（b）外来污染物 FM 与玻璃纤维的 EDS 谱图

图 2.15　离子研磨后

2．离子研磨应用例 2

【案例背景】在 PCB 进行镀覆通孔热应力测试后，在进行微切片检查过程中，用金相显微镜观察到样品镀覆孔孔壁镀铜与内层铜连接处有黑线，疑似夹杂物或裂缝，是 ICD，如图 2.16 所示。为了确定黑线是夹杂物还是裂缝，本案例用离子平面研磨技术对切片进行抛光处理，然后进行进一步的分析。

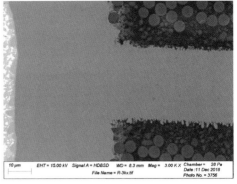

（a）金相显微镜图像　　　　　　　　（b）SEM 背散射电子图像

图 2.16　镀覆孔垂直切片 ICD 图像

【案例分析】通过离子研磨机对切片进行平面研磨抛光处理后，用扫描电镜观察，结果如图 2.17 所示。从图中可以看出，镀铜晶粒的取向明显，内层铜与孔壁铜之间有一层约 0.4μm 的细小晶粒铜层，与化学镀铜的晶粒尺寸相似，并且其厚度与化学镀铜工艺控制厚度一致，因此推测该层为化学镀铜层。化学镀铜层与内层铜结合紧密，但是与孔壁镀层之间有裂缝，也即是金相显微镜观察到的黑线。推测化学镀铜与孔壁镀铜的结合力不佳，在热应力的冲击下出现裂缝分离。建议优化孔壁镀铜与化学镀铜工艺，确保孔壁铜与化学镀铜在热应力冲击后具备良好的结合力性能。

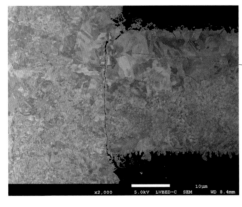
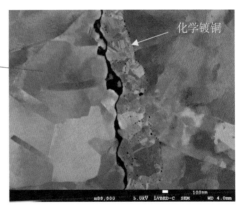

化学镀铜

（a）离子研磨后 SEM 背散射电子图像　　　　　　（b）扫描电镜背散射电子图像

图 2.17　镀覆孔离子研磨后 ICD 扫描电镜图像

3. 离子研磨案例 3

【案例背景】为了测试 PCB 堆叠孔（Stack Micro Via）的互连可靠性，设计特定的测试附连板（Test Coupon），对测试附连板进行液态到液态耐热冲击。耐热冲击条件：低温、保持时间分别为 −55℃、5 分钟；高温、保持时间分别为 +125℃、5 分钟；高低温转换时间少于 15 秒；循环次数为 500 次。电阻测量显示样品变化率超过 10%。锁定失效位置后，对其进行微切片分析，用金相显微镜观察到盲孔底部有分离现象，分离处位于镀铜底部与目标连接盘的交界处，是 ICD。用蚀刻剂对切片表面的铜进行微蚀处理后，用 SEM 观察再次确认盲孔底部的断裂现象并且是裂缝被铜填充，如图 2.18 所示。但是无法确定这些裂缝中的铜是来自化学镀铜，还是机械研磨或电镀过程中产生的铜渣或披锋。本案例用离子平面研磨对切片进行抛光处理，然后进行进一步的分析。

（a）金相显微镜图像（无微蚀）

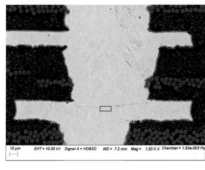 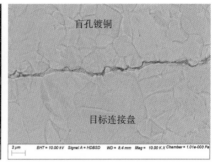

（c）盲孔微蚀后   （d）盲孔微蚀后分离位置放大图像

图 2.18　微蚀后扫描电镜图像

【案例分析】通过离子研磨机对切片进行平面研磨抛光处理后，用扫描电镜观察如图 2.19 所示。我们可以清楚地看到电镀铜晶粒的取向，表明应力层已经被完全去除。在盲孔底部是盲孔镀铜与盲孔底铜（目标连接盘）之间的裂缝，原先裂缝夹杂的铜已经消失，我们没有发现化学镀铜层和任何外来夹杂物。我们推测盲孔镀铜与盲孔底铜结合力不佳，在耐热冲击下，由于热胀冷缩出现裂缝。建议选择热膨胀系数小的材料或优化镀铜工艺，确保盲孔镀铜与目标连接盘之间在耐热冲击后具备良好的结合力性能。

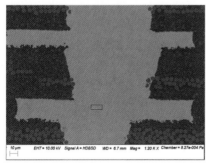 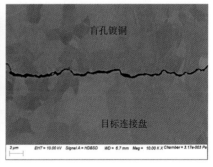

（a）盲孔离子研磨后   （b）盲孔离子研磨后分离位置放大图像

图 2.19　离子研磨后扫描电镜图像

2.2.5 聚焦离子束技术

聚集离子束（Focused Ion Beam，FIB）是一种将离子束和电子束结合在一起的双束系统，它是在常规离子束和聚焦电子束系统的研究基础上发展起来的。一般来说，FIB 指的是 FIB-SEM 联用双束系统，如图 2.20（a）所示。

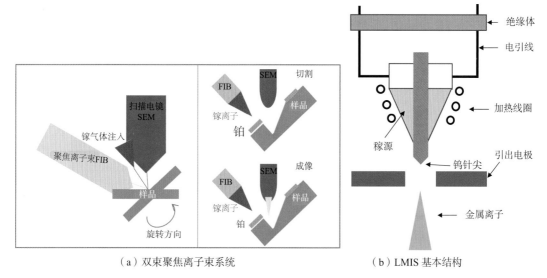

（a）双束聚焦离子束系统　　　　　　（b）LMIS 基本结构

图 2.20　双束聚焦离子束系统及 LMIS 基本结构

在 FIB-SEM 双束系统中，静电透镜将离子束聚焦到非常小的尺寸，离子束就像一把尖端只有数十纳米的手术刀，轰击材料表面，使表面的原子被溅射出来，同时会产生二次离子（Secondary Ion，SI）和二次电子（Secondary Electron，SE）。二次电子的成像具有数纳米的显微分辨能力，因此 FIB-SEM 双束系统相当于在高分辨率扫描电子显微镜（Scanning Electron Microscope，SEM）显微图像的监控下进行超微细加工，可以实现对材料微区的成像、切割、沉积等功能。FIB-SEM 双束系统广泛应用于半导体集成电路的修改、切割和故障分析等领域。

FIB 的核心系统是离子源，目前技术成熟的是液相金属离子源（Liquid Metal Ion Source，LMIS），其中镓是最常用的材料，因为它具有低熔点、难挥发、良好的附着力和抗氧化力等优异的特性。典型的 LMIS 结构主要由发射尖钨丝和液态金属储存池组成，LMIS 基本结构如图 2.20（b）所示。

用 FIB 进行失效分析时，为了保持缺陷的原貌，在离子束切割之前往往在目标的表面沉积一层薄膜，以保护切割的剖面不受束流损伤，薄膜的材料有铂（Pt）、钨（W）、碳（C）等。

PCB 切片在观察到导通孔的镀铜与内层分离后，为了排除机械研磨可能造成的误判，例如铜批锋、缝隙夹杂的污染物等，可以采用 FIB 对缺陷的区域进行深度方向的切割，对于出现的异物，可以利用能谱仪（EDS）进行元素成分分析。

1．聚焦离子束案例 1

【案例背景】在 PCB 进行镀覆通孔热应力（Thermal Stress）测试后，进行微切片检查过程中，用金相显微镜观察到样品 #201703-L917 镀覆孔孔壁镀铜与内层铜连接处有黑线，疑似夹杂物或裂缝，是 ICD。接下来，将用 FIB-SEM 深入分析镀层裂缝产生的原因和夹杂物的来源。

【案例分析】用 FIB 切割前，先在分离表面沉积铂（Pt）保护层。切割区域的尺寸约为 25μm×25μm×16μm，在 Pt 保护层之下深度为 8μm 左右处，扫描电镜依然观察到缝隙的外来夹杂物，排除外来夹杂物由机械研磨嵌入的可能性。用 EDS 对外来夹杂物进行分析，检测到主要元素成分为氧和硅，与板料中的填料或玻璃纤维元素成分相似，如图 2.21 所示。因此，我们推测 PCB 钻孔后，部分板料残留在内层铜表面，而无法被去钻污流程彻底清除，导致内层铜与孔壁镀铜分离，形成 ICD。建议优化去钻污工艺，确保镀覆孔的内层铜与孔壁镀铜连接处无钻污残留。

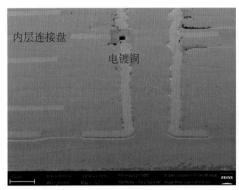

（a）微切片剖面图及 FIB 切割位置　　　　　（b）镀铜分离的剖面图

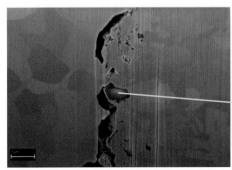 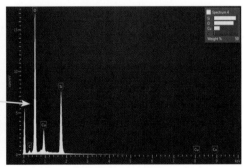

（c）镀铜分离的剖面放大图　　　　　（d）外来夹杂物的 EDS 谱图

图 2.21　镀铜分离处的 FIB、SEM、EDS 分析

2．聚焦离子束案例 2

【案例背景】与离子研磨案例 3 的案例背景相同，PCB 测试附连板经过耐热冲击 500 次后，样品 #29155-4-1 失效，对失效孔进行微切片分析，用金相显微镜观察到盲孔底部（目标连接盘）有分离现象，是 ICD。接下来，我们将深入分析镀层裂缝产生的原因。

【案例分析】用 FIB 切割前，先在分离表面沉积 Pt 保护层，切割区域的尺寸约为

$30\mu m \times 30\mu m \times 20\mu m$。通过 SEM 观察，在盲孔底部的分离处，我们没有发现任何外来夹杂物。盲孔镀铜与盲孔底铜（目标连接盘）之间有裂缝，部分裂缝处于铜晶粒的边界处。镀铜裂缝处的 FIB、SEM 分析如图 2.22 所示。在耐热冲击下，由于 PCB 热胀冷缩出现裂缝分离。建议选择热膨胀系数小的材料或优化镀铜工艺，确保盲孔镀铜与目标连接盘之间在耐热冲击后具备良好的结合力性能。

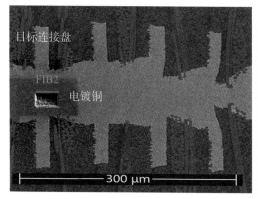

（a）微切片剖面图及 FIB 切割位置

（b）镀铜分离的图像

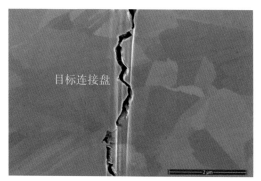

（c）镀铜分离的放大图

图 2.22　镀铜裂缝处的 FIB、SEM 分析

3．聚焦离子束案例 3

【案例背景】为了测试 PCB 堆叠孔（Stack Microvia）的互连可靠性，设计特定的 PCB 测试附连板（Test Coupon），对测试附连板进行液态到液态耐热冲击。预处理条件：10 次无铅再流焊处理。耐热冲击条件：低温、保持时间为 –55℃、5 分钟；高温、保持时间为 +125℃、5 分钟；高低温转换时间少于 15 秒钟；循环次数为 500 次。电阻测量显示样品 #2707A01-REV 03-NG1 变化率超过 10%。锁定失效位置后，对其实施了机械研磨抛光、超声波清洗及微蚀处理。用 SEM 观察到盲孔底部有裂缝并且裂缝中有夹杂物，是 ICD，如图 2.23 所示。接下来，将深入分析镀层裂缝产生的原因和夹杂物的来源。

【案例分析】为了更精确地分析断裂位置，我们利用聚焦离子束（FIB）技术对裂缝进行了切割，并在切割前在待观察表面沉积了一层铂（Pt）作为保护层。切割后，通过 SEM 观察发现裂缝位于电镀铜层的内部，且裂缝中存在外来夹杂物，如图 2.24 所示。我们进一步采用能谱仪（EDS）对这些夹杂物进行了成分分析，结果显示其主要由铜（Cu）、氧（O，重量约占 2.5%）、碳（C，重量约占 3.0%）和氯（Cl，重量约占 3.0%）组成。综合以上观察和分析结果，我们初步推测 PCB 钻孔后，可能有极少量的板料残留在盲孔底铜（目标连接盘）表面，而无法被去钻污流程彻底清除，容易吸附流程中的其他物质，导致盲孔镀铜与盲孔底铜（目标连接盘）分离，形成 ICD。建议优化钻孔和去钻污工艺，确保盲孔底铜（目标连接盘）无钻污残留。

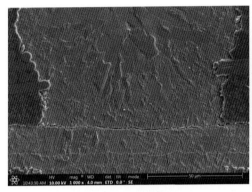 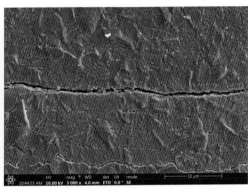

（a）盲孔微蚀后观察到分离　　　　　　　　（b）盲孔底部分离放大图像

图 2.23　盲孔微蚀后底部分离扫描电镜图像

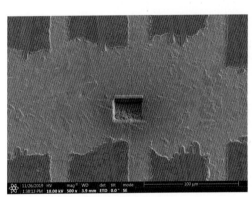 

（a）微切片剖面图及 FIB 切割位置　　　　　　　（b）镀铜分离的图像

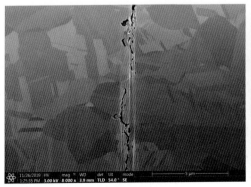 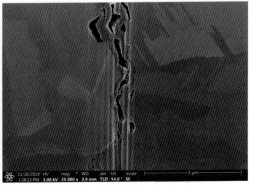

（c）镀铜分离的图像　　　　　　　　　（d）镀铜分离的剖面放大图像

图 2.24　盲孔镀铜分离处的 FIB、SEM、EDS 分析——疑似去钻污不净

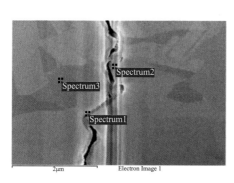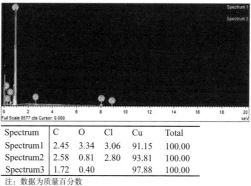

Spectrum	C	O	Cl	Cu	Total
Spectrum1	2.45	3.34	3.06	91.15	100.00
Spectrum2	2.58	0.81	2.80	93.81	100.00
Spectrum3	1.72	0.40		97.88	100.00

注：数据为质量百分数

（e）EDS 分析位置　　　　　　　　　　　　（f）EDS 谱图

图 2.24　盲孔镀铜分离处的 FIB、SEM、EDS 分析——疑似去钻污不净（续）

4．聚焦离子束案例 4

【案例背景】本案例与聚焦离子束案例 3 的案例背景相同，样品 #2707A01-REV 03-NG2 电阻变化率超过 10%。锁定失效位置后，对其实施了机械研磨抛光、超声波清洗及微蚀处理。用 SEM 观察到盲孔底部有电镀分界线，但是无法观察到明显的裂缝，如图 2.25 所示。接下来，我们将深入分析电镀分界线是否开裂以及是否有化学镀铜层。

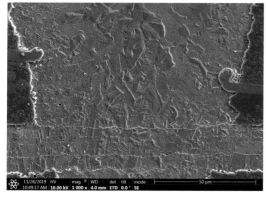

（a）盲孔微蚀后底部裂缝　　　　　　　　　　（b）裂缝放大图像

图 2.25　盲孔微蚀后的 SEM 图像

【案例分析】为进一步剖析电镀铜镀层结构，我们使用了聚焦离子束（FIB）技术在电镀界线处进行精确切割，并在切割前在待观察区域沉积了一层铂（Pt）作为保护层。通过 SEM 的细致观察，我们发现电镀界线之下有明显的裂缝，并且贯穿于电镀铜层内部，且裂缝内含有不连续的外来夹杂物，如图 2.26 所示。值得注意的是，在整个观察过程中，我们并未发现化学镀铜层的存在。此外，对于无 ICD 的盲孔底部镀铜与目标连接盘的接合部位，我们也进行了详细的观察。经过微蚀处理和 FIB 切割后的图像分别展示在图 2.27 和图 2.28 中，这些图像未发现裂缝和化学镀铜层的迹象。

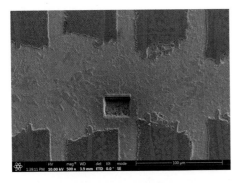

（a）微切片剖面图及 FIB 切割位置

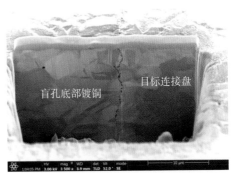

（b）镀铜分离的剖面图

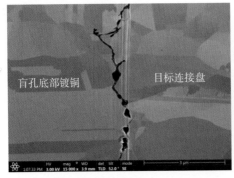

（c）镀铜分离的剖面图

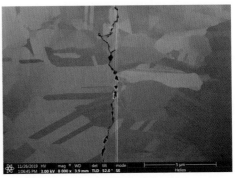

（d）镀铜分离的剖面放大图

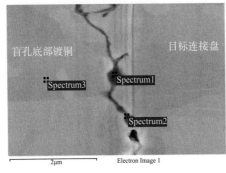

（e）EDS 分析位置

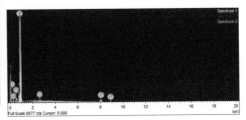

（f）EDS 谱图

图 2.26　盲孔电镀铜分离处 FIB、SEM、EDS 分析

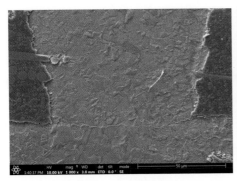

（a）无 ICD 盲孔微蚀后的底部

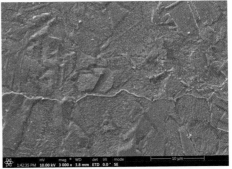

（b）无 ICD 盲孔镀层界线放大图像

图 2.27　无 ICD 盲孔底部微蚀后的 SEM 图像

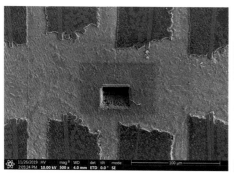

（a）微切片剖面图及 FIB 切割位置　　　　（b）盲孔底部镀铜与目标连接盘结合的剖面图像

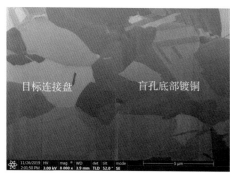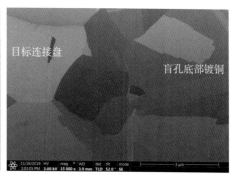

（c）盲孔底部镀铜与目标连接盘结合的剖面放大图像

图 2.28　无 ICD 盲孔底部镀铜与目标连接盘结合处 FIB-SEM 图像

　　为了明确裂缝中夹杂物的成分，我们使用了能谱仪进行分析。结果显示，这些夹杂物主要由铜（Cu）、氧（O，重量约占 1.5%）和碳（C，重量约占 7.0%）组成。但其具体来源仍不明确。综合以上观察和分析结果，我们推测裂缝的产生主要是由于热应力作用，导致盲孔底部的电镀铜层与目标连接盘之间发生断裂，常规的机械研磨抛光使得裂缝被铜渣或铜披锋掩盖，但是 FIB-SEM 技术可以揭示镀层是否存在裂缝。至于裂缝中的外来夹杂物，它们可能是在机械研磨抛光或超声波清洗过程中引入的污染物。

5．聚焦离子束案例 5

　　【案例背景】本案涉及的 PCB 为 HDI 板，样品本编号为 #2017-DEC-002。在检测过程中，发现电阻阻值异常增大。为精确定位问题所在，我们采用了万用表四线电阻方法，并成功定位到缺陷孔。随后，对切片进行了机械研磨抛光、超声波清洗及微蚀处理。通过 SEM 观察，可以清晰地看到盲孔底部的镀铜层与目标连接盘之间存在裂缝，并且裂缝中有疑似夹杂物，是 ICD，如图 2.29 所示。接下来，我们将深入分析镀层裂缝产生的原因和夹杂物的来源。

　　【案例分析】为进一步剖析裂缝的结构，我们使用了聚焦离子束（FIB）技术在镀铜界线处进行精确切割，并在切割前在待观察区域沉积了一层铂（Pt）作为保护层。通过 SEM 观察到镀铜层之间有黑色的夹杂物，如图 2.30 所示。为了确定这些夹杂物的成分，用能谱仪（EDS）进行分析，检测到其中含有板料的阻燃剂元素溴（Br）。我们初步推测 PCB 钻孔后，部分板料残留在盲孔底铜（目标连接盘）表面，而无法被去钻污流程彻底清除，导致盲孔镀铜与盲孔底铜（目标连接盘）分离，形成 ICD。建议优化钻孔和去钻污工艺，确保盲孔底铜（目标连接盘）无钻污残留。

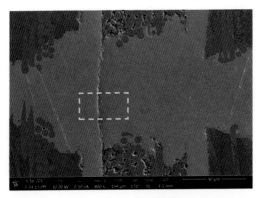

图 2.29　盲孔底部裂缝

 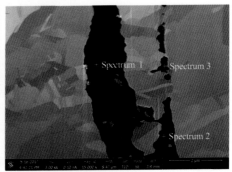

（a）FIB 切割后裂缝剖面图像　　　　　（b）FIB 切割后裂缝剖面放大 EDS 分析位置图像

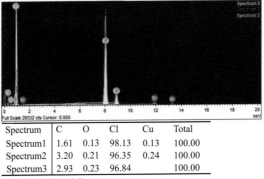

Spectrum	C	O	Cl	Cu	Total
Spectrum1	1.61	0.13	98.13	0.13	100.00
Spectrum2	3.20	0.21	96.35	0.24	100.00
Spectrum3	2.93	0.23	96.84		100.00

注：数据为质量百分数

（c）EDS 谱图

图 2.30　盲孔镀铜分离处 FIB、SEM、EDS 分析——去钻污不净

6. 聚焦离子束案例 6

【案例背景】在对多层 PCB 进行镀覆通孔热应力（Thermal Stress）测试后，对其实施了机械研磨抛光、超声波清洗及微蚀处理。用金相显微镜观察到样品 #201703-L917-5 镀覆孔孔壁镀铜与内层铜连接处有裂缝，是 ICD。接下来，我们将用 FIB-SEM 深入分析镀层裂缝产生的原因。

【案例分析】为更深入地研究裂缝结构，我们采用了聚焦离子束（FIB）技术在裂缝处进行切割。随后，通过 SEM 对大尺寸与小尺寸铜晶粒的裂缝进行了细致观察。结果显示，裂缝处并未发现外来夹杂物，如图 2.31 所示。在进一步观察中，我们发现小尺寸的铜晶粒与化学镀铜的铜晶粒相似，而大尺寸的铜晶粒则为电镀铜晶粒，如图 2.32 所示。值得注意的是，在电镀铜层与内层连接盘之间，存在一层化学镀铜层。

（a）FIB 切割后裂缝剖面图像

（b）FIB 切割后裂缝剖面放大图 5000 倍

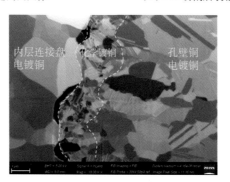

（c）FIB 切割后裂缝剖面放大图 1 万倍

图 2.31　镀铜分离处的 FIB-SEM 分析

（a）微切片剖面图及 FIB 切割位置

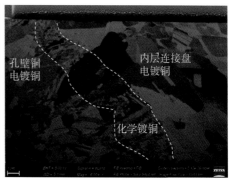

（b）内层连接盘结合处的剖面图像

图 2.32　无 ICD 镀铜与内层连接盘结合处的 FIB-SEM 图像

基于以上观察结果，我们推测裂缝产生的原因可能是化学镀铜层与内层铜之间的界面附着力不足。在多次再流焊过程中，由于热应力的作用，这层界面发生了分离。这一发现对于改进 PCB 生产工艺、提高产品质量具有重要意义，同时为类似问题的解决提供了有益参考。

2.2.6 联合分析技术

对于导通孔 ICD，通过常规的微切片技术就可以快速做出判断。但是，在分析一些特殊案例时，判断裂缝分离的界面是在化学镀铜层还是电镀铜层、裂缝内的外来夹杂物是来源于工艺的去钻污不净还是机械研磨抛光，都会遇到很大的困难。这时，就需要对切片的表面进行去伪存真处理，去除机械研磨引入的假象后再进行分析。

化学微蚀可以去除表面部分的铜，但是由于化学反应速度难以精确控制，且蚀刻剂极易侵蚀不同的电镀层晶粒界面，形成的电镀铜界线与 ICD 的裂缝容易混淆。此外，化学蚀刻剂无法去除缝隙中的外来夹杂物。电解抛光类似于化学微蚀，也是通过溶解表面的铜层来暴露底层新鲜的铜，但是电解抛光处理过程复杂，也无法去除缝隙的外来夹杂物。

离子研磨在真空条件下用氩离子束轰击铜面，可以去除铜的应力层和外来夹杂物，在扫描电镜下可以观察到铜晶粒取向。聚焦离子束与离子研磨的原理相近，但采用的是镓离子，形成的离子束更小，像纳米手术刀一样对镀铜内层分离位置进行精准的切割，并且实时观察切割的形貌。然而，对于缝隙过大的内层分离缺陷，离子研磨和聚焦离子束都存在加工过程中离子散射的问题，这会影响研磨抛光的效果。无论使用哪种分析技术，都需要根据样品的实际情况来做出最优的选择。

1．案例 1：机械研磨、化学微蚀、离子研磨与聚焦离子束技术的比较

【案例背景】PCB 为 HDI 板，经过 10 次无铅再流焊以及 500 次耐热冲（低温 / 保持时间：−55℃/5 分钟，高温 / 保持时间：+125℃/5 分钟，高低温转换时间：小于 15 秒钟）后，样品 #29155-4-1 电阻阻值增大超过 10%。通过万用表四线电阻方法定位缺陷孔的位置后，进行微切片分析。金相显微切片观察到盲孔底部疑似分离，是 ICD，如图 2.33 所示。本案例旨在用不同的分析方法深入分析该裂缝的成因。

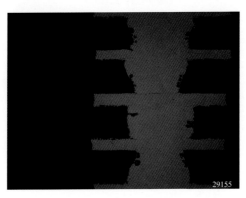

图 2.33　盲孔底部疑似分离图像（微蚀前）

【案例分析】使用蚀刻剂对切片表面进行处理，可以观察到不同电镀层的分界线。盲孔底部疑似分离的位置的电镀分界线更为显著，推测是蚀刻剂进入缺陷位置使铜氧化所致，如图 2.34 所示。用扫描电镜对盲孔底部分离位置进行观察，可以观察到裂缝，但无法确认裂缝处的铜晶粒形貌，如图 2.35 所示。

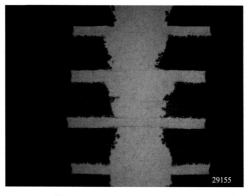

图 2.34　堆叠孔孔底疑似分离图像（微蚀后）

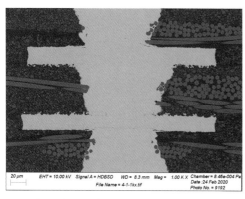

（a）堆叠孔底部的裂缝图像（微蚀后）　　　（b）堆叠孔底部的裂缝放大图像（微蚀后）

图 2.35　堆叠孔扫描电镜图像（微蚀后）

用离子研磨技术对切片表面进行平面研磨（Planar Surface Milling）抛光处理后，再用扫描电镜进行观察，铜的晶粒形貌清晰，盲孔底部开裂，但是并未观察到裂缝处有外来夹杂物，如图 2.36 所示。

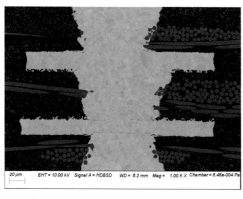

（a）堆叠孔底部裂缝图像（离子研磨后）　　　（b）堆叠孔底部裂缝放大图像（离子研磨后）

图 2.36　堆叠孔扫描电镜图像（离子研磨后）

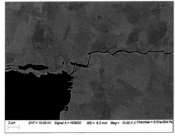
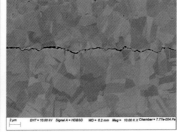
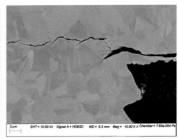

（c）裂缝放大图像（孔左侧）　　（d）裂缝放大图像（孔中间）　　（e）裂缝放大图像（孔右侧）

图 2.36　堆叠孔扫描电镜图像（离子研磨后）（续）

使用 FIB 在样品分离位置进行切割，然后用 SEM 进行观察。发现裂缝出现在电镀铜晶粒之间，裂缝处并未有外来夹杂物，如图 2.37 所示。此外，在无 ICD 盲孔底部镀铜与目标连接盘结合处也没有发现化学镀铜层的存在，如图 2.38 所示。

综合以上的三种分析方法，可以得出以下结论。

（1）传统的微切片技术难以确定 ICD 失效的原因。

（2）离子研磨可以对切片进行表面抛光，从而更清晰地观察到裂缝的形貌，进一步证实了裂缝是在电镀铜晶粒之间。

（3）聚焦离子束可以精准地对裂缝的位置进行切割，从纵深的方向对界面进行观察，也确定了裂缝是在电镀铜晶粒之间。

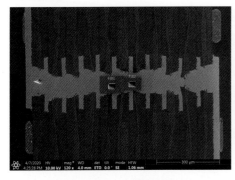
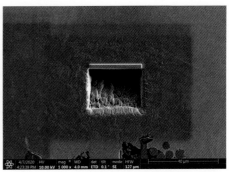

（a）微切片剖面图及 FIB 切割位置　　　　　　（b）FIB 切割位置（FIB1）

（c）FIB 切割位置（FIB1）放大图　　　　　　（d）FIB1 位置图像

图 2.37　堆叠孔孔底镀铜分离处 FIB-SEM 分析

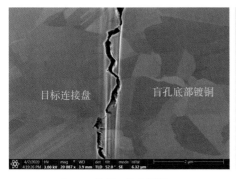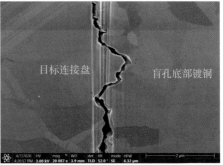

（e）FIB1 位置 1 放大图像 　　　　（f）FIB1 位置 2 放大图像

图 2.37　堆叠孔孔底镀铜分离处 FIB-SEM 分析（续）

（a）FIB2 切割位置 　　　　（b）FIB2 位置（无 ICD）

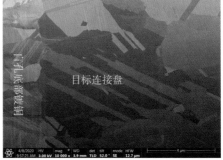

（c）孔底镀铜与目标连接盘结合图像 5000 倍 　　（d）孔底镀铜与目标连接盘结合图像 1 万倍

图 2.38　无 ICD 堆叠孔底镀铜与目标连接盘结合处 FIB-SEM 图像

2．案例 2：机械研磨、离子研磨与连接盘拉拔测试

【案例背景】PCB 为 HDI 板，经过两次高温再流焊组装后，电测结果显示样品 #31943 电阻异常偏大。针对此现象，对盲孔进行微切片分析。通过金相显微切片观察到盲孔底部分离，并伴随有黑色外来夹杂物，如图 2.39 所示。本案例旨在用不同分析方法深入分析该裂缝的成因。

【案例分析】用 SEM 和 EDS 对盲孔底部的分离现象进行了分析，发现分离处存在外来夹杂物和一层薄铜，其中部分薄铜与盲孔的电镀铜紧密结合。对外来夹杂物进行成分分析，发现其碳含量较高，但未检出此 PCB 板料中典型的溴（Br）元素，如图 2.40 所示。

图 2.39　盲孔底部镀铜与目标连接盘分离

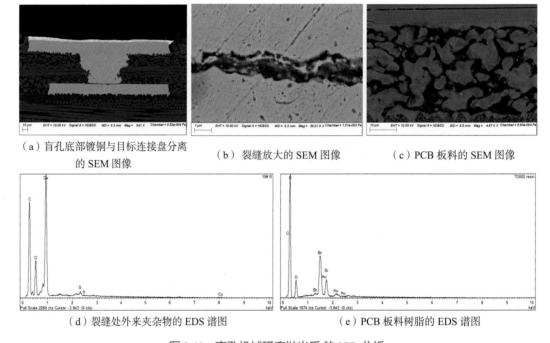

（a）盲孔底部镀铜与目标连接盘分离
的 SEM 图像

（b）裂缝放大的 SEM 图像

（c）PCB 板料的 SEM 图像

（d）裂缝处外来夹杂物的 EDS 谱图

（e）PCB 板料树脂的 EDS 谱图

图 2.40　盲孔机械研磨抛光后 的 ICD 分析

　　为了进一步观察分离处的形貌和成分，用离子研磨技术对切片表面进行平面研磨（Planar Surface Milling）抛光处理，随后再用 SEM 和 EDS 进行分析，结果如图 2.41 所示。薄铜与目标连接盘之间或薄铜与盲孔实心电镀铜之间都可观察到夹杂物，在孔的中心区域，薄铜与电镀铜呈现无缝连接的状态。从厚度来看，薄铜可能来自化学镀铜工艺或电镀铜工艺。对外来夹杂物进行 EDS 分析，除了碳元素，仍未检测到板料中的典型元素 Br，可能是外来夹杂物中的 Br 含量太低，超出能谱仪的检测限制。由此推测外来夹杂物可能来自去钻污流程或机械研磨流程。

　　为了排除机械研磨引入的干扰，本文对同一 PCB 板上的相同层次、相同电气网络、相同结构的同一层疑似缺陷的盲孔进行了离子截面研磨（Cross Section Milling），然后用 SEM 进行分析，观察到盲孔底部部分有残留夹杂物，推测为去钻污不净的残留板料，如图 2.42 所示。

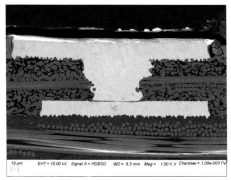 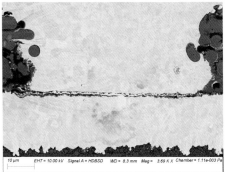

（a）盲孔底部镀铜与目标连接盘分离的 SEM 图像　　　　（b）裂缝放大的图像

图 2.41　盲孔机械研磨和离子平面研磨后的 ICD 分析

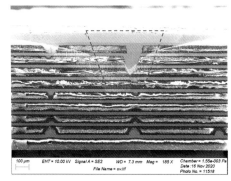

（a）离子截面研磨后的目标盲孔　　　（b）目标盲孔截面图（盲孔底部有黑色夹杂物）

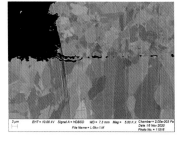 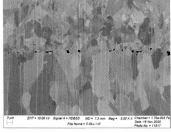 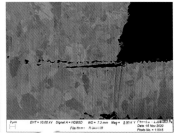

（c）盲孔底部图像（孔左侧）　　（d）盲孔底部图像（孔中间）　　（e）盲孔底部图像（孔右侧）

图 2.42　盲孔离子截面研磨后

　　此外，为了验证盲孔底部去钻污的情况，本文对同一 PCB 板上的相同层次、相同电气网络、相同结构的同一层疑似缺陷盲孔进行了连接盘拉拔（Pad Pull）测试，如图 2.43 所示。测试后，用 SEM 和 EDS 对盲孔进行了分析，发现盲孔底部的形貌较为粗糙，疑似铜被高温灼烧后的形貌，并且表面有残留物，对残留物进行 EDS 分析，除了碳元素，仍未检测到板料中的典型元素 Br，可能是由于盲孔底部残留物的 Br 含量太低，超出了 EDS 的检测范围，如图 2.44 所示。

　　综上所述，可以得出结论，此 PCB 相同层的部分目标连接盘存在去钻污不净的情况。

失效盲孔镀铜底部与目标连接盘的分离是由于盲孔底部残留的板料残留物，极大可能是 PCB 制造工艺的去钻污不净导致的。建议优化去钻污工艺以及影响去钻污能力的其他流程，确保盲孔底铜（目标连接盘）无钻污残留。

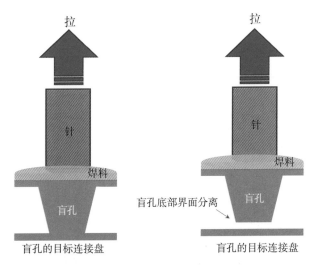

图 2.43　盲孔连接盘拉拔试验剖面示意图

（a）盲孔底部目标连接盘的 SEM 图像　　　　（b）盲孔底部目标连接盘的 SEM 图像放大图

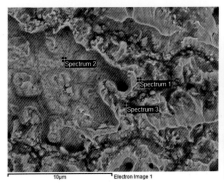

（c）盲孔底部目标连接盘 EDS 分析　　　　（d）盲孔底部目标连接盘污染物 EDS 谱图

图 2.44　连接盘拉拔后的 ICD（盲孔底部形貌）

2.3 ICD 分析新技术

当盲孔的断裂发生在孔铜底部与目标连接盘之间时，若化学镀铜的厚度太薄，或者化学镀铜的晶粒与电铜发生再结晶，则使用 FIB-SEM 进行分析，只能观察到电镀层的晶粒，而无法观察到化学镀铜的晶粒。这样就难以判断裂缝是位于化学镀铜与目标连接盘的连接处，还是位于化学镀铜与盲孔电镀铜的连接处，如图 2.45 所示。

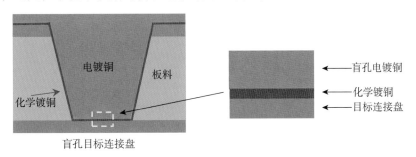

图 2.45　裂缝位置

德国的 Tobias Bernhard 等人的研究表明，联合使用透射电子显微镜（TEM）和能谱仪（EDS）可以解决这一问题。TEM 使用高角度环形暗场模式（High Angular Annular Dark Field Detection Mode，HAADF），控制电子束从特定的角度穿过样品，从而获得更高分辨率的图像。实际上，化学镀铜层除了铜，还有共沉积的镍，通过 EDS 的面扫描功能，可以检测到镍元素的存在区域，从而确定化学镀铜的位置，如图 2.46 所示。

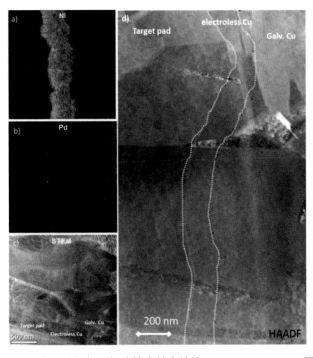

图 2.46　盲孔镀铜与目标连接盘结合处的 EDX/HAADF-TEM 图像

参考文献

[1] T. Bernhard, S. Branagan, R. Schulz. The Formation of Nano-voids in electroless Cu Layers[J]. MRS Advances, 16 September 2019, Volume 4, pages 2231–2240 (2019).

[2] Petzow Gunter.Metallographic etching: techniques for metallography [M]. 2nd Edition. Ohio: ASM International,1978.

[3] T. Bernhard, L. Gregoriades, S. Branagan. Nanovoid Formation at Cu/Cu/Cu Interconnections of Blind Microvias: A Field Study[R]. International Symposium on Microelectronics, October 2019 International Symposium on Microelectronics 2019(1):000492-000502.

[4] N. Erdman, R. Campbell, S. Asahina. Precise SEM Cross Section Polishing via Argon Beam Milling[J]. Cambridge University Press: 14 March 2018.

第3章
PCB 热分析技术

3.1 差示扫描量热仪（DSC）检测与分析

3.1.1 DSC 仪器检测原理

差示扫描量热仪（Differential Scanning Calorimeter，DSC）是由差示热分析（DTA）技术发展而来的。DTA 是指在程序控制温度下，测量样品和参比物之间的温度差（ΔT）随温度（T）变化的一种技术。而 DSC 则是在温度程序控制下，测量样品和参比物之间单位时间的能量差（或功率差）随温度变化的一种技术。与 DTA 曲线上的放热峰和吸热峰相比，DSC 曲线（图 3.1）上的放热峰和吸热峰具有确定的物理含义。放热峰代表放出热量，而吸热峰则代表吸收热量。这些吸热或放热过程包括以下物理或化学转变。

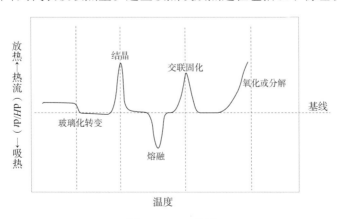

图 3.1 DSC 曲线

• 吸热过程：热容（加热过程）、玻璃化转变、熔融及其他吸热过程。

• 放热过程：热容（冷却过程）、结晶、固化、氧化及其他放热过程。

国际热分析协会（ICTA）将 DSC 分为三种类型：功率补偿式、热流式和热通量式。本书所使用的仪器是热流式 DSC，其测试原理如图 3.2 所示。给予样品和参照物相同的功率，测定样品和参照物两端的温度差（ΔT），然后根据热流方程，将温度差（ΔT）换算成热量差（ΔQ），对温度和时间作图，得到 DSC 曲线。

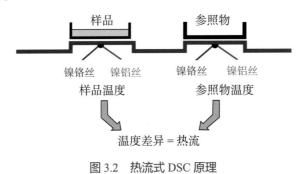

图 3.2　热流式 DSC 原理

3.1.2　DSC 的样品制备和测量设定

本节主要介绍 DSC 在检测 PCB 板料的玻璃化转变温度、交联固化等的应用。样品的制备和测试参数的设定如下。

1．样品的制备

根据测试的目的和测量仪器的要求，选择合适的样品进行处理。样品为固体，质量为 10～40mg。如果要测量板料的玻璃化转变温度或者固化因数，需要去除与样品无关的材料，比如金属或阻焊剂等。样品的处理流程包括裁切、打磨、烘烤、干燥等。

2．测量的设定

样品制备完成后，需要选择合适的铝质坩埚（盘）进行测试，样品盘和参照盘的材质与质量应保持一致，然后设定测试参数，如气体吹扫、温度范围、升温速率。

3.1.3　DSC 曲线的解释

1．测试曲线

本实验采用 TA Instruments DSC 25 仪器，通过 DSC 测试聚对苯二甲酸乙二醇酯（PET），分析其玻璃化转变、放热和吸热现象。

DSC 曲线的纵坐标为热流，横坐标为温度。曲线离开基线即代表样品吸热或者放热的速率。曲线中峰或谷包围的面积代表热量的变化。测试的 DSC 曲线，向下的方向为吸热，向上的方向为放热。PET 的 DSC 测试曲线如图 3.3 所示。测试的起始温度 0℃ 为仪器的平衡状态，美国 TA 仪器公司称其为启动钩（Start-Up Hook）。在升温约到 69℃ 时，DSC 曲线的基线向吸热方向偏移，呈现台阶变化，发生玻璃化转变，表明温度升高，材料的比热增大，无定型相分子运动能力出现跃阶式变化，引起比热跃阶式变化。约到76℃时基线趋向平直。当升温到132℃左右时，基线向放热方向出峰，峰顶为139.40℃，约到175℃时结束，这个峰为冷结晶峰，放出结晶热。升温到228℃时，基线又向吸热方向出峰，峰顶温度为252.15℃，到约285℃时，吸热峰结束，此峰为熔融峰，表明结晶部分开始熔化，伴随吸热现象。

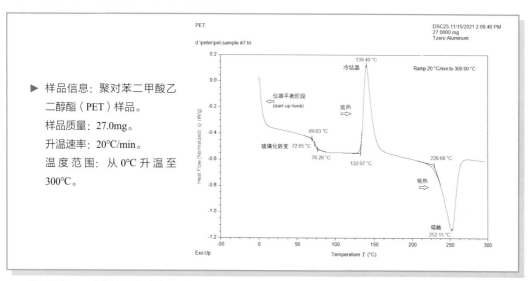

▶ 样品信息：聚对苯二甲酸乙二醇酯（PET）样品。
样品质量：27.0mg。
升温速率：20℃/min。
温度范围：从0℃升温至300℃。

注：图中DSC曲线图是测试软件自动生成的，为了方便读者学习对比，图中英文将不翻译成中文。

图 3.3　PET 差示扫描量热（DSC）曲线

2．PCB FR-4 预浸材料粉末测试曲线

本实验的目的是通过DSC对PCB预浸材料片进行测试，分析玻璃化转变、交联固化、放热和吸热现象。

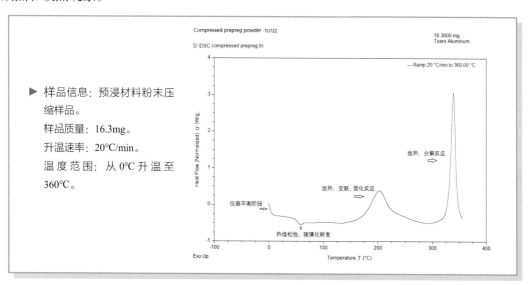

▶ 样品信息：预浸材料粉末压缩样品。
样品质量：16.3mg。
升温速率：20℃/min。
温度范围：从0℃升温至360℃。

图 3.4　PCB 预浸材料粉末 DSC 曲线

测试的起始温度0℃为仪器的平衡状态。在升温至50℃时，DSC曲线的基线向吸

热的方向偏移，呈现台阶变化，并且伴随热焓松弛的玻璃化转变。当升温至 170℃ 左右时，基线向放热方向出峰，材料发生交联固化反应，伴随有放热。升温至约 320℃ 时，曲线上出现一个放热峰。此材料热分解温度 T_d 约为 330℃，说明材料的分子链段发生了断裂，引起剧烈的放热反应。PCB 预浸材料粉末 DSC 曲线如图 3.4 所示。然而，从 DSC 曲线中并未观察到 PCB 预浸材料交联固化反应后的玻璃化转变温度。

为了进一步分析 PCB 预浸材料固化后的玻璃化转变温度，重新设置温度程序，设定最高测试温度低于材料的分解温度，并且测定其固化后的玻璃化转变温度。

对预浸材料进行三次扫描。第一次扫描使预浸材料发生了固化反应，但是最高温度并未到达到分解温度，如图 3.5 所示。再进行第二次、第三次扫描，测试其玻璃化转变温度分别为 171.07℃ 和 174.22℃，如图 3.6 所示。

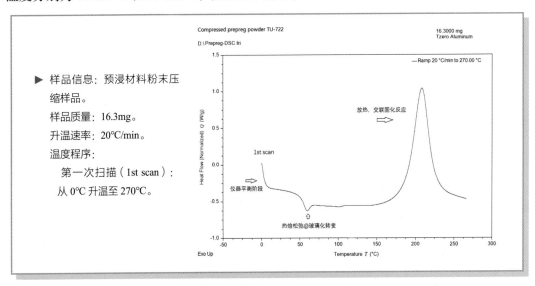

图 3.5　PCB 预浸材料粉末 DSC 曲线（第一次扫描）

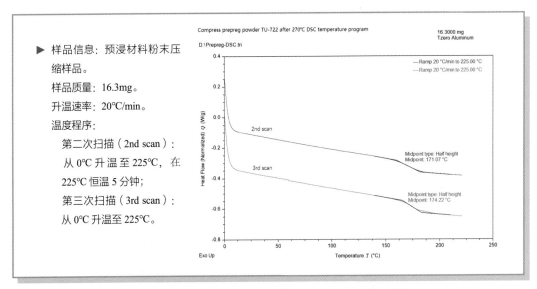

图 3.6　PCB 预浸材料粉末 DSC 曲线（第二次、第三次扫描）

3.1.4　DSC 测定玻璃化转变温度

1．玻璃化转变温度 T_g 的计算方法

聚合物的玻璃化转变有一定的温度区间，用 DSC 测定玻璃化转变温度有多种计算方法。常见的有拐点法和中点法。美国材料与试验协会 (ASTM) E1356-08(2014) 对这两种方法有详细的介绍，如图 3.7 所示。

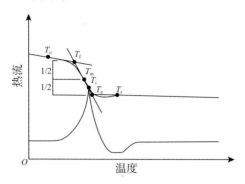

图 3.7　T_g 的计算方法

图中，T_o 为转变的起始温度；T_f 为外推起始温度；T_m 为中点温度；T_i 为拐点温度；T_e 为外推终止点温度；T_r 为回到基线的温度。

玻璃化转变温度 T_g 的计算如下。

（1）在玻璃化转变前选取转变的起始温度（T_o），沿着基线作第一条切线。

（2）在玻璃化转变后选取回到基线的温度点（T_r），沿着基线作第二条切线。

（3）在玻璃化转变区间内沿着曲线斜率绝对值最大点作第三条切线，斜率最大的点也可以通过对曲线进行微商计算得出，这个点即是拐点（T_i）。

（4）第三条切线的外推线与第一条和第二条切线的外推线可分别得到两个交点，分别是外推起始温度（T_f）和外推终止点温度（T_e）。

拐点法：将玻璃化转变区域曲线转变最陡点的温度作为玻璃化转变温度，记为 T_i。

中点法（也称半高法）：外推起始温度（T_f）和外推终止点温度（T_e）这两点 Y 值（热流或者比热 C_p）一半处，并且与曲线相交的点，作为玻璃化转变温度，记为 T_m。

中点法和拐点法所计算的 T_g 是不同的。拐点法和中点法计算的 T_g 在本书所用 DSC 仪器的曲线上分别显示为：Midpoint type: Inflection 和 Midpoint type: Half height。

2．玻璃化转变温度 T_g 的计算方法比较

在计算 PCB 绝缘基材的玻璃化转变温度时，分两种情况来计算拐点法 T_g 与中点法 T_g：一种是有热焓松弛的玻璃化转变；另一种是无热焓松弛的玻璃化转变。

（1）有热焓松弛的玻璃化转变

有热焓松弛的 DSC 曲线，在玻璃化转变的台阶处如果向下凹，再回到基线，那么基线的选择点就不能在下凹处，需选择基线与切线的交点。用中点法和拐点法所计算的 T_g 分别为 132.86℃ 和 136.42℃，如图 3.8 所示。

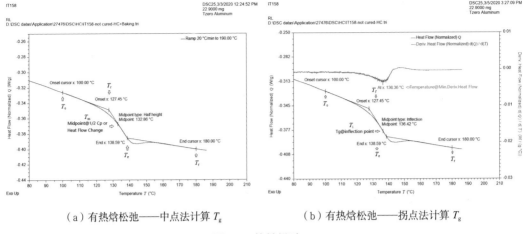

（a）有热焓松弛——中点法计算 T_g　　　　（b）有热焓松弛——拐点法计算 T_g

图 3.8　热焓松弛 T_g

（2）无热焓松弛的玻璃化转变温度

无热焓松弛的 DSC 曲线，中点法和拐点法所计算的 T_g 分别为 172.55℃、174.86℃，如图 3.9 所示，显然，中点法和拐点法计算的 T_g 不同。

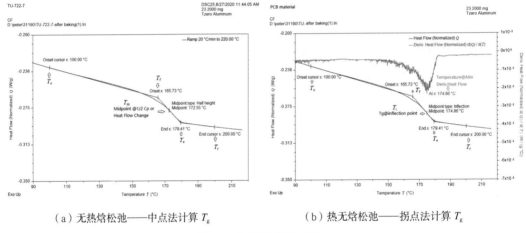

（a）无热焓松弛——中点法计算 T_g　　　　（b）热无焓松弛——拐点法计算 T_g

图 3.9　无热焓松弛计算 T_g

（3）起始点和终止点选择对 T_g 的影响

在选择中点法计算 T_g 时，如果选择不同的转变的起始温度，T_g 的结果也会不同，如图 3.10 所示。

一般情况下，可以选择与基线重叠并且接近转变区域的点对应的温度作为转变的起始点温度和终止点温度。

用中点法和拐点法计算 T_g 都可以，但是需要在测试结果中标明 T_g 所用的计算方法。一般来说，中点法应用最广泛。如无特别说明，本书所测量的 T_g 都是用中点法（半高法）所得。

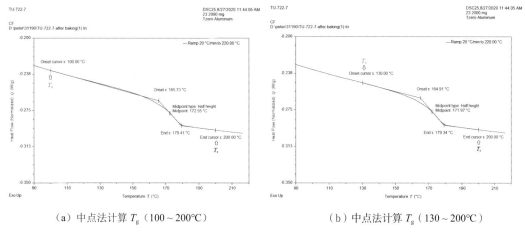

（a）中点法计算 T_g（100～200℃）　　　　　　（b）中点法计算 T_g（130～200℃）

图 3.10　起始点和终止点温度选择不同的差异

3.1.5　DSC 测试应用案例

1．板料经历不同的热历史条件下的 T_g 测定

当 PCB 板料未完全固化或吸潮时，会导致在玻璃化转变温度区间出现热焓松弛现象，给测定 T_g 带来一定的困难。

（1）测试样品 1：未完全固化的 PCB 板料，样品质量为 18.8mg。

如图 3.11 所示，热焓松弛现象发生在玻璃化转变温度区间内，使得玻璃化转变温度后的基线向放热方向偏移，难以确定回到基线的温度（T_r）。为了消除热焓松弛的影响，需要对样品进行第二次扫描，并在 220℃ 下恒温 15 分钟，使交联固化反应充分进行。如图 3.12 所示，第二次扫描后的玻璃化转变温度比第一次扫描有所提高，且没有伴随热焓松弛现象。

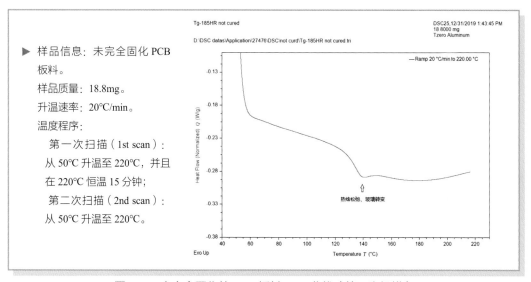

图 3.11　未完全固化的 PCB 板料 DCS 曲线（第一次扫描）

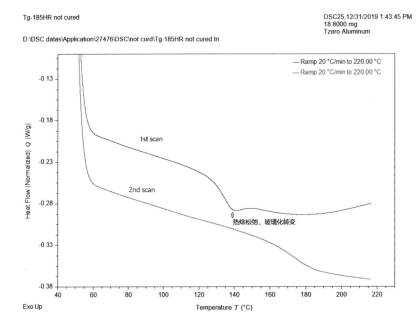

图 3.12 未完全固化的 PCB 板料 DCS 曲线（第一次扫描和第二次扫描）

（2）测试样品 2：PCB 板料未完全固化，样品质量为 22.9mg，高温、高湿条件下（温度为 85℃，相对湿度为 85%）存储 120 小时。

如图 3.13 所示，热焓松弛现象发生在玻璃化转变温度区间内，使得玻璃化转变温度后的基线向放热方向偏移，难以确定回到基线的温度（T_r）。为了消除热焓松弛的影响，需要对样品进行第二次扫描，并且在 190℃ 下恒温 15 分钟，使交联、固化反应充分进行，如图 3.14 所示。第二次扫描后的玻璃化转变温度相比第一次扫描有所提高，且没有伴随热焓松弛的现象。

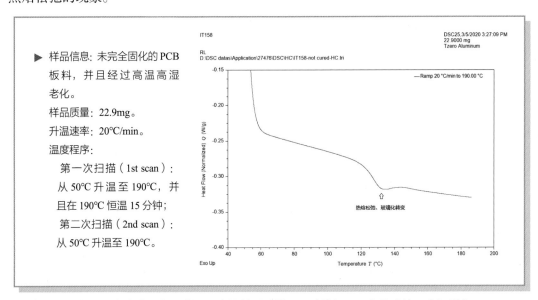

图 3.13 未完全固化和高温、高湿处理后的 PCB 板料 DCS 曲线（第一次扫描）

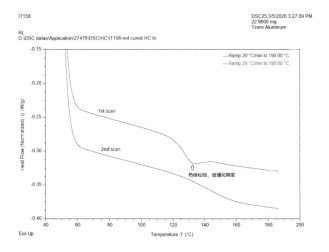

图 3.14　未完全固化和高温、高湿处理后的 PCB 板料 DCS 曲线（第一次扫描和第二次扫描）

2. 固化因数 ΔT_g 的测定

本案例利用 DSC 对不完全固化的 PCB 试样（主树脂成分为环氧树脂，样品质量为 15.5mg）进行多次扫描测试，测定其玻璃化转变温度的变化。温度测试程序分为三部分。

第一部分：从第 1 次扫描到第 11 次扫描，温度以 20℃/min 的升温速率升至 220℃，并且在 220℃ 恒温 15 分钟。在第一次扫描曲线上，玻璃化转变后的基线上升，发生了放热反应，说明聚合物在升温的条件下继续发生交联固化反应。随着交联固化反应的进行，玻璃化转变温度不断升高，直至达到稳定阶段，如图 3.15 所示。

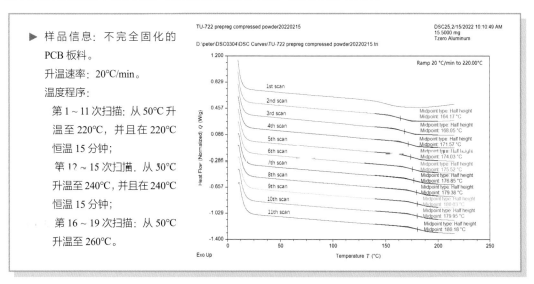

图 3.15　DSC 曲线（1）

第二部分：从第 12 次扫描到第 15 次扫描，温度以 20℃/min 的升温速率升至 240℃，并且在 240℃ 恒温 15 分钟。玻璃化转变温度从高温稳定阶段下降，说明分子链段出现分解，如图 3.16 所示。

第三部分：从第 16 次扫描到第 18 次扫描，温度以 20℃/min 的升温速率升至

260℃。当最高温度提升到260℃时，玻璃化转变温度下降明显，表明随着温度的升高，分子链段的分解愈发强烈，如图3.17所示。

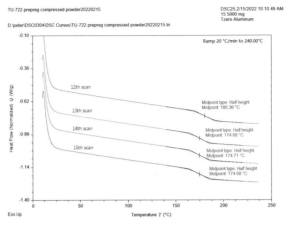

图 3.16　DSC 曲线（2）

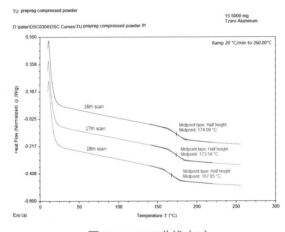

图 3.17　DSC 曲线（3）

为了凸显 T_g 的差异，本案例采用多次加热来计算固化因数，作为判断基材有无完全固化或是否出现分解，例如：

$$\Delta T_g = T_{g11} - T_{g2} = 180.18℃ - 164.17℃ = 16.01℃（固化不完全）$$
$$\Delta T_g = T_{g9} - T_{g8} = 180.03℃ - 179.38℃ = 0.65℃（固化完全）$$
$$\Delta T_g = T_{g18} - T_{g12} = 167.85℃ - 180.36℃ = -12.51℃（分解）$$

用 DSC 测定 PCB 的玻璃化转变温度时，通常采用固化因数（ΔT_g）来判断 PCB 基材是否完全固化。此处的假设前提是 PCB 所使用的树脂为环氧树脂，环氧树脂在完全固化时的玻璃化转变温度高于未完全固化时的玻璃化转变温度。一旦环氧树脂完成交联固化反应，其玻璃化转变温度便进入稳定状态。从微观结构的角度来说，玻璃化转变被视为分子运动的可逆过程。

3．升温速率对玻璃化转变温度的影响

PCB 基材的玻璃化转变与 DSC 测试的升温速率紧密相关。升温速率的增加会导致台

阶变大，进而使玻璃化转变温度 T_g 向高温方向移动。这是因为伴随玻璃化转变发生的分子运动是与时间相关的，升温速率的提高加速了分子运动，从而使 T_g 升高。玻璃化转变是非晶态高聚物（包括部分结晶高聚物中的非晶相）中玻璃态与高弹态之间的转变，其分子运动的本质是链段冻结与链段自由活动之间的转变。升温速率的提高使得分子链段运动无法及时响应，从而导致测得的 T_g 温度偏高。任何影响材料比热的因素，如升温速率、老化条件、增塑剂（水分）、填料等，都会引起玻璃化转变的变化。因此，为了准确表示 T_g 测试结果，需要注明具体的测试条件，包括样品量、热处理条件、温度范围和升温速率等，如图 3.18 所示。

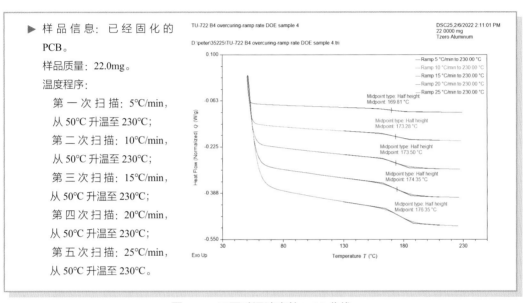

图 3.18　不同升温速率的 DSC 曲线

4. 混料温度的计算讨论

为满足电子产品的高集成度、电热性能等需求，在多层 PCB 的制造工艺中，需要将由不同材料制成的板材混合压制在一起，这一工艺被称为混压。混压后材料的玻璃化转变温度（ T_g ）与各个组分的相对含量息息相关。玻璃化转变温度与组分的关系可参考半经验性的 Gordon-Taylor 公式

$$T_g = \frac{w_1 T_{g1} + kw_2 T_{g2}}{w_1 + kw_2}$$

式中， T_{g1} 和 T_{g2} 均为各纯组分的玻璃化转变温度； w_1 和 w_2 均为质量含量； k 为拟合参数。

此外，DCS 测量 T_g 是通过分析热流曲线显著的台阶来计算的，如果材料在升温过程中比热容（ C_p ）变化不显著，曲线的台阶就不明显，从而导致 T_g 的检测难度增大，甚至无法使用 DSC 进行检测。

5. DSC 测试曲线假象的识别

（1）测试样品疏松

测试样品通常是从多层 PCB 上剥离下来的薄板料。为了测试其玻璃化转变温度，需

要将这些剥离下来的片状样品叠加在一起。在坩埚中进行叠加时，如果不使用仪器专用工具进行压实，测试曲线就可能出现锯齿状。这是因为片状样品在坩埚中较为疏松，导热性差，导致测试过程中热流出现跳跃。使用专用工具压实后，DSC 曲线就会回归正常，如图 3.19 所示。

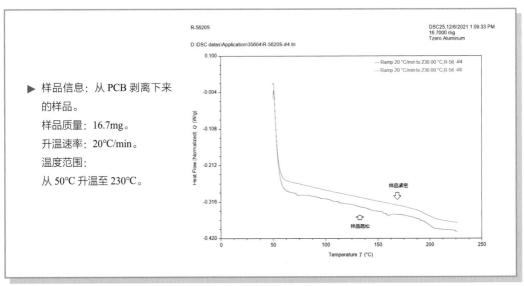

图 3.19　DSC 曲线（样品紧密与疏松比较）

（2）样品内部有气泡

DSC 曲线在基线处出现明显下凹，测试完成后，发现样品内部有气泡。气泡的存在会导致升温过程中需要额外的热量补偿。内部无气泡的样品和有气泡的样品的 DSC 曲线如图 3.20 所示。

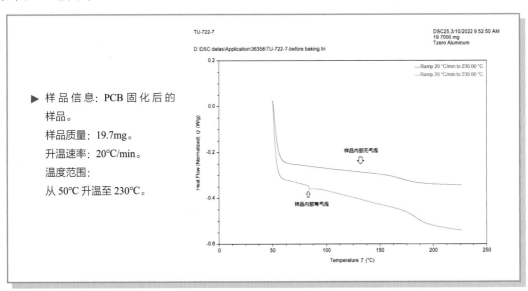

图 3.20　DSC 曲线（样品内部有气泡与无气泡比较）

3.1.6 调制式差示扫描量热法（MDSC）概述

在使用差示扫描量热仪（DSC）测定材料的玻璃化转变温度时，若材料在玻璃化转变区间内发生热熔松弛，对测定结果的解释往往需要依赖经验。这是因为传统的 DSC 技术是通过测量样品与参照物之间的热流速率差，通过样品的升温、降温和恒温变化来进行的。温度呈线性变化，由此产生的差示热流速信号会被绘制成温度或时间的函数图。这一信号反映了在任何给定温度或时间点上的所有热流总和，但无法区分其热容成分和总热流量的动力学成分。

为了消除热熔松弛对 DSC 测量材料玻璃化转变温度的影响，通常需要对样品进行二次升温。第一次升温旨在消除热熔松弛，第二次升温则用于测量其玻璃化转变温度。然而，对样品进行二次升温可能会改变试样的热历史，例如可能引发样品的交联固化或挥发物的脱附等现象。

调制式 DSC（Modulated DSC，MDSC）的出现解决了这一问题，它能够区分热容成分和总热流量的动力学成分。通过一次升温测量，即可准确获得存在热熔松弛的材料的玻璃化转变温度。

3.1.7 MDSC 仪器的基本原理

1．测试原理

调制式 DSC（Modulated DSC）所得曲线的吸热和放热方向与传统的 DSC（差示扫描量热仪）是一致的。其区别主要在于，调制式 DSC 对试样同时施加两个升温速率：其一是线性升温速率，这与传统的 DSC 类似，提供了总热流速率（或热流量）信息；另一个则是正弦波形的调制升温速率，它揭示的是总热流速率中的热容成分。

值得注意的是，调制式 DSC 的热流方程与传统 DSC 的热流方程是一致的，具体如式（3.1）所示。

$$\frac{\mathrm{d}H}{\mathrm{d}t} = C_{\mathrm{p}} \frac{\mathrm{d}T}{\mathrm{d}t} + f(T,t) \qquad （3.1）$$

式中，$\frac{\mathrm{d}H}{\mathrm{d}t}$ 为因升温速率而产生的总热流量，等于在相同平均升温速率下的传统 DSC 的总的热流量；C_{p} 为总热流量的热容成分，由调制升温的热流量计算所得；$\frac{\mathrm{d}T}{\mathrm{d}t}$ 为测量的升温速率，同时具有线性和正弦（调制）成分；$C_{\mathrm{p}} \frac{\mathrm{d}T}{\mathrm{d}t}$ 为总热流量的可逆热流成分；$f(T,t)$ 为总热流量的动力学成分，由总热流量与可逆热流成分之差计算所得。

传统的 DSC 所测量得到的单一曲线"$\mathrm{d}H/\mathrm{d}t$"，实际上表示在特定温度或时间点上出现的所有热效应的总和。总热流量包含两个主要部分：一个是升温速率（$\mathrm{d}T/\mathrm{d}t$）的函数；另一个则是时间和热力学温度的函数。然而，标准 DSC 的一个固有局限性在于它只能测量这两个成分的总和。因此，当两个或多个转变在同一时间发生时，DSC 的结果可能变得难以解释。

相比之下，MDSC 则同时对试样施加两种升温速率，并测量它们是如何影响热流速率的。基础平均升温速率提供的信息与传统的 DSC 相同，即总热流量。而调制 DSC 则可用于测量与热容有关的信号（可逆热流），以及与热力学温度和实际过程有关的热流量（不可逆热流）。热容、热容变化、结晶以及熔融等过程都包含在可逆信号中，而动力学过程，如结晶、分解、挥发、分子松弛和化学反应等，则归属于不可逆信号。

因此，MDSC 不仅可以计算总热流量，还可以分别计算这两个独立成分，从而使得即使在两个或多个转变同时发生时，也能进行准确的分析和数据解释。

2．测量曲线

（1）聚对苯二甲酸乙二醇酯（PET）的 MDSC 曲线

PET 的 MDSC 曲线如图 3.21 所示。其中，总信号（红色）表示传统的 DSC；可逆信号（蓝色）提供有关热容和熔融的信息；不可逆信号（绿色）表示在 T_g 时的热熔松弛、冷结晶和结晶完善。

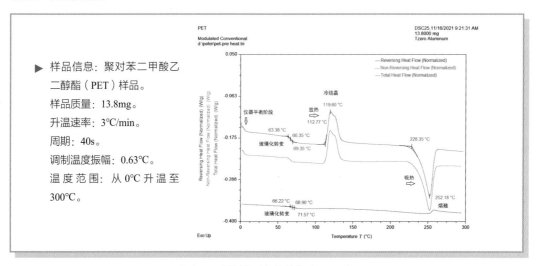

► 样品信息：聚对苯二甲酸乙二醇酯（PET）样品。
样品质量：13.8mg。
升温速率：3℃/min。
周期：40s。
调制温度振幅：0.63℃。
温度范围：从 0℃ 升温至 300℃。

（a）PET 调制差示扫描量热（MDSC）

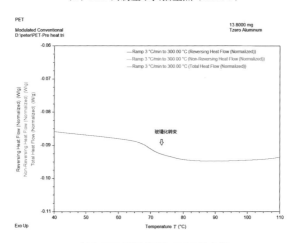

（b）PET 可逆热流 MDSC 放大图

图 3.21　PET MDSC 曲线

测试的起始温度为 0℃，是仪器的平衡状态，在升温到约 63℃ 时，总热流曲线为伴随热熔松弛的玻璃化转变，而可逆热流曲线为可逆的玻璃化转变。当温度达到约 72℃ 时，基线又开始平直。当升温到约 113℃ 时，基线向放热方向出峰，峰顶温度为 119.60℃，约到 133℃ 时结束，这个峰为冷结晶峰，放出热量。而可逆热流曲线并无台阶的变化。升温到约 228℃ 时，基线又向吸热方向出峰，峰顶温度为 252.18℃，到约 260℃ 时吸热峰结束，此峰为熔融峰，表明结晶部分开始熔化，伴随吸热现象。而可逆热流曲线出现了逆转变的台阶变化，说明材料的分子结构发生了新的变化。

（2）PCB FR-4 预浸材料的 MDSC 曲线

本实验的目的是通过 MDSC 测试 PCB 预浸材料，分析玻璃化转变、交联固化、放热和吸热现象。

PCB 预浸材料 MDSC 图如图 3.22 所示。在升温至约 50℃ 时，总热流曲线呈现出伴随热熔松弛的玻璃化转变。随着温度进一步升高至约 170℃，基线向放热方向移动并出现峰值，表明材料发生了交联固化反应，并伴随有放热现象。当温度继续升至约 300℃ 时，谱图上再次出现一个明显的放热峰。此外，该材料的热分解温度 T_d（5%）约为 330℃，这表明材料的分子链段在此温度下发生了断裂，引发了强烈的放热反应。

从起始温度到 310℃ 的过程中，可逆热流曲线在约 50℃ 时提供了可逆的玻璃化转变信息。而不可逆曲线则揭示了与时间相关的动力学信息，包括热熔松弛、交联固化反应及分解等过程。值得注意的是，由于测试温度超过了材料的分解温度，测试完成后材料的结构已经被完全破坏。

为了进一步分析 PCB 预浸材料固化后的玻璃化转变温度，重新设置了温度程序。在确保最高测试温度低于材料分解温度的前提下，测定了其固化后的玻璃化转变温度。

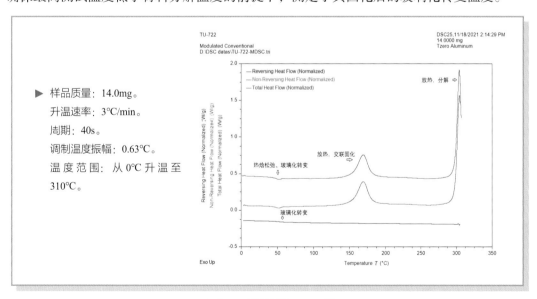

► 样品质量：14.0mg。
升温速率：3℃/min。
周期：40s。
调制温度振幅：0.63℃。
温度范围：从 0℃ 升温至 310℃。

（a）PCB 预浸材料 MDSC 图

图 3.22　PCB 预浸材料 MDS 图

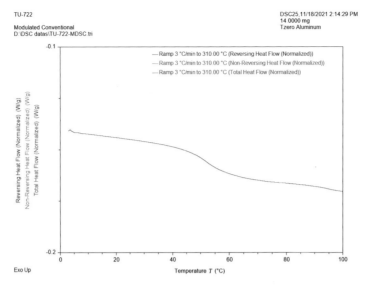

（b）PCB 预浸材料可逆热流 MDSC 放大图

图 3.22　PCB 预浸材料 MDS 图（续）

对预浸材料进行了两次扫描。第一次扫描得到的曲线如图 3.23 所示。在升温至约 50℃ 时，总热流曲线呈现出伴随热焓松弛的玻璃化转变。随着温度继续升至约 170℃，基线向放热方向偏移并出现峰值，表明材料发生了交联固化反应并伴随有放热现象。从起始温度到 250℃ 的范围内，可逆热流曲线在约 50℃ 时提供了可逆的玻璃化转变信息，而不可逆曲线则揭示了热焓松弛、交联固化反应等与时间相关的动力学信息。

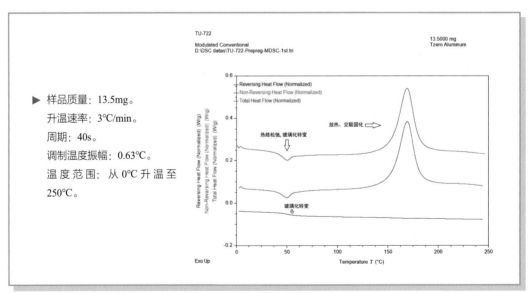

图 3.23　预浸材料 MDSC 曲线（第一次扫描）

第二次扫描得到的曲线如图 3.24 所示。在升温至约 170℃ 时，总热流曲线呈现出伴随热焓松弛的玻璃化转变，可逆热流曲线表现为可逆的玻璃化转变，而不可逆热流曲线则提供了热焓松弛等与时间相关的动力学信息。

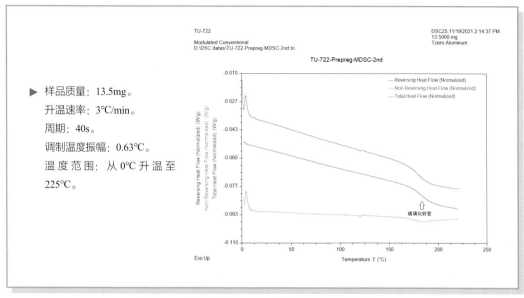

图 3.24　预浸材料 MDSC 曲线（第二次扫描）

玻璃化转变所引起的热容变化通常被认为是一个可逆的分子运动过程，并且可以在可逆信号中观察到。然而，并非所有可逆信号中出现的台阶式变化都代表可逆性的转变。例如，在环氧树脂的固化过程中、试样中水的挥发或溶剂的挥发等，可逆信号中同样会出现台阶式变化，这些变化在相应的反应中实际上是不可逆的。

关于预浸材料的两次 MDSC 扫描曲线，需要明确一点：可逆热流信号并不直接代表过程是可逆的。在第一次扫描中，约 50℃ 附近出现的台阶式变化是由于环氧树脂的交联固化反应，这是一个不可逆过程。因此，在第二次扫描中该变化并未再次出现。交联固化反应在第一次扫描中已经完成，所以第二次扫描中出现的台阶式变化主要用于测定实际的 PCB 玻璃化转变温度。值得注意的是，在第二次扫描的 MDSC 信号中，总热流信号、可逆热流和非可逆热流都在相同的温度区间内出现了转变台阶。这表明，在看似可逆的过程中，仍然可以观察到某些不可逆的过程。

3.1.8　MDSC 测试应用

1. 伴有热焓松弛热流曲线

DSC 测试观察到伴随热焓松弛的玻璃化转变，但是并未能对热焓松弛做出进一步的解释，如图 3.25 所示。用 MDSC 测试，总热流曲线（红色）提供了伴随热焓松弛的玻璃化转变信息；可逆热流曲线（蓝色）提供了有关可逆玻璃化转变信息；不可逆信号（绿色）表示在 T_g 时的热焓松弛信息，如图 3.26 所示。

▶ 样品信息：未完全固化的
PCB 板料。
样品质量：18.8mg。
升温速率：20℃/min。
温度范围：从 50℃ 升温至
220℃。

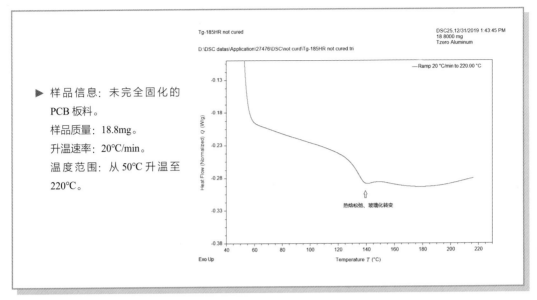

图 3.25　未完全固化的 PCB 板料的 DCS 曲线

▶ 样品信息：未完全固化的
PCB 板料。
样品质量：17.4mg。
升温速率：2℃/min。
周期：60s。
调制温度振幅：1.27℃。
温度范围：从 50℃ 升温至
210℃。

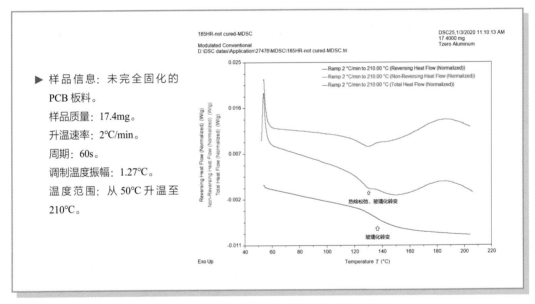

图 3.26　未完全固化的 PCB 板料的 MDCS 曲线

2．双台阶热流曲线

DSC 测试观察到伴随双台阶的玻璃化转变，但是并不能对双台阶做出进一步的解释，如图 3.27 所示。

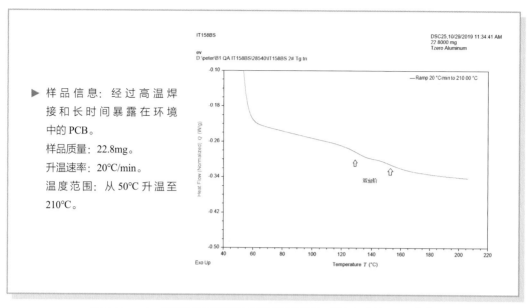

样品信息：经过高温焊接和长时间暴露在环境中的PCB。

样品质量：22.8mg。

升温速率：20℃/min。

温度范围：从50℃升温至210℃。

图 3.27　PCB 在经过高温焊接和长时间暴露在环境中后的 DCS 曲线

用 MDSC 测试，总热流曲线（红色）提供了伴随双台阶的玻璃化转变的信息；可逆热流曲线（蓝色）提供有关可逆玻璃化转变信息；不可逆信号（绿色）表示在 T_g 时的热焓松弛信息，如图 3.28 所示。

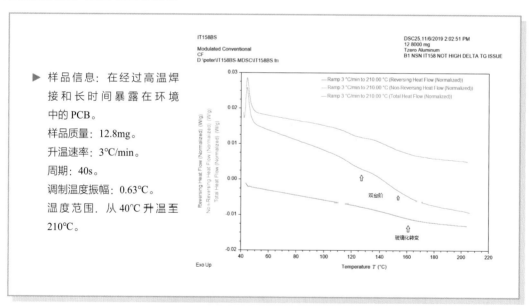

样品信息：在经过高温焊接和长时间暴露在环境中的PCB。

样品质量：12.8mg。

升温速率：3℃/min。

周期：40s。

调制温度振幅：0.63℃。

温度范围：从40℃升温至210℃。

图 3.28　PCB 在经过高温焊接和长时间暴露在环境中后的 MDSC 曲线

3．MDSC 测试曲线假象的识别

如果测试样品内部有气泡，利用 MDSC 曲线，通过计算总热流与可逆热流之差，就可得到具体的异常成分，如图 3.29 所示。

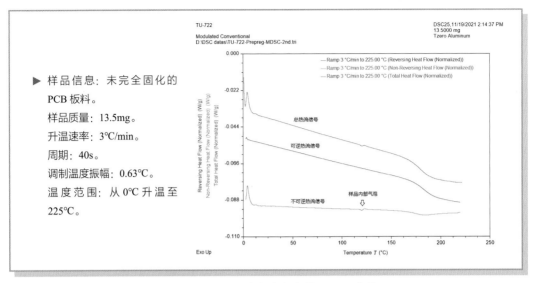

图 3.29　测试样品内部有气泡的 MDSC 曲线

左侧说明文字：
▶ 样品信息：未完全固化的 PCB 板料。
样品质量：13.5mg。
升温速率：3℃/min。
周期：40s。
调制温度振幅：0.63℃。
温度范围：从 0℃ 升温至 225℃。

3.2　热机械分析（TMA）检测与分析

3.2.1　TMA 仪器测试原理

热机械分析（Thermo Mechanical Analysis，TMA），是指在程序控温条件下，测量材料在恒定负荷时产生的尺寸变化，从而表征材料随温度、时间、力等发生的膨胀或收缩行为。TMA 通常用于测量 PCB 的热膨胀系数（Coefficient of Thermal Expansion，CTE）以及 T260 和 T288 的分层时间等，是热分析中较常用的一种分析手段。

本文测试所用的 TMA 仪器型号为 TMA Q400 或 TMA 2940，其主机结构如图 3.30 所示。热机械主要部件是加热炉和位移检测装置。加热炉由温度控制系统控制温度，位移检测装置通过探头测量样品的形变。

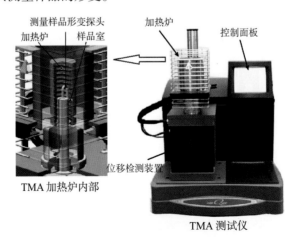

图 3.30　TMA 测试仪器图

在 PCB 的 TMA 测量中，有两种常用的探头，如图 3.31 所示。一种是膨胀探头，用于测定 PCB 材料 z 轴的线性膨胀系数、玻璃化转变温度（T_g）和分层时间。在测量样品时，探头放置在样品上，并且施加较小的静态力，在设定的温度程序进行试验，探头运动记录样品的膨胀和收缩。另一种是延伸探头，用于在设定的温度程序下测量薄膜状或纤维状样品的拉伸形变。

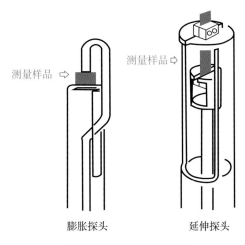

图 3.31　TMA 测量探头

3.2.2　TMA 的样品制备和测量设定

1．样品的制备

根据测试的目的和测量仪器的要求，选择合适的样品进行处理。测量 PCB 的 z 轴的膨胀系数或分层时间，样品的长宽尺寸约为 6.4mm × 6.4mm，厚度大于 0.5mm。测量 PCB 的 x-y 轴的膨胀系数，样品尺寸为：厚度小于 0.5mm，长为 12 ~ 25mm，宽为 3.0 ~ 4.0mm。样品的处理流程包括裁切、打磨、烘烤、干燥等。

2．测量的设定

样品制备完成后，需要选择合适的探头进行测试，然后设定测试参数，如气体吹扫、温度范围、升温速率等。

3.2.3　TMA 曲线的解释

在实际的应用中，TMA 测量的曲线与样品、温度和选用的探头都有密切的关系。下面的案例主要对 TMA 的膨胀探头和延伸探头在 PCB 的测试应用进行讨论。

1．膨胀探头

（1）玻璃化转变温度与热膨胀系数

测量 PCB 在 z 轴膨胀的变化。通过仪器和软件，可以计算玻璃化转变温度，以及玻璃化转变温度前、后的 CTE 及热膨胀百分比，如图 3.32 所示。

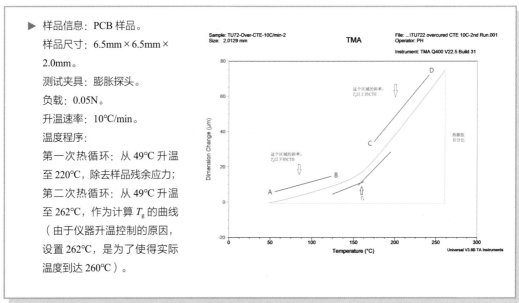

▶ 样品信息：PCB 样品。

样品尺寸：6.5mm×6.5mm× 2.0mm。

测试夹具：膨胀探头。

负载：0.05N。

升温速率：10℃/min。

温度程序：

第一次热循环：从 49℃ 升温 至 220℃，除去样品残余应力；

第二次热循环：从 49℃ 升温 至 262℃，作为计算 T_g 的曲线 （由于仪器升温控制的原因， 设置 262℃，是为了使得实际 温度到达 260℃）。

（a）TMA 热膨胀系数（计算方法）

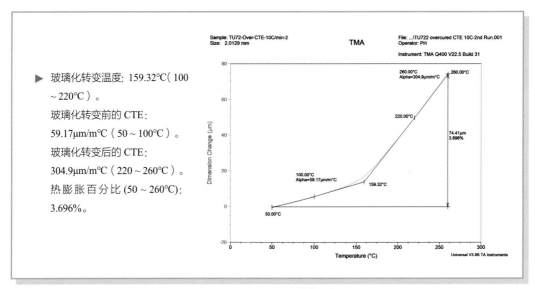

▶ 玻璃化转变温度：159.32℃（100 ～220℃）。

玻璃化转变前的 CTE： 59.17μm/m℃（50～100℃）。

玻璃化转变后的 CTE： 304.9μm/m℃（220～260℃）。

热膨胀百分比（50～260℃）： 3.696%。

（b）TMA 热膨胀系数（计算实例）

图 3.32　TMA 热膨胀系数

（2）分层时间

TMA 除了可以测量 PCB 的热膨胀系数和玻璃化转变温度，还可以测量 PCB 的分层 时间。需要在温度程序中添加高温恒温时间，比如在温度到达 260℃ 后，恒温一定的时间， 称为 T260 测试，如图 3.33 所示。升温阶段没有明显的热熔松弛，恒温阶段厚度比较稳 定。当分层发生时，厚度有明显的跳跃，并且上升到新台阶而不可逆转。如果设定恒温 为 288℃，就称为 T288 测试。

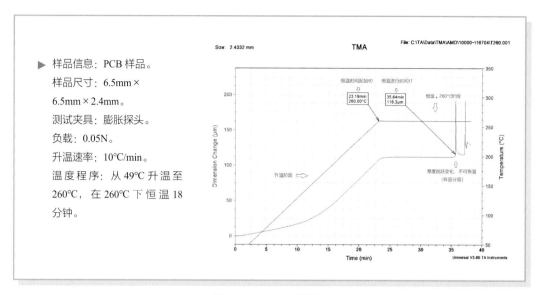

▶ 样品信息：PCB 样品。
样品尺寸：6.5mm×
6.5mm×2.4mm。
测试夹具：膨胀探头。
负载：0.05N。
升温速率：10℃/min。
温度程序：从 49℃ 升温至
260℃，在 260℃ 下 恒 温 18
分钟。

图 3.33　TMA- 分层法

2．延伸探头

用延伸探头测试 PCB 样品的 *x-y* 轴的 CTE（热膨胀系数），第一次热循环所得到的曲线如果出现热焓松弛等特征，就不容易计算其 CTE，需要通过至少两次热循环来测定，如图 3.34 所示。从曲线跃阶变化处计算可得 T_g 为 195.70℃，T_g 以下的 CTE 为 11.03ppm/℃；T_g 以上的 CTE 为 2.419ppm/℃

用相同材料测试 *z* 轴 CTE 的变化，如图 3.35 所示。得到的 T_g 与 CTE 的结果不同于 *x-y* 轴膨胀的测量结果，如图 3.35 所示。从曲线跃阶变化处计算 T_g 为 174.37℃，T_g 以下的 CTE 为 32.39ppm/℃，T_g 以上的 CTE 为 268.90ppm/℃。

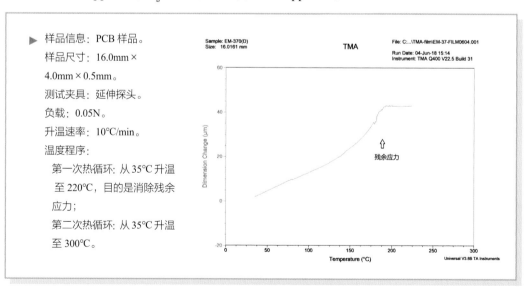

▶ 样品信息：PCB 样品。
样品尺寸：16.0mm×
4.0mm×0.5mm。
测试夹具：延伸探头。
负载：0.05N。
升温速率：10℃/min。
温度程序：
第一次热循环：从35℃升温
至220℃，目的是消除残余
应力；
第二次热循环：从35℃升温
至300℃。

（a）TMA 延伸探头测量曲线（第一次热循环）

图 3.34　TMA 延伸探头测量 CTE

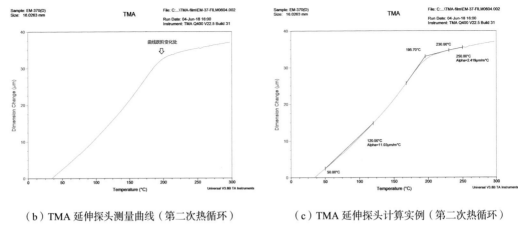

（b）TMA 延伸探头测量曲线（第二次热循环）　　（c）TMA 延伸探头计算实例（第二次热循环）

图 3.34　TMA 延伸探头测量 CTE（续）

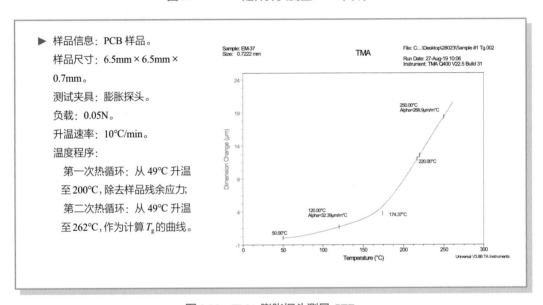

图 3.35　TMA 膨胀探头测量 CTE

PCB 的 z 轴膨胀系数主要受材料组分（包括树脂和填料等）的影响。PCB 的 x-y 轴膨胀系数，在 T_g 温度以下的区间主要受材料的组分的影响，如树脂、填料等，在 T_g 温度以上的区间主要受玻璃布影响，如玻璃布的类型、织物结构等。因此，在测量 PCB 的 CTE 时，需要依据样品的厚度、尺寸等，选择适合的测量探头。

3.2.4　玻璃化转变温度的测定和计算

1. 无热焓松弛曲线计算玻璃化转变温度

理想的 TMA 曲线在低于玻璃化转变温度（T_g）部分和高于玻璃化转变温度部分，尺寸的变化与温度存在线性关系，这些线性关系部分可以用于计算材料的 T_g 和 CTE。但是，在实际测量中，由于材料、仪器等原因，很难获得理想的曲线，即使在玻璃化转变前后在线性区间取值，所计算的材料的 T_g 值还是有一定的差异。如表 3.1 所示，相同的 TMA 曲线，计算 T_g 值选取不同区间值：玻璃化转变前的区间温度选择为 $80 \sim 120℃$，玻璃化转变温度后的区间温度选择为 $210 \sim 250℃$，所计算的 T_g 值是不同的。

表 3.1　不同起始点和终止点温度所计算的 T_g 值

选点方法	起始点温度	终止点温度	T_g 值	曲线
1	80℃	250℃	162.33℃	如图 3.36
2	80℃	210℃	157.88℃	如图 3.37
3	120℃	250℃	165.58℃	如图 3.38
4	120℃	210℃	160.97℃	如图 3.39
5	100℃	230℃	161.34℃	如图 3.40

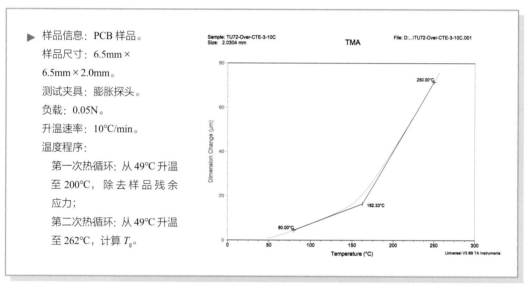

▶ 样品信息：PCB 样品。

样品尺寸：6.5mm × 6.5mm × 2.0mm。

测试夹具：膨胀探头。

负载：0.05N。

升温速率：10℃/min。

温度程序：

第一次热循环：从 49℃ 升温至 200℃，除去样品残余应力；

第二次热循环：从 49℃ 升温至 262℃，计算 T_g。

图 3.36　TMA-T_g 图（$80 \sim 250℃$）

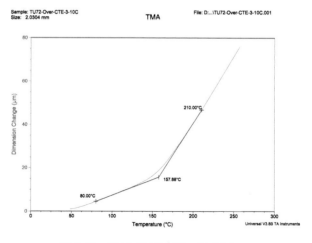

图 3.37　TMA-T_g 图（$80 \sim 210℃$）

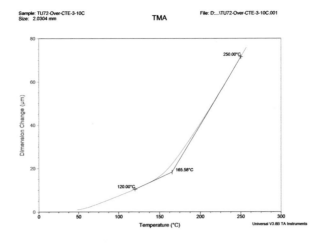

图 3.38　TMA-T_g 图（120～250℃）

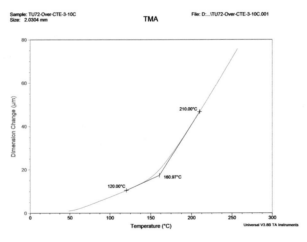

图 3.39　TMA-T_g 图（120～210℃）

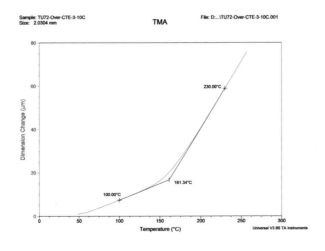

图 3.40　TMA-T_g 图（100～230℃）

2. 有热焓松弛曲线计算玻璃化转变温度

PCB 在加工过程中如果存在残余的热应力，就会造成热焓松弛，导致 TMA 一次测试无法确定 T_g 和 CTE，但是可以通过两次加热程序来消除热焓松弛效应，再测定 T_g 和 CTE。

由于材料残余热应力不同，不同试样的热焓松弛表现也不同。热焓松弛不明显的 TMA 曲线如图 3.41 所示，两次热循环曲线如图 3.42 所示。热焓松弛明显的 TMA 曲线如图 3.43 所示，两次热循环曲线如图 3.44 所示。

（1）热焓松弛不明显的曲线

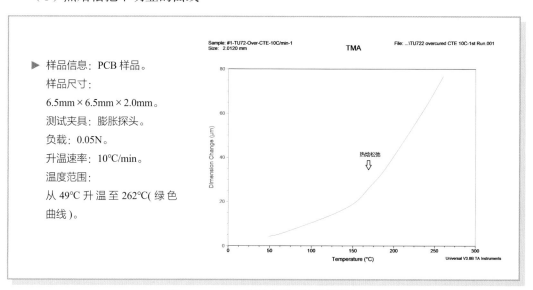

▶ 样品信息：PCB 样品。

样品尺寸：

6.5mm × 6.5mm × 2.0mm。

测试夹具：膨胀探头。

负载：0.05N。

升温速率：10℃/min。

温度范围：

从 49℃ 升温至 262℃(绿色曲线)。

图 3.41　TMA 曲线（第一次热循环）

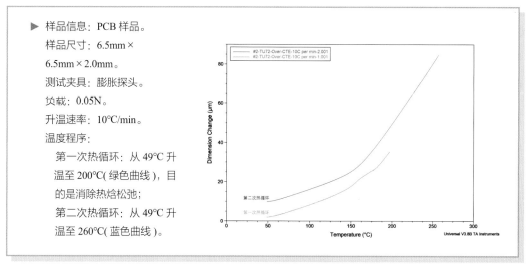

▶ 样品信息：PCB 样品。

样品尺寸：6.5mm × 6.5mm×2.0mm。

测试夹具：膨胀探头。

负载：0.05N。

升温速率：10℃/min。

温度程序：

第一次热循环：从 49℃ 升温至 200℃(绿色曲线)，目的是消除热焓松弛；

第二次热循环：从 49℃ 升温至 260℃(蓝色曲线)。

图 3.42　TMA 曲线（第一次热循环和第二次热循环）

（2）热焓松弛明显的曲线如图 3.43 和图 3.44 所示。

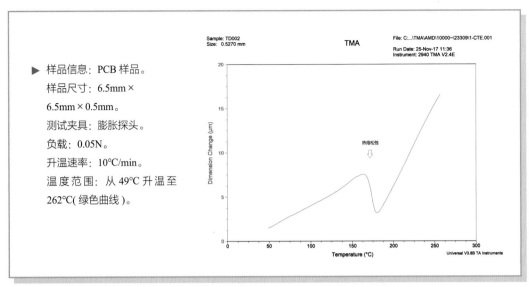

图 3.43 TMA 曲线（第一次热循环）

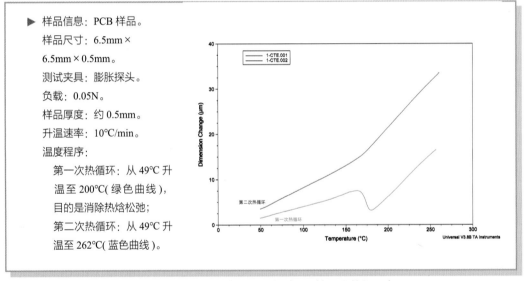

图 3.44 TMA 曲线（第一次热循环和第二次热循环）

3.2.5 TMA 测试应用案例

1. PCB 分层曲线差异

由于材料、工艺、热历史等差异，TMA 曲线升温、恒温阶段都有不同的差异，但是分层的时间以恒温阶段的厚度出现不可逆的变化点来计算。下面就具体的测试案例分别进行分析。

1）升温阶段无热焓松弛

（1）升温阶段没有明显的热焓松弛，恒温阶段，厚度线稳定且呈水平状态，但是会出现可恢复性的跳跃。解释为水分的挥发和应力松弛（IPC-TM-650 2.4.24.1 所解释），也可能是仪器的探头出现异常抖动引起的突然变化，不作为判断分层的依据。因为分层发生时，厚度应该有明显的跳跃，上升到新台阶，并且厚度不可恢复，如图 3.45 所示。

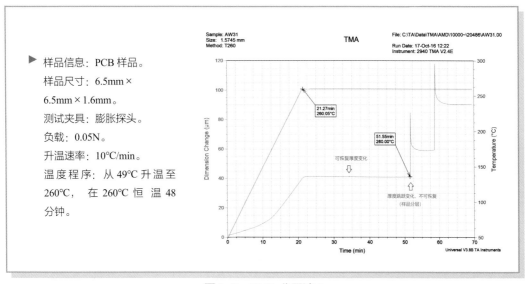

样品信息：PCB 样品。

样品尺寸：6.5mm×6.5mm×1.6mm。

测试夹具：膨胀探头。

负载：0.05N。

升温速率：10℃/min。

温度程序：从 49℃ 升温至 260℃，在 260℃ 恒温 48 分钟。

图 3.45　TMA 分层法 1

（2）升温阶段没有明显的热焓松弛，恒温阶段，厚度逐渐变小，曲线由水平方向向下，应是材料发生软化所致。分层发生时，厚度有明显的跳跃，上升到新台阶，并且厚度不可恢复，如图 3.46 所示。

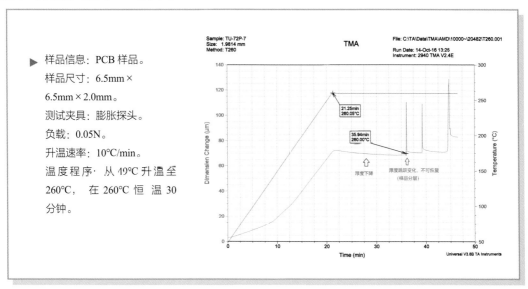

样品信息：PCB 样品。

样品尺寸：6.5mm×6.5mm×2.0mm。

测试夹具：膨胀探头。

负载：0.05N。

升温速率：10℃/min。

温度程序：从 49℃ 升温至 260℃，在 260℃ 恒温 30 分钟。

图 3.46　TMA 分层法 2

（3）升温阶段没有明显的热焓松弛，恒温阶段，厚度渐变薄，曲线由水平方向向下，应是材料发生软化所致，未出现分层，如图 3.47 所示。

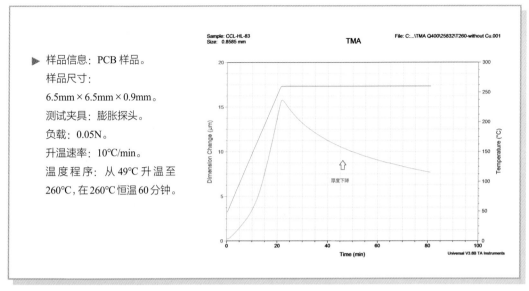

▶ 样品信息：PCB 样品。

样品尺寸：

6.5mm×6.5mm×0.9mm。

测试夹具：膨胀探头。

负载：0.05N。

升温速率：10℃/min。

温度程序：从 49℃ 升温至 260℃，在 260℃ 恒温 60 分钟。

图 3.47　TMA 分层法 3

（4）升温阶段没有明显的热焓松弛，恒温阶段，厚度逐渐变大，曲线由水平方向向上，应是材料发生膨胀所致。厚度并未有明显的跳跃，如图 3.48 所示。

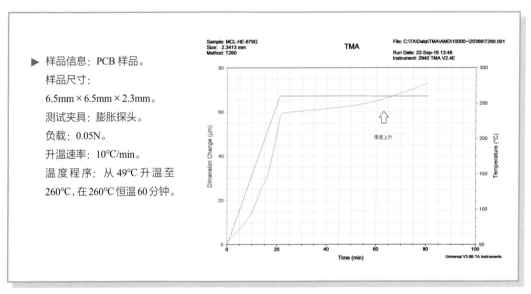

▶ 样品信息：PCB 样品。

样品尺寸：

6.5mm×6.5mm×2.3mm。

测试夹具：膨胀探头。

负载：0.05N。

升温速率：10℃/min。

温度程序：从 49℃ 升温至 260℃，在 260℃ 恒温 60 分钟。

图 3.48　TMA 分层法 4

（5）升温阶段没有明显的热焓松弛，恒温阶段，厚度先逐渐变小，再变大，曲线由水平方向先向下再向上，应是材料发生软化而变薄，再膨胀而变厚。分层发生时，厚度有明显的跳跃，上升到新台阶，并且厚度不可恢复，如图 3.49 所示。

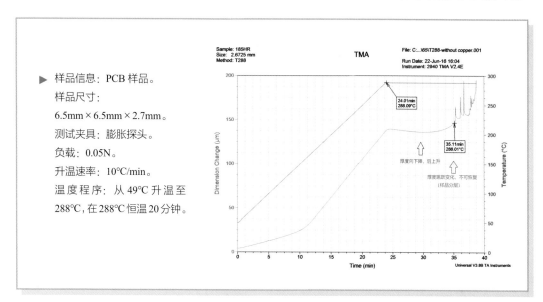

▶ 样品信息：PCB 样品。

样品尺寸：

6.5mm×6.5mm×2.7mm。

测试夹具：膨胀探头。

负载：0.05N。

升温速率：10℃/min。

温度程序：从 49℃ 升温至 288℃，在 288℃ 恒温 20 分钟。

图 3.49　TMA 分层法 5

（6）升温阶段没有明显的热焓松弛，恒温阶段，厚度逐渐变大，在恒温与温度上升的转折处，厚度的变化并无明显的界限，应是材料发生了缓慢的膨胀，而膨胀并不因为温度的恒定而停止。厚度未有明显的跳跃，上升到新台阶也没有分层，如图 3.50 所示。

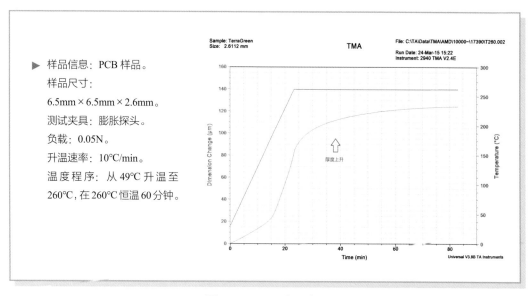

▶ 样品信息：PCB 样品。

样品尺寸：

6.5mm×6.5mm×2.6mm。

测试夹具：膨胀探头。

负载：0.05N。

升温速率：10℃/min。

温度程序：从 49℃ 升温至 260℃，在 260℃ 恒温 60 分钟。

图 3.50　TMA 分层法 6

2）升温阶段有热焓松弛

升温阶段出现热焓松弛，升温阶段的厚度发生变化，恒温阶段厚度逐渐变小，但是并未出现不可恢复的台阶式的跳跃上升，可以判断为无分层，如图 3.51 所示。

如果要消除升温阶段的热焓松弛现象，可以参考测试 CTE 的方法，先升温至一定的温度而不影响材料的固化，再用 TMA 分层法进行测试。

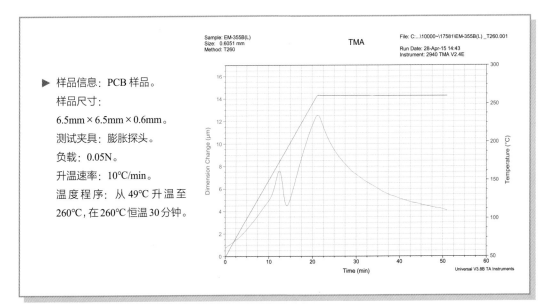

▶ 样品信息：PCB 样品。

样品尺寸：

6.5mm × 6.5mm × 0.6mm。

测试夹具：膨胀探头。

负载：0.05N。

升温速率：10℃/min。

温度程序：从 49℃ 升温至
260℃，在 260℃ 恒温 30 分钟。

图 3.51　TMA 分层法 7

2．PCB 分层时间差异

1）T260 与 T288 温度的差异

相同的 PCB 材料分别进行 T260 和 T288 测试，T260 分层（图 3.52）的时间大于 T288 分层（图 3.53）的时间，说明 T288 测试对材料的耐热性要求更高。

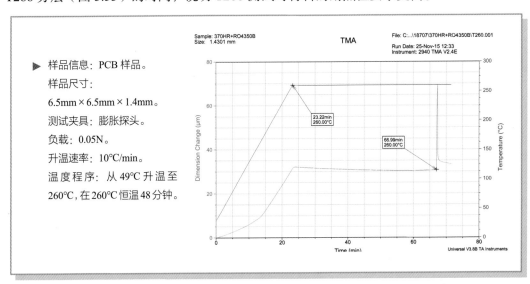

▶ 样品信息：PCB 样品。

样品尺寸：

6.5mm × 6.5mm × 1.4mm。

测试夹具：膨胀探头。

负载：0.05N。

升温速率：10℃/min。

温度程序：从 49℃ 升温至
260℃，在 260℃ 恒温 48 分钟。

图 3.52　T260 测试曲线

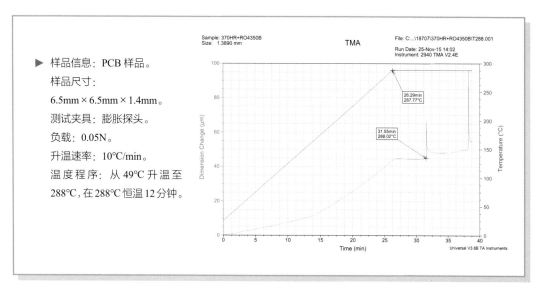

▶ 样品信息：PCB 样品。

样品尺寸：

6.5mm × 6.5mm × 1.4mm。

测试夹具：膨胀探头。

负载：0.05N。

升温速率：10℃/min。

温度程序：从 49℃ 升温至 288℃，在 288℃ 恒温 12 分钟。

图 3.53　T288 测试曲线

2）有内层铜与无内层铜的差异

由于铜与材料的 CTE 相差较大、铜与材料的结合力以及材料耐热性问题，无内层铜的试样出现分层的时间一般大于有内层铜的试样出现分层的时间，如 T260 和 T288 测试结果所示，T260 无内层铜与有内层铜测试结果分别如图 3.54 和图 3.55 所示，T288 无内层铜与有内层铜测试结果分别如图 3.56 和图 3.57 所示。

（1）T260 测试

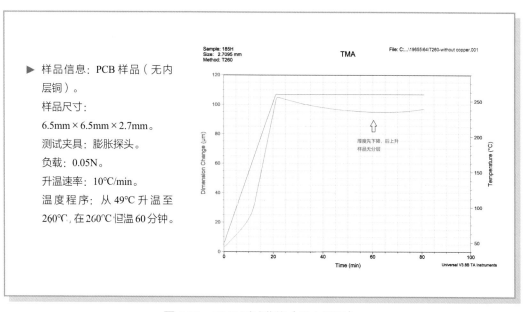

▶ 样品信息：PCB 样品（无内层铜）。

样品尺寸：

6.5mm × 6.5mm × 2.7mm。

测试夹具：膨胀探头。

负载：0.05N。

升温速率：10℃/min。

温度程序：从 49℃ 升温至 260℃，在 260℃ 恒温 60 分钟。

图 3.54　T260 测试曲线（无内层铜）

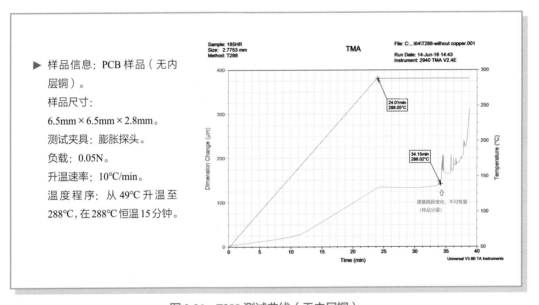

▶ 样品信息：PCB 样品（有内层铜）。

样品尺寸：

6.5mm × 6.5mm × 2.8mm。

测试夹具：膨胀探头。

负载：0.05N。

升温速率：10℃/min。

温度程序：从 49℃ 升温至 260℃，在 260℃ 恒温 60 分钟。

图 3.55　T260 测试曲线（有内层铜）

（2）T288 测试

▶ 样品信息：PCB 样品（无内层铜）。

样品尺寸：

6.5mm × 6.5mm × 2.8mm。

测试夹具：膨胀探头。

负载：0.05N。

升温速率：10℃/min。

温度程序：从 49℃ 升温至 288℃，在 288℃ 恒温 15 分钟。

图 3.56　T288 测试曲线（无内层铜）

3．PCB 分层位置的分析

对于判断 PCB 分层的问题，比较直观的方法是观察 TMA 曲线有无出现跳跃式的台阶变化，并且厚度是否发生不可逆的变化。间接的方法是用微切片法观察 PCB 板内部有无分层。TMA 测试出现分层，如图 3.58 所示。为了分析分层的起始点，在厚度出现不可逆变化后停止加热（控制在 2 分钟内），待样品冷却后进行微切片分析，PCB 剖面如图 3.59 所示，推测分层起始点发生在预浸材料层与铜面结合处。

▶ 样品信息：PCB 样品（有内层铜）。

样品尺寸：

6.5mm×6.5mm×2.8mm。

测试夹具：膨胀探头。

负载：0.05N。

升温速率：10℃/min。

温度程序：从 49℃ 升温至 288℃，在 288℃ 恒温 15 分钟。

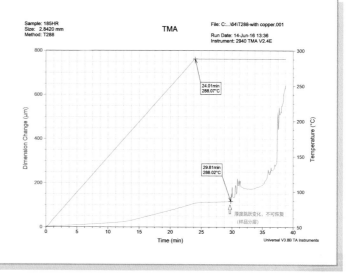

图 3.57　T288 测试曲线（有内层铜）

▶ 样品信息：PCB 样品（有内层铜）。

样品尺寸：

6.5mm×6.5mm×1.4mm。

测试夹具：膨胀探头。

负载：0.05N。

升温速率：10℃/min。

温度程序：从 49℃ 升温至 260℃，在 260℃ 恒温 25 分钟。

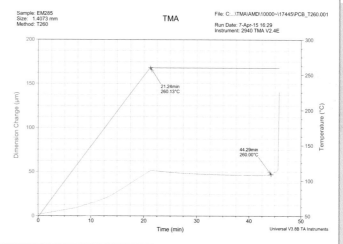

图 3.58　T260 测试曲线

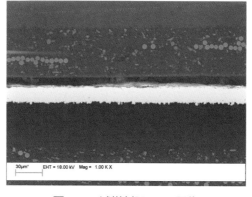

图 3.59　试样剖面 SEM 图像

4. 特殊材料的玻璃化转变温度 T_g 和 CTE 的计算

当 TMA 曲线在低于玻璃化转变温度的部分和高于玻璃化转变温度的部分不存在理想的线性关系时，可能是受到材料加工的热历史或者材料的分子结构影响。计算这类特殊材料的 T_g 和 CTE 需要依据材料制造商的测试方法。

1）特殊材料 1

材料在升温过程中出现两次阶跃变化，如图 3.60 所示，材料制造商认为已经消除了热熔松弛的影响。第一次的阶跃由材料的大分子导致，第二次的阶跃属于材料的玻璃化转变，为 T_g 的取值区间。实际上，在玻璃化转变的区间计算 T_g 时，选择不同的起始点和终止点，会得到不同的 T_g，如图 3.61 所示，这对确定材料实际的 T_g 值而言是存在偏差的。

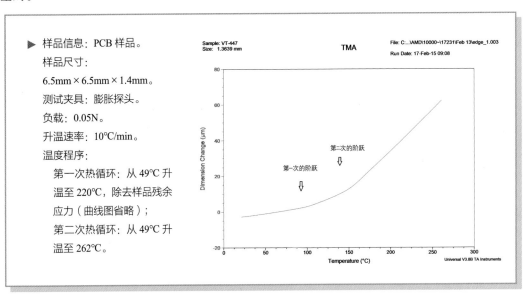

▶ 样品信息：PCB 样品。

样品尺寸：

6.5mm × 6.5mm × 1.4mm。

测试夹具：膨胀探头。

负载：0.05N。

升温速率：10℃/min。

温度程序：

第一次热循环：从 49℃ 升温至 220℃，除去样品残余应力（曲线图省略）；

第二次热循环：从 49℃ 升温至 262℃。

图 3.60　两次阶跃变化的 TMA 曲线图

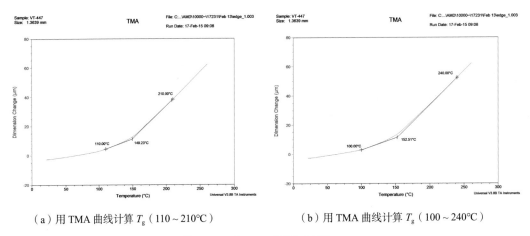

（a）用 TMA 曲线计算 T_g（110 ~ 210℃）　　　　（b）用 TMA 曲线计算 T_g（100 ~ 240℃）

图 3.61　用 TMA 曲线图计算 T_g

2）特殊材料 2

材料在升温过程中出现两次阶跃变化，如图 3.62 所示。材料制造商认为这是材料的分子结构导致的，为了避免计算出现误差，材料制造商定义 T_g 的取值区间为 140～220℃，如图 3.63 所示。如果超出此温度的选择区间，计算出的 T_g 值就不同，如图 3.64 所示。

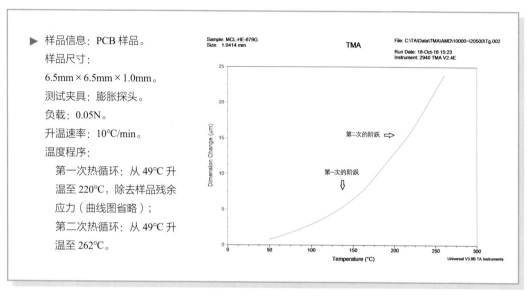

样品信息：PCB 样品。

样品尺寸：

6.5mm × 6.5mm × 1.0mm。

测试夹具：膨胀探头。

负载：0.05N。

升温速率：10℃/min。

温度程序：

第一次热循环：从 49℃ 升温至 220℃，除去样品残余应力（曲线图省略）；

第二次热循环：从 49℃ 升温至 262℃。

图 3.62　TMA 曲线图

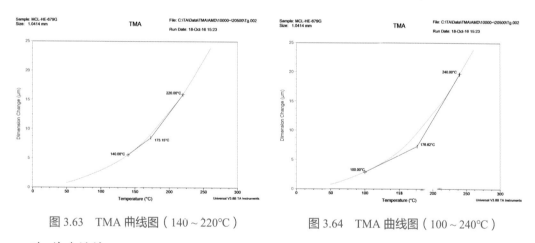

图 3.63　TMA 曲线图（140～220℃）　　　　图 3.64　TMA 曲线图（100～240℃）

3）特殊材料 3

材料在升温过程中出现两次阶跃变化，如图 3.65 所示，材料制造商选择不同的区间来计算 CTE 值，如图 3.66 所示。

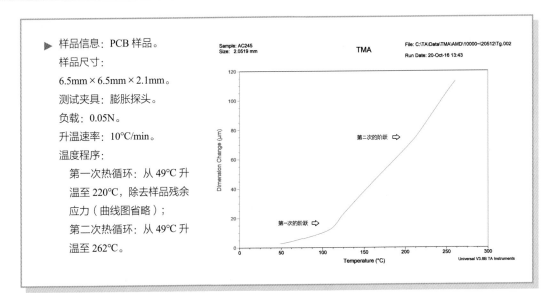

样品信息：PCB 样品。

样品尺寸：

6.5mm×6.5mm×2.1mm。

测试夹具：膨胀探头。

负载：0.05N。

升温速率：10℃/min。

温度程序：

第一次热循环：从 49℃ 升温至 220℃，除去样品残余应力（曲线图省略）；

第二次热循环：从 49℃ 升温至 262℃。

图 3.65　TMA 曲线图

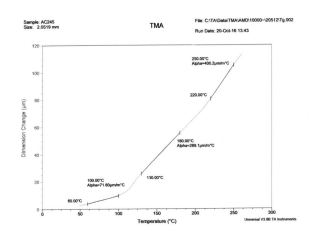

图 3.66　用 TMA 曲线图计算 CTE

4）特殊材料 4

在升温过程的曲线阶跃处，曲率半径较大，而且在高温段为非线性膨胀，如图 3.67 所示。材料制造商用如下方法来测量 T_g。

（1）取中心点温度为 140℃，分别在 100℃ 和 180℃ 处作切线，两条切线相交得出 T_{g1}，如图 3.68 所示。

（2）计算 T_{g1} 和 140℃ 的差值的绝对值（四舍五入取整数），再分别用起始点（100℃）和终止点（180℃）减去差值的绝对值，得到新的起始点和终止点。分别在这两点作切线，两条切线相交得出 T_{g2}，如图 3.69 所示。

（3）计算 T_{g2} 与 T_{g1} 的差值，如果相差在 ±1℃ 以内，T_{g2} 就为材料的玻璃化转变温度 T_g；如果差值不在 ±1℃ 以内，用以上类似的方法进行 T_{g3} 的计算，直到两次相邻的玻璃化转变温度 T_g 的差值在 ±1℃ 以内，就以最后一次所得的 T_g 作为测试的材料的玻璃化转变温度。

▶ 样品信息：PCB 样品。
样品尺寸：
6.5mm×6.5mm×1.4mm。
测试夹具：膨胀探头。
负载：0.05N。
升温速率：10℃/min。
温度程序：
第一次热循环：从 49℃ 升温至 200℃，除去样品残余应力（曲线图省略）；
第二次热循环：从 49℃ 升温至 262℃。

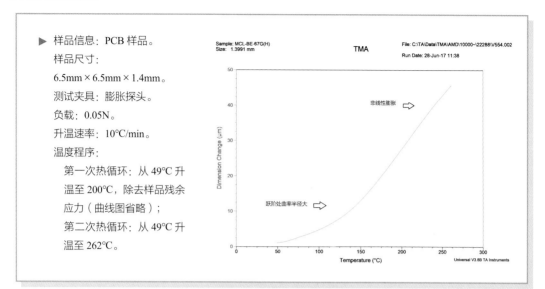

图 3.67　TMA 曲线图

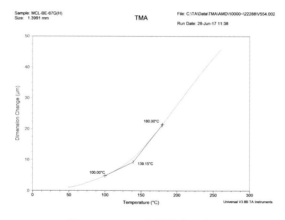

图 3.68　TMA 曲线图（T_{g1}）

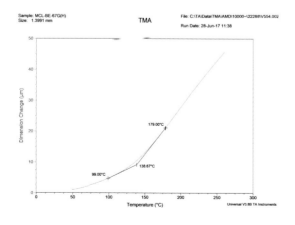

图 3.69　TMA 曲线图（T_{g2}）

5）特殊材料 5

在升温过程的阶跃变化处，该材料的 TMA 曲线的曲率半径较大，如图 3.70 所示。材料制造商用如下的方法来测量 T_g。

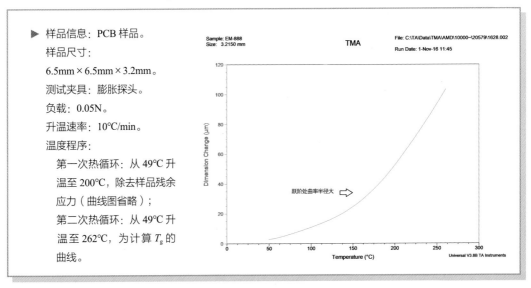

▶ 样品信息：PCB 样品。

样品尺寸：

6.5mm×6.5mm×3.2mm。

测试夹具：膨胀探头。

负载：0.05N。

升温速率：10℃/min。

温度程序：

第一次热循环：从 49℃ 升温至 200℃，除去样品残余应力（曲线图省略）；

第二次热循环：从 49℃ 升温至 262℃，为计算 T_g 的曲线。

图 3.70 TMA 曲线图

（1）计算 T_{g1}

根据这个材料的特性，取中心点温度为 170℃，分别在 170℃±50℃ 处（120℃ 和 220℃ 处）作切线，两条切线相交得出 T_{g1}，如图 3.71 所示。

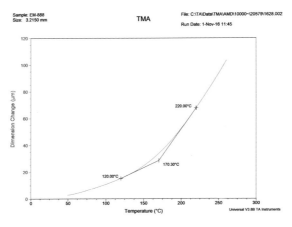

图 3.71 TMA 曲线图（T_{g1}=170.30℃）

（2）计算 T_{g2}

依据步骤（1）得到的 T_{g1}，分别在 $T_{g1}±20℃$ 处 [选择起始点为 $(T_{g1}-20)℃$，终止点为 $(T_{g1}+20)℃$] 作切线，两条切线相交得出 T_{g2}。T_{g2} 即是材料的玻璃化转变温度 T_g 值，如图 3.72 所示。

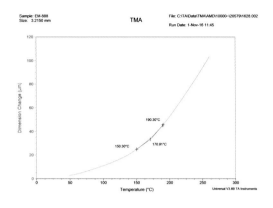

图 3.72　TMA 曲线图（T_{g2}=170.91℃）

6）特殊材料 6

该材料在升温过程中的玻璃化转变温度曲线如图 3.73 所示。材料制造商不推荐用 TMA 方法来测定 T_g，只用 TMA 方法来测量其 CTE，如图 3.74 所示。

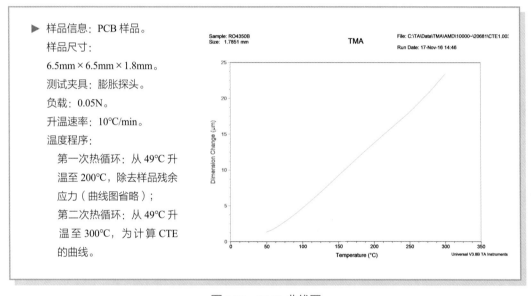

图 3.73　TMA 曲线图

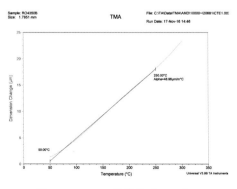

图 3.74　TMA 曲线图（CTE）

5．TMA 测试升温速率对玻璃化转变温度的影响

不同的升温速率，会得到不同的玻璃化转变温度。升温速率越大，玻璃化转变温度越高，如图 3.75 所示。

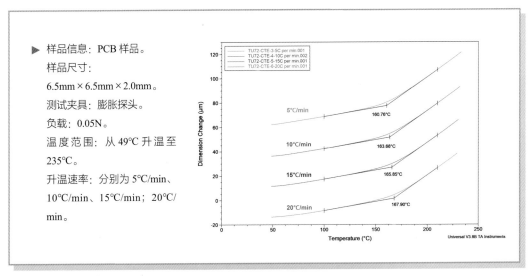

▶ 样品信息：PCB 样品。

样品尺寸：

6.5mm×6.5mm×2.0mm。

测试夹具：膨胀探头。

负载：0.05N。

温度范围：从 49℃ 升温至

235℃。

升温速率：分别为 5℃/min、

10℃/min、15℃/min；20℃/

min。

图 3.75　TMA 不同升温速率曲线图对应的玻璃化转变温度

6．TMA 测试曲线假象的识别

在 TMA 测试过程中曲线出现异常，可能是测试台面振动或仪器设定参数导致的。这些异常只是测试产生的假象，并非样品的原因。

1）样品测试出现曲线波动

（1）测试样品的 CTE 出现的异常曲线

如图 3.76 所示，样品 #1 正常，而样品 #2 曲线偶发跳动，样品 #3 持续跳动异常。如图 3.77 所示的另一个样品，曲线偶发跳动。需要检查 TMA 测试仪器，比如测试参数是否正常、探头是否安装正确、仪器工作台是否有振动等。

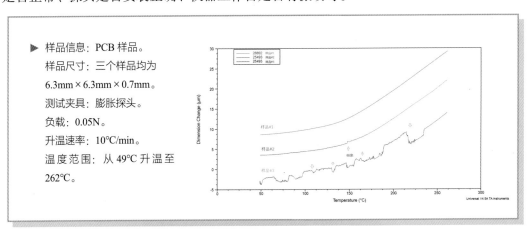

▶ 样品信息：PCB 样品。

样品尺寸：三个样品均为

6.3mm×6.3mm×0.7mm。

测试夹具：膨胀探头。

负载：0.05N。

升温速率：10℃/min。

温度范围：从 49℃ 升温至

262℃。

图 3.76　TMA 曲线（3 个样品）

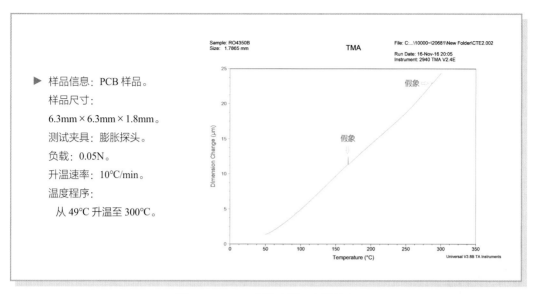

▶ 样品信息：PCB 样品。

样品尺寸：

6.3mm × 6.3mm × 1.8mm。

测试夹具：膨胀探头。

负载：0.05N。

升温速率：10℃/min。

温度程序：

从 49℃ 升温至 300℃。

图 3.77　TMA 曲线（另一个样品）

（2）测试样品的分层时间

升温阶段出现的跳跃性假象，如图 3.78 所示。这可能是由测试探头异常振动导致的。恒温阶段并未出现不可恢复的跳跃式台阶，不影响分层时间的判定。

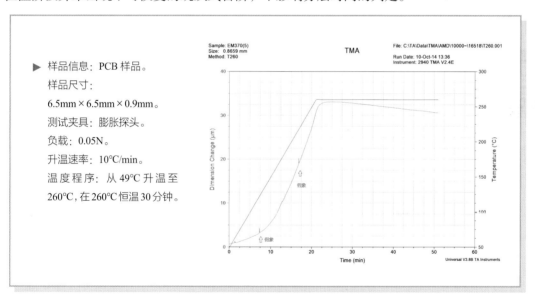

▶ 样品信息：PCB 样品。

样品尺寸：

6.5mm × 6.5mm × 0.9mm。

测试夹具：膨胀探头。

负载：0.05N。

升温速率：10℃/min。

温度程序：从 49℃ 升温至 260℃，在 260℃ 恒温 30 分钟。

图 3.78　TMA 分层法 1

升温阶段无异常，但是恒温阶段出现跳跃性的假象，如图 3.79 所示。这可能是样品的水分挥发或应力松弛引起的，也可能是仪器的探头出现异常抖动所引起的，不能作为判断分层的依据。

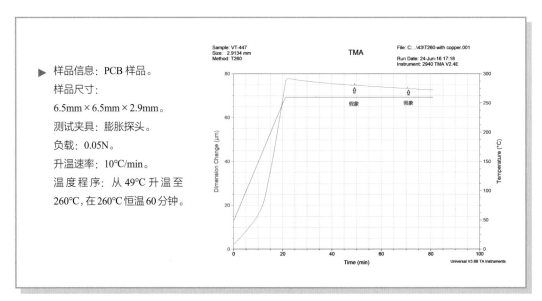

- 样品信息：PCB 样品。
  样品尺寸：
  6.5mm×6.5mm×2.9mm。
  测试夹具：膨胀探头。
  负载：0.05N。
  升温速率：10℃/min。
  温度程序：从 49℃ 升温至 260℃，在 260℃ 恒温 60 分钟。

图 3.79　TMA 分层法 2

2）空白实验的检测

在 TMA 测试样品的曲线出现异常时，在排除样品的原因后，需要从仪器的测试参数、测试台面的稳定性方面进行检查。

（1）测试参数负载过小导致曲线波动

在设定测试参数时，IPC-TM-650 指定的负载是 0.05N。如果输入的力过小，有可能会引起曲线抖动的现象。一种快速检查设备抖动的方法是测试其基线的稳定性：进行空白实验测试，输入与测试相同的负载，记录基线的变化情况，如图 3.80 所示。

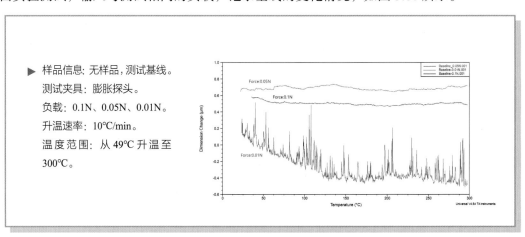

- 样品信息：无样品，测试基线。
  测试夹具：膨胀探头。
  负载：0.1N、0.05N、0.01N。
  升温速率：10℃/min。
  温度范围：从 49℃ 升温至 300℃。

图 3.80　不同负载参数的 TMA 曲线

（2）测试台面振动导致曲线波动

如果设备台面稳定，测试曲线为 Test1；如果设备台面振动异常，测试曲线为 Test2 或 Test3，如图 3.81 所示。

Test1 表示基线的正常情况，设备台面正常，尺寸变化基本处于稳定状态。Test2 和

Test3 基线出现明显的跳动，表明设备台面振动；无论是 Test2 非连续跳动还是 Test3 连续抖动，都可能导致样品测试曲线异常。

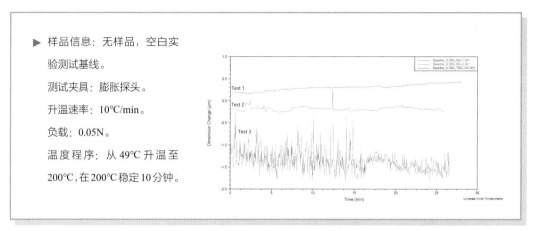

▶ 样品信息：无样品，空白实验测试基线。

测试夹具：膨胀探头。

升温速率：10℃/min。

负载：0.05N。

温度程序：从 49℃ 升温至 200℃，在 200℃ 稳定 10 分钟。

图 3.81　台面不同振动情况的 TMA 曲线

3.3　动态热机械分析仪（DMA）检测与分析

3.3.1　DMA 仪器测试原理

材料的弹性是指在外力的作用下能立即产生形变，而外力去除后，形变能立即恢复，即形变对外力的响应是瞬间的。以拉伸实验为例，如图 3.82 所示，应力 $\sigma = F/A$，其中 F 为物体所受的力，A 为横截面积，应变 $\varepsilon = \Delta L/L_0$，弹性模量 = 应力 / 应变 $=\sigma/\varepsilon$。

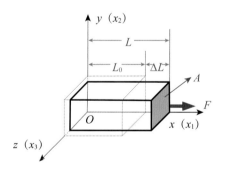

图 3.82　简单拉伸实验示意图

理想弹性体的应力和应变关系服从虎克定律，即应力（σ）与应变（ε）成正比，比例系数为弹性模量（E）。弹性模量是物质储存形变并恢复原状的能力。

理想黏性流体的剪切应力（σ）与剪切应变速率（$\mathrm{d}\gamma/\mathrm{d}t$）成正比，以剪切拉伸实验为例，如图 3.83 所示，表达式如下：

$$\sigma = \eta \cdot \mathrm{d}y / \mathrm{d}t$$

式中，σ 为剪切应力，$\sigma = F/A$；剪切应变 $\gamma= \Delta x/y_0$；$\mathrm{d}\gamma/\mathrm{d}t$ 为剪切应变速率；η 为黏度。

材料的黏性，是指在外力的作用下做的功全部以热能的形式消耗掉了，用以克服分子间的摩擦力，从而实现分子间的相对迁移的现象。

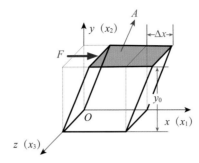

图 3.83　简单剪切形变示意图

动态力学测量的原理是，当材料受到正弦交变应力作用时，对于理想弹性体，其应变对应力的响应是瞬间的，因而应变响应是与应力同相位的正弦函数，即相位角为 0°。对于理想黏性流体，其应变响应滞后于应力 90° 的相位角；对于黏弹性体，应变将始终滞后于应力 0°～90°，如图 3.84 所示。弹性模量（储能模量）E'、黏性模量（损耗模量）E'' 和损耗因子（损耗正切）$\tan\delta$ 的计算公式如下：

$$E' = (\sigma_0/\varepsilon_0)\cos\delta$$

$$E'' = (\sigma_0/\varepsilon_0)\sin\delta$$

$$\tan\delta = E''/E'$$

式中，σ_0 为应力；ε_0 为拉伸应变；δ 为应力和应变的相位角。

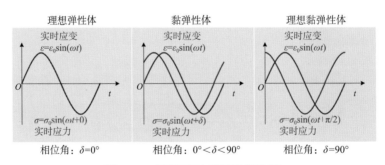

图 3.84　应变与应力响应的相位差

PCB 板料是高分子材料，其力学行为介于理想弹性体和理想黏性流体之间。当受到外力作用时，黏弹性体的应变随时间发生非线性变化。去除外力后，所产生的形变随时间逐渐且部分恢复，其中弹性形变部分可以恢复，而黏性形变部分不能恢复。外力对黏弹性体所做的功一部分以弹性能的形式储存起来，另一部分以热能的形式损耗掉。

动态热机械分析仪（Dynamic Mechanical Analyzer，DMA）在程序控制温度下对物质施加周期性的刺激（力或者变形），测量材料的黏弹性能（弹性模量／储能模量、黏性模量／损耗模量和损耗因子／损耗正切）与温度、时间、频率、形变及力之间的关系。

测量材料的黏弹性能时，表征量有弹性（储能）模量、黏性（损耗）模量和损耗因子（损耗正切）。弹性模量表征的是材料抵抗变形能力的大小，模量越大，越不容易变形，即材料的刚度越大；损耗模量是材料的黏性组分，与样品分子运动中机械性能的弥散有关。通过损耗因子可求得板料的 T_g。

使用 DMA 测量材料的黏弹性能，需要依据样品的形态和尺寸选择合适的夹具来测量材料的形变。材料形变模式包括拉伸、弯曲、压缩、剪切等。本文的测试案例主要使用拉伸和弯曲（单悬臂、双悬臂和三点弯曲）的测量。本文所用 DMA 夹具的介绍和制样要求如表 3-2 所示。对于高模量的陶瓷样品、较厚的样品或者较硬的样品，应优先选择三点弯曲夹具。对于纤维增强的树脂复合 PCB 板料，优先选择单 / 双悬臂夹具，也可以选择三点弯曲夹具。对于薄膜样品，优先选择薄膜拉伸夹具；如果薄膜比较硬且较厚，可以考虑单双悬臂或三点弯曲夹具。

表 3-2　DMA 夹具介绍和样品制备要求

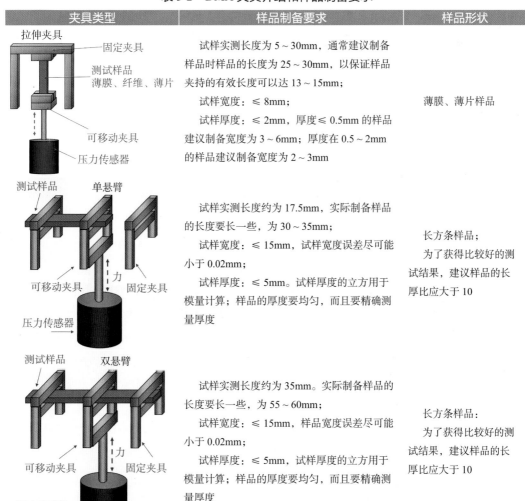

夹具类型	样品制备要求	样品形状
拉伸夹具 固定夹具 测试样品 薄膜、纤维、薄片 可移动夹具 压力传感器	试样实测长度为 5～30mm，通常建议制备样品时样品的长度为 25～30mm，以保证样品夹持的有效长度可以达 13～15mm； 试样宽度：≤ 8mm； 试样厚度：≤ 2mm，厚度 ≤ 0.5mm 的样品建议制备宽度为 3～6mm；厚度在 0.5～2mm 的样品建议制备宽度为 2～3mm	薄膜、薄片样品
测试样品　单悬臂 可移动夹具　力　固定夹具 压力传感器	试样实测长度约为 17.5mm，实际制备样品的长度要长一些，为 30～35mm； 试样宽度：≤ 15mm，试样宽度误差尽可能小于 0.02mm； 试样厚度：≤ 5mm。试样厚度的立方用于模量计算；样品的厚度要均匀，而且要精确测量厚度	长方条样品； 为了获得比较好的测试结果，建议样品的长厚比应大于 10
测试样品　双悬臂 可移动夹具　力　固定夹具 压力传感器	试样实测长度约为 35mm。实际制备样品的长度要长一些，为 55～60mm； 试样宽度：≤ 15mm，样品宽度误差尽可能小于 0.02mm； 试样厚度：≤ 5mm，试样厚度的立方用于模量计算；样品的厚度要均匀，而且要精确测量厚度	长方条样品： 为了获得比较好的测试结果，建议样品的长厚比应大于 10

续表

夹具类型	样品制备要求	样品形状
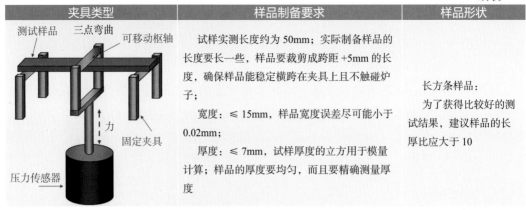	试样实测长度约为50mm；实际制备样品的长度要长一些，样品要裁剪成跨距+5mm的长度，确保样品能稳定横跨在夹具上且不触碰炉子； 宽度：≤ 15mm，样品宽度误差尽可能小于0.02mm； 厚度：≤ 7mm，试样厚度的立方用于模量计算；样品的厚度要均匀，而且要精确测量厚度	长方条样品： 为了获得比较好的测试结果，建议样品的长厚比应大于10

3.3.2 DMA 的样品制备和测量设定

1．样品的制备

根据测试的目的和 DMA 夹具的要求，应选择合适的样品进行处理。用 DMA 测量 PCB 板料的模量和阻尼因子，需要选择无金属或少金属的区域，以减少其他非板料对结果的影响，样品的处理流程包括裁切、打磨、烘烤、干燥等。

2．测量的设定

样品制备完成后，需要选择合适的夹具进行测试，然后设定测试参数，如测试模式、测量夹具、升温速率、温度范围、频率、振幅等。

3.3.3 DMA 曲线的解释

本文案例测试所用 DMA 仪器的型号为：TA Instruments DMA Q800。PCB 测试得到的典型 DMA 曲线如图 3.85 所示。

DMA 用于测试材料在升温过程中的模量变化。在温度低于玻璃化转变温度时，分子链段运动被冻结，形变主要通过高分子间化学键长和键角的变化来实现，因此模量较高，材料呈现刚性。随着温度的升高，材料由玻璃态向黏弹态转变，此时被冻结的链段开始运动，内摩擦逐渐变大，体系黏度增加，储能模量下降，在这一阶段，阻尼和损耗模量达到峰值。随着温度继续上升，大分子链段能自由运动，分子重新构象，材料向橡胶态转变，聚合物黏性减弱，呈现高弹态，损耗模量下降。材料达到高弹态后，由于热作用，分子可能进一步交联，储能模量上升，温度再升高，聚合物分子开始分解，储能模量下降。

玻璃化转变是一个过程，而并非只是发生在一个固定的温度点。为了便于研究，在 DMA 曲线中，通常有 3 种方法来定义玻璃化转变的特征温度。以图 3.85 为例，DMA 曲线显示的 3 个信号，分别是储能模量（也称为弹性模量，用 E' 表示）、损耗模量（也称为黏性模量，用 E'' 表示）和损耗因子（也称为阻尼、损耗正切，$\tan\delta$，用 E''/E' 表示）。

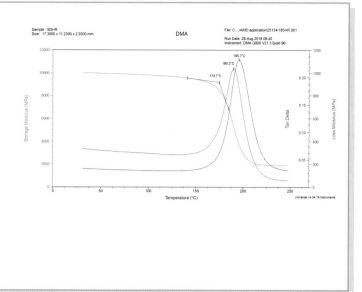

様品信息：压合固化后的 PCB 板料。
树脂类型：FR-4 环氧树脂，阻燃剂含溴。
样品尺寸：17.30mm × 11.23mm × 2.93mm。
测试条件：
　测试模式：应变；
　测量夹具：单悬臂；
　升温速率：2℃/min；
　温度范围：从 30℃ 升温至 240℃；
　频率：1Hz；
　振幅：25.0μm。

图 3.85　DMA 曲线图

第一种方法是通过储能模量曲线来计算，在储能模量下降的转折点，分别做出两条切线，切线的交点对应的温度为 T_g，T_g 值为 174.7℃。

第二种方法是取损耗模量的峰值对应的温度为 T_g，T_g 值为 190.2℃。

第三种方法是通过损耗因子曲线来计算，取损耗因子 tanδ 的峰值对应的温度为 T_g，T_g 值为 195.7℃。

第一种方法所计算的 T_g 值最低，热塑性材料通常用此方法计算玻璃化转变温度。热塑性材料在此玻璃化转变温度后的变化是不可逆的，与材料的力学失效相关。计算时，切线起始点的选择也会影响所计算的 T_g。第二种方法所计算的玻璃化转变温度 T_g 介于其他两种方法之间，与物质的物理属性相关，反映分子运动的过程，是分子链段运动的起始温度，用此方法计算的 T_g 与 DSC 测量的 T_g 比较接近。第三种方法计算的 T_g 最高，常见于文献中，tanδ 峰的形状和高度与无定型材料的含量相关。

对于某些特殊的 PCB 板料，其 DMA 曲线如图 3.86 所示，储能模量下降转折点不明显，计算玻璃化转变温度难度较大。而损耗模量有明显的峰值，通过 tanδ 峰所对应的温度，很容易计算出玻璃化转变温度。

利用损耗因子除了可以计算玻璃化转变温度，还可以通过损耗因子的曲线来解析 PCB 板料的相变转化。

对样品的应变和应力关系随温度等条件的变化进行分析，即为动态力学分析。通过动态力学分析，可以得到聚合物弹性模量、损耗模量和损耗因子等物理参数，这些参数可以用来解释聚合物的结构和性能，比如阻尼特性、相转变、分子松弛过程等。

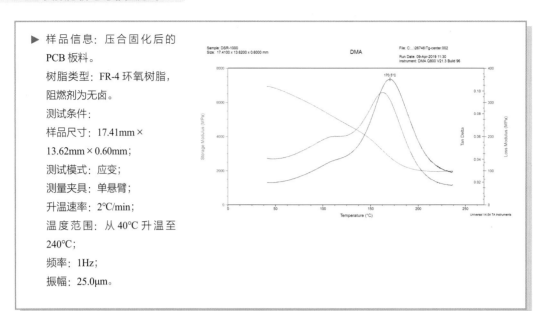

► 样品信息：压合固化后的 PCB 板料。

树脂类型：FR-4 环氧树脂，阻燃剂为无卤。

测试条件：

样品尺寸：17.41mm ×13.62mm×0.60mm；

测试模式：应变；

测量夹具：单悬臂；

升温速率：2℃/min；

温度范围：从 40℃ 升温至240℃；

频率：1Hz；

振幅：25.0μm。

图 3.86　某些特殊的 PCB 板料 DMA 曲线图

　　PCB 板料属于聚合物的一种，其转变和分子运动有关。聚合物分子是一个长链分子，它的运动有很多形式，包括侧基的转动和振动、短链段的运动、长链段的运动以及整条分子链的位移等，各种运动都是在热能激发下发生的。它既受大分子内链段（原子团）之间的内聚力的牵制，又受分子链间的内聚力的牵制。然而，随着温度的升高，不同的结构单元开始热振动，如移动等。大分子链段的各种形式的运动都有其特定的频率。各种形式的分子运动会引起聚合物物理性质发生变化，从而导致聚合物发生转变，体现在动态力学曲线上就是聚合物的多重转变。在线性无定形高聚物中，按照温度从低到高的顺序排列，有以下几种经常可能出现的转变，如图 3.87 所示。

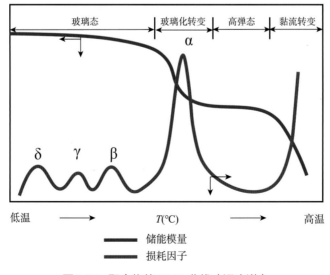

图 3.87　聚合物的 DMA 曲线（温度谱）

- δ 转变：侧基绕着与大分子链垂直的轴运动。
- γ 转变：主链上 2 ~ 4 个碳原子的短链运动。
- β 转变：主链旁较大侧基的内旋运动或者主链上杂原子的运动。
- α 转变：50 ~ 100 个主链碳原子的长链段运动。

3.3.4 DMA 测试应用案例

1．DMA 夹具对玻璃化转变温度的影响

【测试目的】比较拉伸、单悬臂、双悬臂和三点弯曲夹具测量 PCB 板料玻璃化转变温度的差异。

【样品信息】压合固化后的 PCB 板料，厚度分别约为 1.0mm 和 0.2mm。

【测试条件】测试条件包括夹具类型、测试模式、升温速率、振幅、频率及温度范围。单悬臂、双悬臂和三点弯曲夹具三种夹具测试参数大体相同，但是设定的振幅与拉伸夹具不同。拉伸夹具测试参数不同于其他三种夹具。

【结果分析】单悬臂、双悬臂和三点弯曲夹具测量的 T_g 非常接近，如图 3.88 ~ 图 3.90 所示；而拉伸夹具测量的 T_g 与其他三种夹具不同，如图 3.91 所示。四种方法总结如表 3.3 所示。

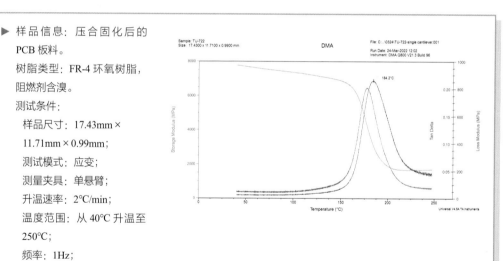

▶ 样品信息：压合固化后的 PCB 板料。

树脂类型：FR-4 环氧树脂，阻燃剂含溴。

测试条件：

样品尺寸：17.43mm ×
11.71mm × 0.99mm；

测试模式：应变；

测量夹具：单悬臂；

升温速率：2℃/min；

温度范围：从 40℃ 升温至
250℃；

频率：1Hz；

振幅：20μm。

图 3.88　单悬臂夹具测量 DMA 曲线

▶ 样品信息：压合固化后的
PCB 板料。

树脂类型：FR-4 环氧树脂，
阻燃剂含溴。

测试条件：

样品尺寸：35.00mm×
11.34mm×1.00mm；

测试模式：应变；

测量夹具：双悬臂；

升温速率：2℃/min；

温度范围：从 40℃ 升温至
250℃；

频率：1Hz；

振幅：20μm。

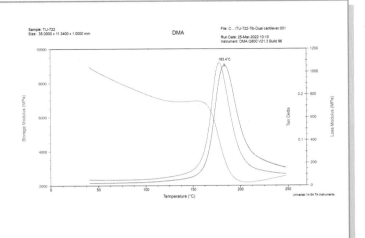

图 3.89　双悬臂夹具测量 DMA 曲线

▶ 样品信息：压合固化后的
PCB 板料。

树脂类型：FR-4 环氧树脂，
阻燃剂含溴。

测试条件：

样品尺寸：50.00mm×
12.86mm×1.01mm；

测试模式：应变；

测量夹具：三点弯曲；

升温速率：2℃/min；

温度范围：从 40℃ 升温至
250℃；

频率：1Hz；

振幅：20μm。

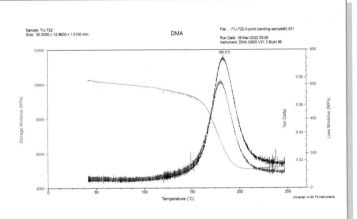

图 3.90　三点弯曲夹具测量 DMA 曲线

▶ 样品信息：压合固化后的
PCB 板料。

树脂类型：FR-4 环氧树脂，
阻燃剂含溴。

测试条件：

样品尺寸：18.61mm ×
3.20mm × 0.22mm；

测试模式：应变；

测量夹具：拉伸夹具；

升温速率：2℃/min；

温度范围：从 40℃ 升温至
250℃；

频率：1Hz；

振幅：10μm。

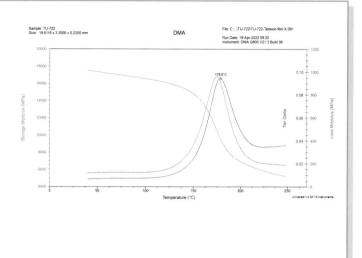

图 3.91　拉伸夹具测量 DMA 曲线

表 3.3　不同夹具测试玻璃化转变温度值

夹具	样品尺寸（长 × 宽 × 厚）	玻璃化转变温度 T_g/℃
单悬臂	17.43mm × 11.71mm × 0.99mm	184.2
双悬臂	35.00mm × 11.34mm × 1.00mm	183.4
三点弯曲	50.00mm × 12.86mm × 1.01mm	183.0
拉伸	18.61mm × 3.20mm × 0.22mm	178.6

　　单悬臂、双悬臂和三点弯曲夹具都是依据样品的弯曲形变进行测量的，而薄膜拉伸夹具基于样品的拉伸形变测量。薄膜拉伸的方向与弯曲变形的方向完全不同，拉伸也受到玻璃布的类型、织物结构的影响，因此，薄膜拉伸的测量结果不同于弯曲测量的结果。通常来说，三点弯曲被认为是一种"最纯粹"的弯曲形式，样品在夹具的两端没有被完全固定，可以平面移动，因此得到的模量也可以被称为弯曲模量（弹性模量的一种表现形式）。单、双悬臂的主要形式是弯曲形式，但在夹具夹持的位置，样品一端或两端被完全固定，因此除了弯曲变形，还存在剪切形变；所以悬臂形式得到的模量不能称为弯曲模量，只能统称为弹性模量。

　　比较三点弯曲夹具与单、双悬臂夹具的曲线（图 3.92），可以发现三种夹具测试的模量有明显的差异。三点弯曲夹具的曲线的噪声相对较多，这是样品比较薄、厚度和刚度不足导致的。

　　相同的样品，用不同夹具测试，模量会有明显的差异。因此，测试 PCB 的模量，需要标明所用的夹具类型。

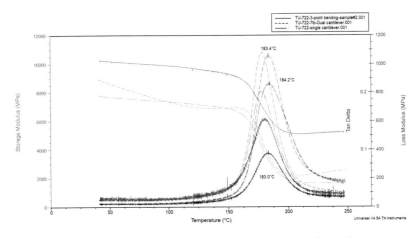

图 3.92　单悬臂、双悬臂与三点弯曲夹具的 DMA 曲线叠加

2．DMA 测试参数对玻璃化转变温度的影响

【测试目的】探究 DMA 测试参数（升温速率、频率和振幅）对 PCB 板料 T_g 的影响。

【样品信息】压合固化后的 PCB 板料，按照实验要求，分别用三种不同板料来测试振幅、频率和升温速率对 T_g 的影响。

【测试条件】测试夹具为单悬臂。

【测试结果】

（1）振幅对 T_g 的影响

选择测试材料为 EM-370D；样品数量为 5 个；样品尺寸：长为 17.28～17.33mm，宽为 12.70～12.79mm，厚为 2.04～2.05mm；测试模式：应变；升温速率：2℃/min；温度范围：从 70℃ 升温至 220℃；频率：1Hz；振幅分别为 5μm、10μm、15μm、20μm、25μm。

结论：升温速率和频率一定时，振幅的变化对 T_g 几乎无影响。DMA 曲线如图 3.93 所示，结果如表 3.4 所示。

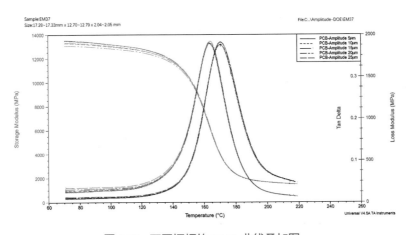

图 3.93　不同振幅的 DMA 曲线叠加图

表 3.4　不同振幅所测定的玻璃化转变温度

样品	材料	升温速率 /（℃/min）	频率 /Hz	振幅 /μm	T_g/℃
1		2	1	5	170.4
2		2	1	10	170.5
3	EM-370D	2	1	15	170.7
4		2	1	20	170.5
5		2	1	25	170.6

（2）频率对 T_g 的影响

选择测试材料为 TU-862HF，样品数量为 4 个，样品尺寸：长为 17.30～17.36mm，宽为 12.75～12.83mm，厚度小于 0.96mm；测试模式：应变；升温速率：2℃/min；温度范围：从 70℃ 升温至 220℃；振幅：20μm；频率分别为 0.5Hz、1Hz、3Hz、5Hz。DMA 曲线如图 3.94 所示，结果如表 3.5 所示。

结论：当升温速率和振幅一定时，提高频率，T_g(tanδ) 升高。

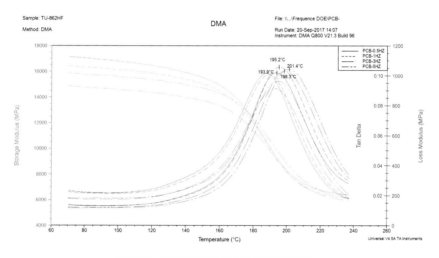

图 3.94　不同频率的 DMA 曲线叠加图

表 3.5　不同频率所测定的玻璃化转变温度

样品	材料	振幅 /μm	升温速率 /（℃/min）	频率 /Hz	T_g/℃
1		20	2	0.5	193.9
2	TU-862HF	20	2	1	195.2
3		20	2	3	198.3
4		20	2	5	201.4

（3）升温速率对 T_g 的影响

选择测试材料为 TU-862HF，样品数量为 3 个，样品尺寸：长为 17.30～17.36mm，宽为 12.75～12.83mm，厚度大于 0.96mm；测试模式：应变；频率：1Hz，温度范围：从 70℃ 升温至 220℃；振幅：20μm；升温速率分别为 1℃/min、2℃/min、6℃/min。DMA

曲线如图 3.95 所示，结果如表 3.6 所示。

结论：振幅和频率一定时，提高升温速率，T_g 下降。

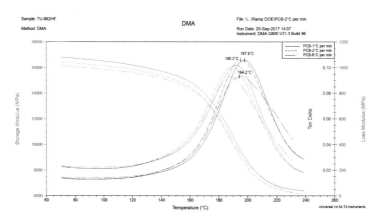

图 3.95　不同升温速率的 DMA 曲线图

表 3.6　不同升温速率所测定的玻璃化转变温度

样品	材料	振幅 /μm	升温速率 /（℃/min）	频率 /Hz	T_g/℃
1		20	1	1	197.9
2	TU-862HF	20	2	1	195.2
3		20	6	1	194.2

3．样品厚度的影响

【测试目的】PCB 板料不同厚度对 T_g 的影响

【样品信息】压合固化后相同的 PCB 板料，厚度分别为 0.73mm 和 0.96mm。

【测试条件】测试夹具为单悬臂，测试模式：应变；升温速率：2℃/min；温度范围：从 70℃ 升温至 250℃；频率：1Hz；振幅：20μm；样品尺寸分别为：17.43mm × 12.81mm × 0.73mm 与 17.47mm × 12.71mm × 0.96mm。

【测试结果】T_g 差异都不大，因为备样的问题，储能模量值有一定的差异，如图 3.96 所示。

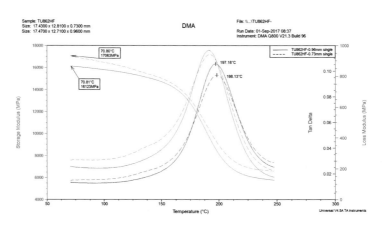

图 3.96　不同厚度样品的 DMA 曲线

4．固化因数的测定

用 DMA 测试 PCB 板料的固化程度，通过对 PCB 的热处理，测量 PCB 玻璃化转变温度的变化趋势。热处理所采用的方法是：用 DMA 的测试温度程序进行多次扫描来观察 PCB 的 T_g 的变化，从而推断 PCB 的固化状态：未固化、完全固化和过度固化（分子链断裂）。

案例 1：测试未固化 PCB 样品的固化因数

【测试目的】探究多次 DMA 扫描对 T_g 的影响。

【样品信息】采用压合后未固化的 PCB 板料。

【测试条件】测量夹具：单悬臂。测试模式：应变；升温速率：2℃/min；温度范围：从 70℃ 升温至 220℃；频率：1Hz；振幅：25.0μm；样品尺寸：长、宽、厚分别为 17.30mm、12.82mm、0.84mm。在相同测量条件下，重复扫描测试 16 次。

【测试结果】从第 1 次（T_g=143.68℃）测试和第 2 次（T_g=162.91℃）测试，可以明显观察到，T_g 显著提高，也验证了未固化样品的信息。第 2 次到第 7 次扫描 T_g 有缓慢升高，第 7 次（T_g=168.21℃）测试和第 8 次（T_g=168.13℃）测试的 T_g 基本稳定，曲线如图 3.97 所示。

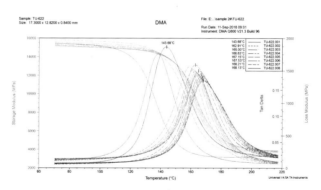

图 3.97　DMA 曲线叠加（从第 1 次到第 8 次）

当达到完全固化后，T_g 基本处于稳定状态，不升高也不降低，如图 3.98 所示，从第 9 次（T_g=167.96℃）到第 16 次（T_g=169.19℃）测试，曲线如图 3.97 所示。

此案例表明，DMA 可以用来测试 T_g 或固化因数，从而判断 PCB 板料是否已经固化。

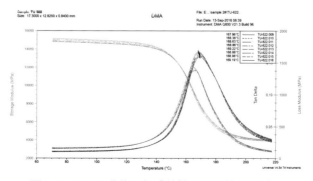

图 3.98　DMA 曲线叠加（从第 9 次到第 16 次）

案例 2：测试压合已固化的 PCB 样品

【测试目的】分析多次 DMA 扫描对 T_g 的影响。

【样品信息】采用压合后已固化的 PCB 板料。

【测试条件】测量夹具：单悬臂；测试模式：应变；升温速率：2℃/min，温度范围：从 70℃ 升温至 250℃；频率：1Hz；振幅：25.0μm；样品尺寸为 17.30mm × 12.91mm × 0.56mm；用相同的测量条件，重复升温测试 9 次。

【测试结果】从 PCB 的第 1 次（T_g=189.98℃）到第 9 次（T_g=173.23℃）的测试结果显示，第 2 次（T_g=195.36℃）测试的 T_g 高于第 1 次测试的 T_g，说明经过一次的热处理后，高聚物分子进一步发生交联固化反应，导致玻璃化转变温度 T_g 升高。从第 2 次到第 9 次测试，T_g 有下降的趋势，说明经过不断的热处理，高聚物的分子链断裂，T_g 下降，如图 3.99 所示。

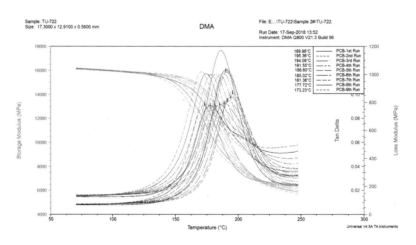

图 3.99 DMA 曲线从第 1 次到第 9 次测试曲线叠加

PCB 材料损耗因子玻璃化转变峰的偏移与材料的交联固化和分解有密切的关系，总结如表 3.7 所示。

表 3.7 DMA 测量玻璃化转变的变化

DMA 曲线变化	原因和结果
玻璃化转变峰向高温移动	交联或者致密化，分子链柔性降低
玻璃化转变峰稳定状态	交联或者致密化完全，分子链处于稳定状态
玻璃化转变峰向低温移动	分子链断裂，分子链柔性增加

5. DMA 测试 PCB 混料的玻璃化转变温度

【测试目的】探究用 DMA 测试分离 PCB 混合压合后的 T_g。

【样品信息】两种不同树脂体系的 PCB 板料，它们的编号分别为 EM370D 和 RO 4350B。EM370D 的玻璃化转变温度为 170.9℃，如图 3.100 所示，而 RO4350B 并无典型的玻璃化转变温度，如图 3.101 所示。

▶ 样品信息：压合固化后的
EM370D。

树脂类型：碳氢类树脂，阻
燃剂不含溴。

测试条件：

样品尺寸：17.34mm×
12.70mm×2.04mm；

测试模式：应变；

测量夹具：单悬臂；

升温速率：2℃/min。

温度范围：从 70℃ 升温至
240℃。

频率：1Hz。

振幅：15μm。

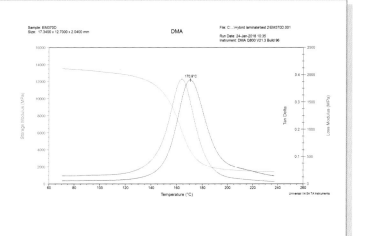

图 3.100　DMA 曲线（EM370D）

▶ 样品信息：压合固化后的
RO4350B。

树脂类型：FR-4 环氧树脂，
阻燃剂不含溴。

测试条件：

样品尺寸：17.35mm×
12.75mm×2.31mm；

测试模式：应变；

测量夹具：单悬臂；

升温速率：2℃/min；

温度范围：从 70℃ 升温至
340℃；

频率：1Hz；

振幅：15μm。

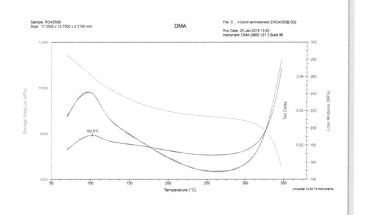

图 3.101　DMA 曲线（RO4350B）

【测试条件】分别测量两种不同 PCB 板料压合后的 T_g，如图 3.102 所示。

【测试结果】两种 T_g 不同的板料，在混合层压后，DMA 曲线并不能分离出两种板料的玻璃化转变温度。因此，无法通过 DMA 来区分混合板料各自的玻璃化转变温度。

► 样品信息：压合固化后的
PCB 样品（混合板料）。

树脂类型：FR-4 环氧树脂与
碳氢类树脂。

测试条件：

样品尺寸：17.30mm×
12.64mm×2.80mm；

测试模式：应变；

测量夹具：单悬臂；

升温速率：2℃/min；

温度范围：从 70℃ 升温至
240℃；

频率：1Hz；

振幅：15μm。

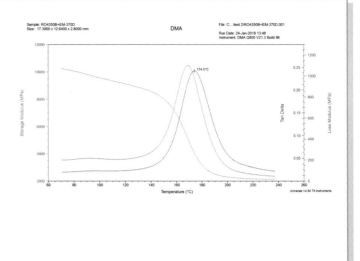

图 3.102　DMA 曲线（混压）

6．DMA 测试曲线假象的识别

（1）样品原因

对于有缺陷的样品，例如内部出现分层的 PCB，与无分层的 PCB 相比，在温度超过
200℃ 时，PCB 的分层现象会导致样品的损耗模量（E''）和损耗因子（$\tan\delta$）出现异常
跳动，如图 3.103 所示。而正常的 PCB 则不会出现此类异常情况，其曲线表现平稳，如
图 3.104 所示。此外，通过观察原始数据中的振幅变化，如图 3.105 所示，也可以明显看
出有分层的 PCB 在振幅上出现了异常的跳动。

► 样品信息：压合固化后的
PCB 样品。

树脂类型：FR-4 环氧树脂，
阻燃剂不含溴。

测试条件：

样品尺寸：17.44mm×
9.74mm×1.27mm；

测试模式：应变；

测量夹具：单悬臂；

升温速率：2℃/min；

温度范围：从 40℃ 升温至
250℃；

频率：1Hz；

振幅：20μm。

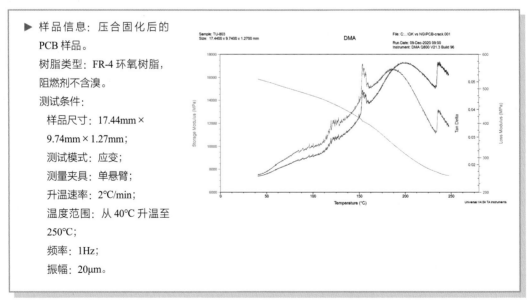

图 3.103　DMA 曲线（异常），内部分层样品

▶ 样品信息：压合固化后的
PCB 样品。

树脂类型：FR-4 环氧树脂，
阻燃剂不含溴。

测试条件：

样品尺寸：17.43mm×
10.62mm×1.26mm；

测试模式：应变；

测量夹具：单悬臂；

升温速率：2℃/min；

温度范围：从 40℃ 升温至
250℃；

频率：1Hz；

振幅：20μm。

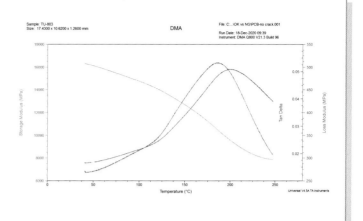

图 3.104　DMA 曲线（正常），内部无分层样品

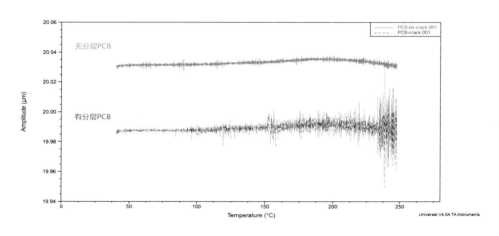

图 3.105　DMA 振幅曲线比较

（2）环境的原因

在样品测试过程中，如果环境存在震动，可能会对测试结果产生影响，导致曲线出现异常跳动，如图 3.106 所示。正常的曲线应如图 3.107 所示，曲线无异常跳动。

▶ 样品信息：压合固化后的 PCB 样品。

树脂类型：FR-4 环氧树脂，阻燃剂含溴。

测试条件：

样品尺寸：18.80mm × 3.20mm × 0.22mm；

测试模式：应变；

测量夹具：拉伸夹具；

升温速率：2℃/min；

温度范围：从 40℃ 升温至 250℃；

频率：1Hz；

振幅：10μm。

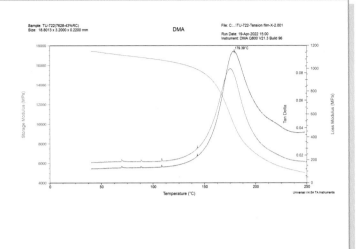

图 3.106　DMA 曲线（异常）

▶ 样品信息：压合固化后的 PCB 样品。

树脂类型：FR-4 环氧树脂，阻燃剂含溴。

测试条件：

样品尺寸：18.61mm × 3.20mm × 0.22mm；

测试模式：应变；

测量夹具：拉伸夹具；

升温速率：2℃/min；

温度范围：从 40℃ 升温至 250℃；

频率：1Hz；

振幅：10μm。

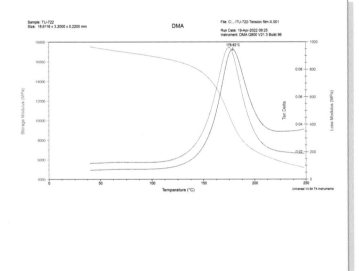

图 3.107　DMA 曲线（正常）

3.4　热重分析法（TGA）检测与分析

3.4.1　TGA 仪器测试原理

热重分析法（Thermo Gravimetric Analysis，TGA），是指在程序控温和一定气氛下，测量试样的质量和质量变化速率随温度或时间变化的技术。TGA 仪器的主要部件包括加热炉、微量天平和温度控制系统，如图 3.108 所示（图片来源：TA Instruments 公司产品说明书）。

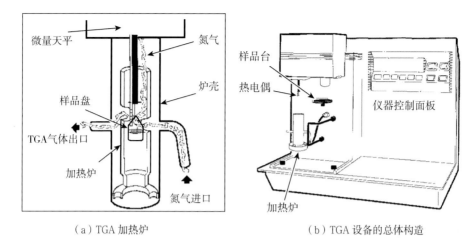

（a）TGA 加热炉　　　　　　　　　　（b）TGA 设备的总体构造

图 3.108　TGA 仪器测量系统

热重分析法的主要特点是定量性强，能准确地测量物质的质量变化及变化的速率。通过该技术，可以表征材料由于分解、氧化、脱附过程引起的失重现象。在 PCB 的分析测试中，材料的失重机理可能涉及以下两个方面。

- 分解：材料的化学键断裂。
- 挥发：高温下溶剂或水的损失。

3.4.2　TGA 的样品制备和测量设定

1．样品的制备

切割 PCB 的无铜区域，使用砂纸打磨、抛光样品的边缘，并用去离子水进行清洁，使之表面光滑、无毛刺，并且能完全平放在 TGA 的样品盘上。

在 TGA 测试前，需要对样品进行烘烤，以去除表面吸附的水分。根据 IPC-TM-650 2.4.24.6（4/06）的推荐，烘烤条件应为在 110℃±2℃ 下烘烤 24 小时。对于经过高温压合固化后的 PCB 样品，如果目的是去除备样过程中吸附的水分，可以参考 IPC-TM-650 2.4.25（11/17）的烘烤条件：105℃±2℃ 烘烤 2 小时。

测试样品的质量应控制在 10～30mg 范围内。样品量越大，测试的灵敏度越高、系统相对误差越小；但同时热滞后会增大，相邻峰的分离能力会减弱，不利于分解产物的及时扩散。因此，在仪器灵敏度允许的范围内，一般采取尽可能少的样品量。

2．测量的设定

本文测试仪器型号为：TA Instruments TGA 2950。选择的样品盘为铂金，其导热性好，可加热至 1000℃，对试样、中间产物、最终产物和气氛都是惰性的。但需要注意的是，铂金会与大部分金属形成合金。

由于气氛对实验结果可能有较大影响，因此在测试条件中必须明确注明气氛条件。本文 TGA 测试选择的吹扫气体为干燥的高纯度氮气。TGA 测试中的质量变化本质上是动力学行为（这些现象都依赖于绝对温度和在该温度下的停留时间），任何影响反应速率的实验参数都会改变曲线的形状或转变温度。因此，测试条件中必须注明升温速率和温度范围。

3.4.3 TGA 曲线的解释

TGA 测试曲线的纵坐标可以显示为质量（mg）或者质量百分比（%），横坐标显示为温度或者时间可以通过仪器的软件进行设置。

TGA 测试完成后，可以对曲线进行分析。以物质的质量变化速率（dm/dt）对温度 T（或时间 t）作图，是 TG 曲线对温度（或时间）的一阶导数，即是 DTG。（Derivative Thermogravimetry，导数热重分析）曲线 TGA 曲线如图 3.109 所示。

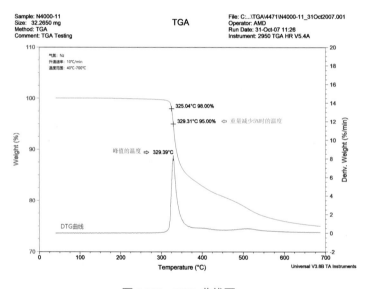

图 3.109　TGA 曲线图

在 PCB 的热重分析中，一般用热分解温度（Decomposition Temperature）T_d 来表征材料的耐热性能。IPC-TM-650 2.4.24.6 以样品不高于 50°C 时所测的质量为起始质量，以减少 2% 或者减少 5% 时的温度作为 T_d（2%）或者 T_d（5%）。在本文的测试中，以 40°C 时所测的质量为起始质量。

在 TGA 曲线中，根据分析需求，可以选取任意位置来分析质量的变化与温度（或时间）的对应关系。在某些 PCB 材料中，可以观察到 T_d（5%）时的温度与 DTG 曲线峰值温度相对应。

3.4.4 TGA 测试的应用案例

1．试样固化与否对 T_d 的影响

【测试目的】分析材料固化与否对热分解温度的影响。

【样品信息】试样为常规的 FR-4 材料，一种未固化，另一种已固化。

【测试条件】通入氮气，升温速率为 10℃/min，温度从 40℃ 升温至 550℃。

【测试结果】样品的固化与否对 T_d 的影响不大，TGA 曲线如图 3.110 和图 3.111 所示。

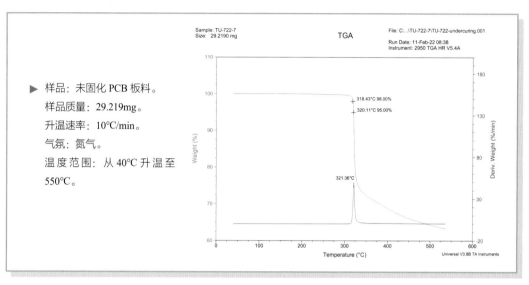

图 3.110　TGA 曲线图（未固化）

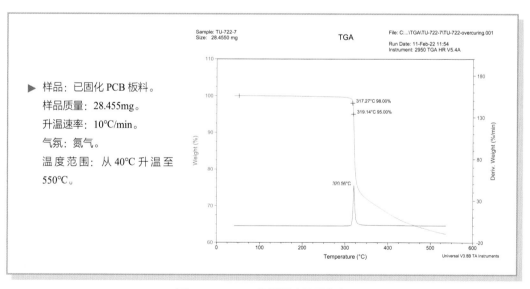

图 3.111　TGA 曲线图（已固化）

2．试样吸潮对热分解温度的影响

【测试目的】分析试样吸潮对热分解温度的影响。

【样品信息】试样为已经固化的 PCB FR-4 材料。设置了三种吸潮条件：无吸潮；去离子水浸泡 24 小时；高温、高湿（85℃，相对湿度 85%）存储 168 小时。

【测试条件】通入氮气，以 10℃/min 的升温速率从 40℃ 升温至 105℃，在 105℃ 恒温 240 分钟，再以 10℃/min 的升温速率从 105℃ 升温至 400℃。

【测试结果】样品吸潮与否，对 T_d（5%）的影响不明显，详细数据如图 3.112、图 3.113 和图 3.114 所示。

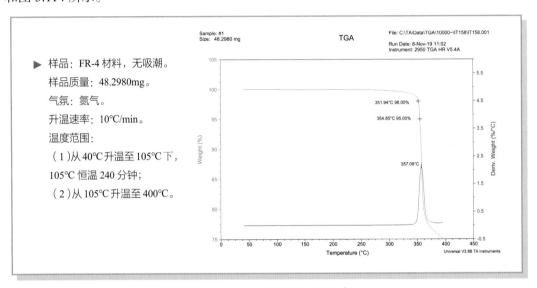

▶ 样品：FR-4 材料，无吸潮。
  样品质量：48.2980mg。
  气氛：氮气。
  升温速率：10℃/min。
  温度范围：
  （1）从 40℃ 升温至 105℃ 下，105℃ 恒温 240 分钟；
  （2）从 105℃ 升温至 400℃。

图 3.112　TGA 曲线图（未吸水）

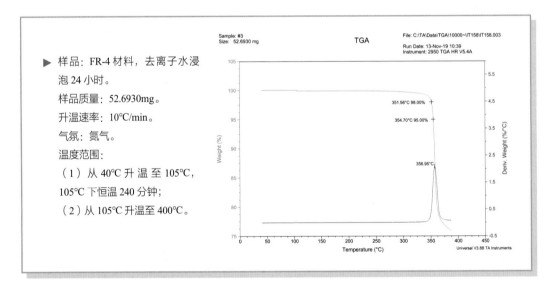

▶ 样品：FR-4 材料，去离子水浸泡 24 小时。
  样品质量：52.6930mg。
  升温速率：10℃/min。
  气氛：氮气。
  温度范围：
  （1）从 40℃ 升温至 105℃，105℃ 下恒温 240 分钟；
  （2）从 105℃ 升温至 400℃。

图 3.113　TGA 曲线图（去离子水浸泡 24 小时）

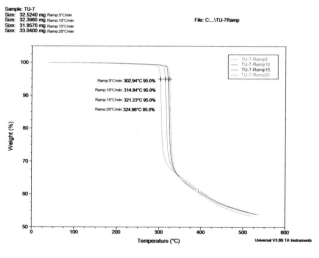

▶ 样品：FR-4 材料，高温、高湿（85℃，相对湿度 85%）存储 168 小时。

样品质量：62.6490mg。

升温速率：10℃/min。

气氛：氮气。

温度范围：

（1）从 40℃ 升温至 105℃，105℃ 下恒温 240 分钟；

（2）从 105℃ 升温至 400℃。

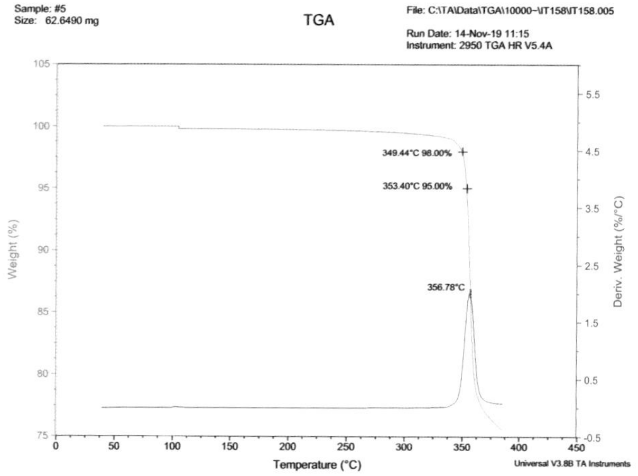

图 3.114　TGA 曲线图（85℃，相对湿度 85%，存储 168 小时）

3．TGA 测试参数对热分解温度的影响

（1）升温速率对热分解温度的影响

【测试目的】探究 TGA 升温速率对材料热分解温度的影响。

【样品信息】试样为 PCB FR-4 材料。

【测试条件】氮气吹扫，分别以 5℃/min、10℃/min、15℃/min、20℃/min 的升温速率从 40℃ 升温至 550℃。

【测试结果】T_d（5%）随着升温速率的升高而升高，其 TGA 曲线图如图 3.115 所示。

图 3.115　TGA 曲线图

（2）吹扫气体的类型对热分解温度的影响

【测试目的】探究气体的类型对 PCB FR-4 材料热分解温度的影响。分别测试氮气和空气的影响。一种条件是在加热炉内通入高纯度氮气吹扫；另一种条件是关闭氮气吹扫，加热炉内为空气。

【样品信息】试样为 PCB FR-4 材料。

【测试条件】氮气吹扫和空气的温度程序一致，升温速率为 10℃/min，从 40℃ 升温至 550℃。

【测试结果】两种测试条件得到的热分解温度 T_d（2%）或 T_d（5%）都非常接近，而且 DTG 曲线的峰值温度也非常接近，说明此材料在氮气和空气中的热分解温度无明显差异，如图 3.116 和图 3.117 所示。

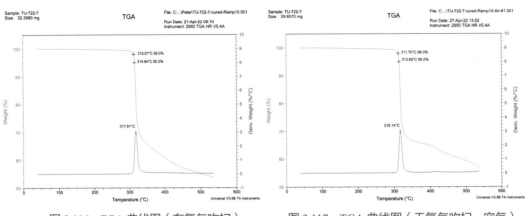

图 3.116　TGA 曲线图（有氮气吹扫）　　　　图 3.117　TGA 曲线图（无氮气吹扫，空气）

4．TGA 测试的假象

实验过程中的仪器振动或测试前坩埚未清理干净，都可能导致测试结果出现假象。

3.5　DMA 与 DSC、TMA 在热分析中的联合应用

3.5.1　玻璃化转变温度测定比较

TGA 通过测定试样的质量变化来评估材料的热分解性能，如热分解温度（T_d）。DSC 则通过测量试样的热流变化来评估材料的热稳定性和交联固化情况，例如玻璃化转变温度和固化因数。TMA 通过测量试样尺寸的变化来评估材料的膨胀系数、玻璃化转变温度，以及分层时间等热稳定性指标。而 DMA 则负责测量材料的力学性能，如模量和玻璃化转变温度。这四种热分析方法的测试原理和方法各不相同，但它们都可以从不同角度对 PCB 材料的热性能进行测定和评估。本节将主要探讨如何联合运用这些热分析技术来测定 PCB 的玻璃化转变温度、固化程度及分层问题。

（1）DMA、DSC 与 TMA 测试玻璃化转变温度的大小比较

DMA、DSC 与 TMA 测试玻璃化转变时的原理有所不同。从分子热运动的角度来看，当温度达到玻璃化转变点时，自由体积开始增加，导致材料的体积膨胀率逐渐增大。随着自由体积的进一步增加，高分子链段开始运动，材料由此进入高弹态，模量也会随之改变。链段的运动会引起材料热容的变化，但由于链段具有滞后的特性，因此模量的突

变会稍滞后于热容的变化。

测试样品为已经固化 PCB FR-4 板料，DMA 测试的玻璃化转变温度（T_g=190.70℃）为最高，如图 3.118 所示；其次是 DSC（T_g=176.39℃），如图 3.119 所示；最低为 TMA（T_g=168.18℃），如图 3.120 所示。

（2）DMA、DSC 与 TMA 测试玻璃化转变温度的灵敏度比较

我们分别采用 DSC、TMA 和 DMA 热分析技术对同一种 PCB 材料的玻璃化转变温度进行了测量，测量方法严格遵循 IPC-TM-650 标准。DSC 曲线如图 3.121 所示。从图中可以看出，热流曲线没有明显的拐点，说明材料比热容变化不明显，无法测定其 T_g。TMA 曲线如图 3.122 所示，曲线在玻璃化转变温度前、后有明显的阶跃变化，其 T_g 为 191.3℃。DMA 曲线如图 3.123 所示，损耗因子的峰值对应的温度 T_g 为 220.72℃。

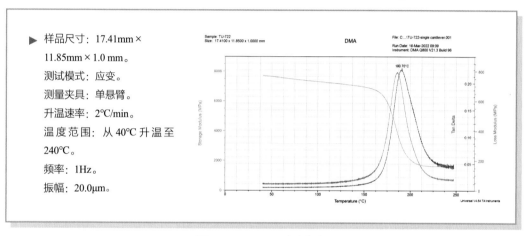

▶ 样品尺寸：17.41mm×11.85mm×1.0 mm。
测试模式：应变。
测量夹具：单悬臂。
升温速率：2℃/min。
温度范围：从 40℃ 升温至 240℃。
频率：1Hz。
振幅：20.0μm。

图 3.118　DMA 测试曲线

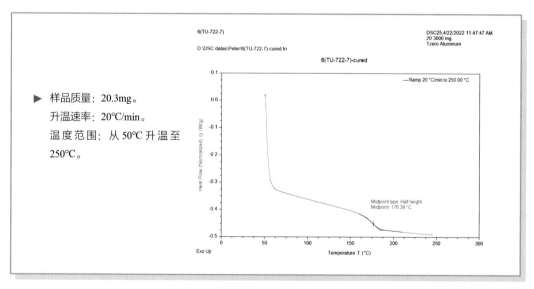

▶ 样品质量：20.3mg。
升温速率：20℃/min。
温度范围：从 50℃ 升温至 250℃。

图 3.119　DSC 测试曲线

▶ 样品尺寸:

6.5mm × 6.5mm × 1.0mm。

测试夹具:膨胀探头。

负载:0.05N。

升温速率:10℃/min。

温度范围:从 49℃ 升温至 262℃。

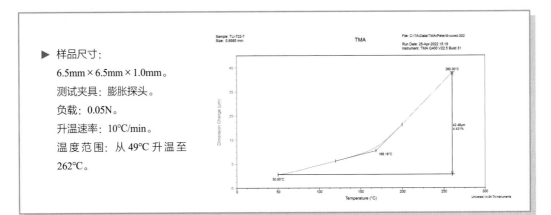

图 3.120　TMA 测试曲线

▶ 样品质量:24.0mg。

升温速率:20℃/min。

温度范围:从 50℃ 升温至 240℃。

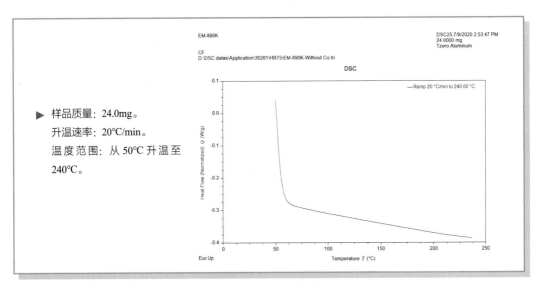

图 3.121　DSC 曲线

▶ 样品尺寸:

6.3mm × 6.3mm × 2.9mm。

升温速率:10℃/min。

温度范围:从 49℃ 升温至 262℃。

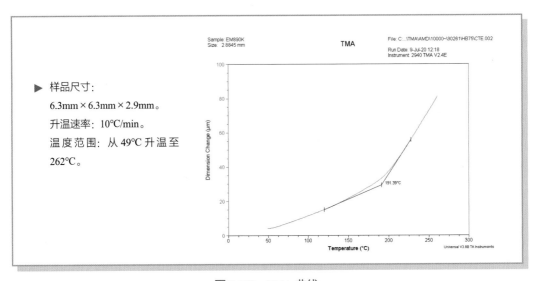

图 3.122　TMA 曲线

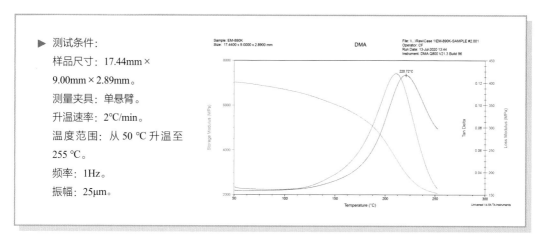

测试条件：

样品尺寸：17.44mm×
9.00mm×2.89mm。
测量夹具：单悬臂。
升温速率：2℃/min。
温度范围：从 50 ℃升温至
255 ℃。
频率：1Hz。
振幅：25μm。

图 3.123　DMA 曲线

由以上测试结果可知，三种热分析技术在测量玻璃化转变温度时呈现不同的灵敏度，这是由材料的物理性能决定的。Rudolf Riesen 对三种热分析技术进行了比较和总结，具体如表 3.8 所示。对于比热容变化不明显的 PCB 材料来说，当 DSC 无法测量其 T_g 时，就可以使用 TMA 或者 DMA 测试技术。

表 3.8　各种热分析技术测定玻璃化转变时的灵敏度

物理性能	玻璃化转变时的变化	技术
比热容	5%～30%	DSC
膨胀	50%～300%	TMA
力学模量	1～3 个数量级	DMA

3.5.2　DSC 曲线热焓松弛

案例 1：DSC 与 DMA 测试比较

【案例背景】PCB 板料为 FR-4 材料。经过再流焊组装后出现分层问题，怀疑是 PCB 吸潮或者固化不完全导致耐热性下降，需要分析测试确定材料是否固化或吸潮。

【案例分析】本案例采用热分析测试技术进行分析。PCB 经过再流焊处理，表面的潮气都已经挥发，但是无法确定 PCB 材料内部是否吸附潮气。由于样品的原因，无法用 TGA 测定其是否吸潮。本案例选择的测量技术为 DSC 和 DMA。

DSC 测试曲线如图 3.124 所示，共进行三次玻璃态转化扫描。第一次扫描的曲线有两个转化台阶，无法确定是否由热焓松弛、吸潮或者未固化等因素导致的，因此，无法确定 T_g。第二次和第三次扫描的曲线有一个转化台阶，测量的 T_g 分别为 156.70℃、157.10℃，计算固化因数：ΔT_g=157.10℃–156.70℃=0.4℃。说明经过第一次的玻璃态转化扫描后，材料基本完全固化，但是无法解释第一次的两个台阶的原因。

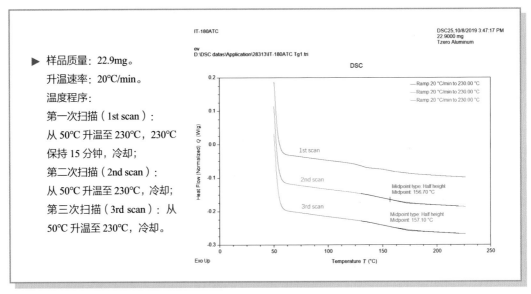

► 样品质量：22.9mg。

升温速率：20℃/min。

温度程序：

第一次扫描（1st scan）：
从50℃升温至230℃，230℃
保持15分钟，冷却；

第二次扫描（2nd scan）：
从50℃升温至230℃，冷却；

第三次扫描（3rd scan）：从
50℃升温至230℃，冷却。

图 3.124　DSC 测试曲线

DMA 测试曲线如图 3.125 所示，共进行三次玻璃态转化扫描，玻璃化转变温度分别为 T_{g1}=161.5℃、T_{g2}=168.4℃、T_{g3}=171.5℃。T_g 升高说明材料发生了进一步的交联固化反应，材料的储存模量也由于交联反应而升高。随着交联固化反应的逐渐趋于完全，T_g 升高的幅度逐渐变小，存储模量变化幅度也减少。

对于 DSC 曲线出现的两个台阶问题，可以通过 DMA 多次扫描温度程序来判断 PCB 交联固化反应的程度。

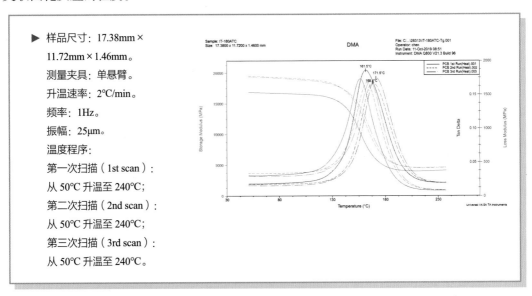

► 样品尺寸：17.38mm ×
11.72mm × 1.46mm。

测量夹具：单悬臂。

升温速率：2℃/min。

频率：1Hz。

振幅：25μm。

温度程序：

第一次扫描（1st scan）：
从 50℃升温至240℃；

第二次扫描（2nd scan）：
从 50℃升温至240℃；

第三次扫描（3rd scan）：
从 50℃升温至240℃。

图 3.125　DMA 测试曲线

案例 2: DSC 与 DMA 测试比较

【案例背景】PCB 板料为 FR-4 材料。经过再流焊组装后，出现分层问题。怀疑可能是由 PCB 吸潮或固化不完全导致的耐热性下降，因此需要进行分析测试，以确定材料是否固化或吸潮。

【案例分析】本案例采用热分析测试技术进行分析。PCB 经过再流焊处理，表面的潮气都已经挥发，但是无法确定 PCB 材料内部是否吸附潮气。由于样品的特性，无法用 TGA 测定其是否吸潮。本案例选择的测量技术为 DSC 和 DMA。

DSC 测试曲线如图 3.126 所示，共进行三次玻璃态转化扫描。第一次扫描的曲线有两个转化台阶，无法确定是否由热熔松弛、吸潮或者未固化等因素导致的，因此，无法确定 T_g。第二次和第三次扫描的曲线有一个转化台阶，测量的 T_g 分别为 160.24℃、161.17℃，计算固化因数：ΔT_g=161.17℃−160.24℃=0.93℃。说明经过第一次的玻璃态转化扫描后，材料基本完全固化，但是无法解释第一次扫描出现两个台阶的原因。

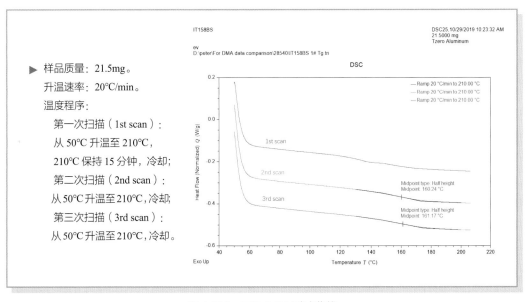

图 3.126　PCB DSC 测试曲线

DMA 测试曲线如图 3.127 所示，共进行三次玻璃态转化扫描。第一次扫描时，温度程序在最高温 200℃ 下恒温保持 20 分钟，目的是使材料发生交联固化反应，第二和第三次扫描在最高温时并无恒温时间，三次扫描所测的玻璃化转变温度分别为 T_{g1}=162.93℃、T_{g2}=174.99℃、T_{g3}=175.94℃。T_g 升高说明材料发生了进一步的交联固化反应，材料的储存模量也由于交联反应而升高。随着交联固化反应趋于完全，T_g 升高的幅度逐渐变小，存储模量变化幅度也减少。

对于 DSC 曲线出现的两个台阶的问题，可以通过设定合适的 DMA 温度程序，通过多次扫描温度程序来判断 PCB 交联固化反应的程度。

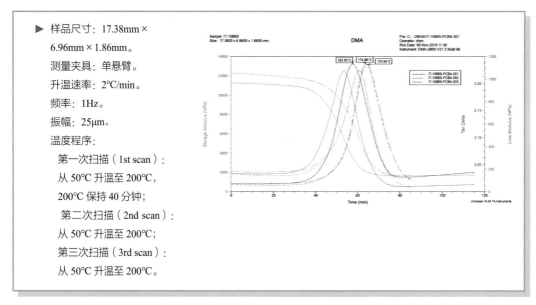

- ▶ 样品尺寸：17.38mm×
  6.96mm×1.86mm。
  测量夹具：单悬臂。
  升温速率：2℃/min。
  频率：1Hz。
  振幅：25μm。
  温度程序：
    第一次扫描（1st scan）：
    从 50℃ 升温至 200℃，
    200℃ 保持 40 分钟；
    第二次扫描（2nd scan）：
    从 50℃ 升温至 200℃；
    第三次扫描（3rd scan）：
    从 50℃ 升温至 200℃。

图 3.127　DMA 三次测试曲线叠加

3.6　热重－红外联用（TGA-FTIR）检测与分析

3.6.1　热重－红外联用仪器测试原理

热重-红外联用（TGA-FTIR）技术是在 20 世纪 60 年代末被首次提出的，并于 80 年代末逐步发展起来的一种红外联用技术。它利用吹扫气将热失重过程中产生的挥发物或分解产物，通过恒定在高温（通常为 200～250℃）的金属管道及玻璃气体池，引入红外光谱仪的光路中。然后，通过红外检测与分析，判断逸出气体的组分结构。可以依据测试目的选择不同的吹扫气体，如氮气、空气、氩气等。此技术不仅弥补了热重分析法仅能提供热分解温度和热失重百分含量的不足，还能确切地给出挥发气体的组分定性结果，对检测 PCB 材料的热稳定性和分析其热分解机理具有重要意义。

热重-红外联用（TGA-FTIR）测试系统主要包括热重仪和红外光谱仪。TGA 中吹扫出来的气体被输送到红外光谱的气体池（TGA-FTIR Interface），红外光谱仪的检测器则快速记录不同时刻气体的红外光谱图。热重-红外联用测试系统的示意图如图 3.128 所示（图片来源：Thermofisher 公司产品说明书）。

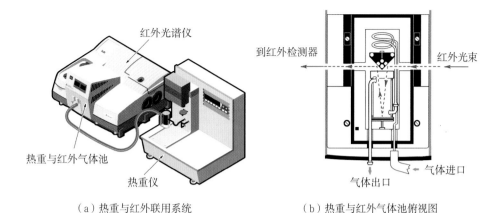

| （a）热重与红外联用系统 | （b）热重与红外气体池俯视图 |

图 3.128　热重 - 红外联用测试系统示意图

3.6.2　TGA-FTIR 的样品制备和测量设定

试样制备可以参照 TGA 测试的制样方法。进行热重 - 红外联用检测，需要对仪器的参数进行设定。热重仪的设定参数如表 3.9 所示，红外光谱仪的设定参数如表 3.10 所示

表 3.9　热重仪测试设定参数

样品质量	$25 \sim 50mg$
样品托盘材质	铂
天平分辨率	$0.1\mu g$
TGA 加热吹扫气体	高纯氮气（N_2）
N_2 吹扫流量（平衡天平）	$5cm^3/min$
N_2 吹扫流量（加热炉）	$60cm^3/min$
测试起始温度	$40°C$
升温速率	$10°C/min$
温度范围	$40 \sim 700°C$

表 3.10　红外光谱仪测试设定参数

FTIR 检测器	氘代硫酸三甘肽晶体检测器 （波数检测范围：$375cm^{-1} \sim 7800cm^{-1}$）
分辨率	$4cm^{-1}$
光谱采集间隔时间	$10s$
每张谱图的扫描次数	10
总的采集时间	$70min$
总的谱图数量	约 420
气体池加热温度	$220°C$
气体传输管温度	$200°C$

温度程序结束后，加热炉按照 TGA 设备冷却装置冷却。需要注意的是，TGA 测试

完成后，不可以马上关闭气体池的加热，还需要继续通入氮气吹扫 15～20 分钟，以防止残留的气体冷凝在气体池里面。

3.6.3 TGA-FTIR 曲线的解释

解析 TGA-FTIR 的测试结果时，首先可将 TGA 的热重分析曲线转换为微商热重分析曲线（DTG），如图 3.129 所示。其中，绿色曲线表示重量（质量）损失百分比与时间的关系，而蓝色曲线则表示微商热重（DTG）与时间的关系。DTG 曲线直观地显示了逸出气体的重量（质量）变化速率。

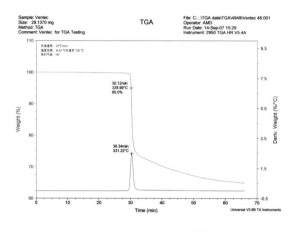

图 3.129　TGA 与 DTG 曲线

接下来显示 TGA 逸出气体（Evolved Gas Analysis，EGA）的格莱姆 - 施密特（Gram-Schmidt，GS）曲线。GS 曲线，是通过在整个光谱范围内对每个单独的 FTIR 光谱吸收进行积分，然后展示光谱吸收强度与时间关系的曲线。它显示了逸出气体的浓度随时间的变化，如图 3.130 所示。逸出气体的 GS 曲线与 DTG 曲线的轮廓非常相似。在 TGA 到 FTIR 的气体池的气体传输正常的条件下，GS 与 DTG 出现峰值的时间应该基本一致。

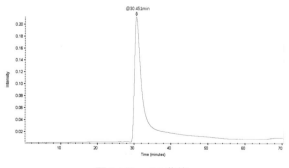

图 3.130　GS 曲线

通过红外仪器的分析软件，可以将 GS 曲线的分析转换成时间（纵坐标）与波数（横坐标）的关系图。这种不同波数下的吸光度与时间的关系图被称为等高线轮廓图，如图 3.131 所示。在此图中，蓝色区域表示吸光度最强，以蓝色为中心向外扩散的颜色表示强度逐渐减弱，白色则表示吸光度为零。

红外分析软件可同时显示时间、波数和吸光度，如图 3.132 所示，可以得到不同结构的气体分子所对应的官能团的吸光度随时间的变化过程。

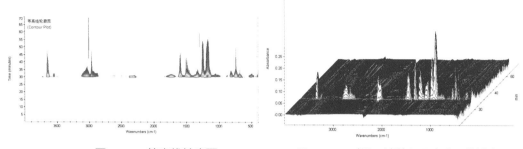

图 3.131　等高线轮廓图　　　　　图 3.132　时间、波数和吸光度三维轮廓图

在逸出气体成分较复杂的情况下，可以通过红外仪器的分析软件对特定化学官能团进行分析，其输出结果为官能团轮廓图（Evolved Gas Profile，EGP），它表示某个包含特定化学官能团的逸出气体的总量。该轮廓图是通过计算选定光谱的吸收值积分得到的，它展示了特定光谱区间的 IR 吸光度与时间（或温度）的关系。这对于解析复杂混合物非常有帮助，具体如图 3.133 所示。

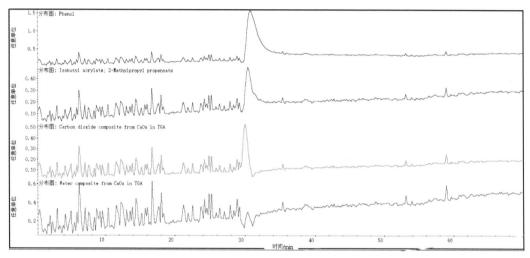

图 3.133　官能团轮廓图

在解析特定官能团轮廓图时，通常的做法是与仪器内置的数据库进行比对。数据库中存储的图谱数量越多，就越有助于找到最匹配的组分，如图 3.134 所示。

如果数据库中没有找到完全相同的谱图，或者无法识别某些特定的分解产物，就需要进行人工鉴别。为了便于分析，可以通过仪器软件对谱图进行峰位标识，然后参考化学基团（气相）的特征吸收频率进行鉴别。一般的分析顺序是：首先分析特征峰，然后分析指纹峰；先研究强峰，再研究次强峰。总体而言，对红外图谱进行专业解析是一项艰巨且具有挑战性的工作。

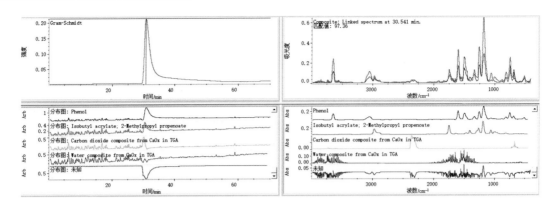

图 3.134　与数据库中存储的图谱对比

3.6.4　TGA-FTIR 测试应用案例

1．PCB 材料测试案例讨论

案例 1：PCB 不同树脂体系的 TGA-FTIR 图谱比较

【测试目的】探究用 TGA-FTIR 测试 PCB 不同板料热分解后的产物。

【样品信息】选择三种 PCB 板料：FR-4 环氧树脂（阻燃剂含溴，样品标号 #5454-R2125），FR-4 环氧树脂（阻燃剂含磷，样品标号 #5454-1566W），聚苯醚树脂（阻燃剂含溴，样品标号 #4546-Megtron 6）。

【测试条件】按照表 3.8、表 3.9 的测试参数进行测试。

【测试结果】FR-4 环氧树脂（阻燃剂含溴，样品标号 #5454-R2125）的分解产物可能是酚类化合物、丙酮、CO_2 和 H_2O，如图 3.135 所示。FR-4 环氧树脂（阻燃剂含磷，样品标号 #5454-1566W）的分解产物可能是对甲酚、酚类化合物、CO_2 和 H_2O，如图 3.136 所示。聚苯醚树脂的分解产物可能是 CO_2，如图 3.137 所示。

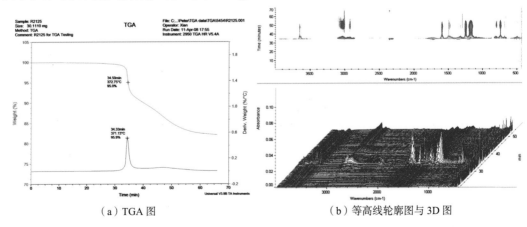

（a）TGA 图　　　　　　　　　　　（b）等高线轮廓图与 3D 图

图 3.135　逸出气体的解析图谱 1

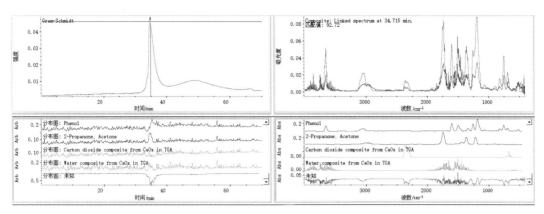

（c）图谱比较分析

图 3.135　逸出气体的解析图谱 1（续）

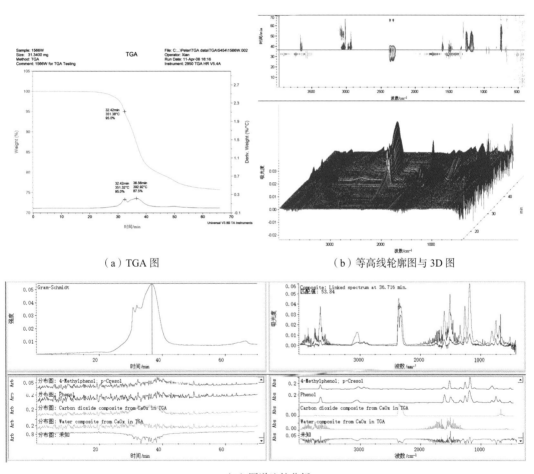

（a）TGA 图　　　　　　　　　　　　（b）等高线轮廓图与 3D 图

（c）图谱比较分析

图 3.136　逸出气体的解析图谱 2

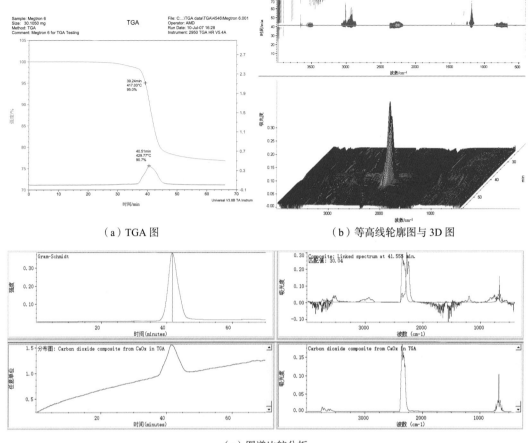

（a）TGA 图　　　　　　　　　（b）等高线轮廓图与 3D 图

（c）图谱比较分析

图 3.137　逸出气体的解析图谱 3

由此可以得到，三种不同树脂热分解温度、分解逸出气体和热分解机理都是不同的，如表 3.11 所示。

表 3.11　三种不同树脂的分解产物比对

样品标号	树脂类型	峰温度	可能的产物
R21(5454)	FR-4 环氧树脂，阻燃剂含溴	371.13℃	酚类化合物、丙酮、CO_2 和 H_2O
156(5454)	FR-4 环氧树脂，阻燃剂含磷	392.92℃	甲酚、酚类化合物、CO_2 和 H_2O
Meg(4546)	聚苯醚树脂，阻燃剂含溴	429.79℃	CO_2

案例 2：材料在 TGA 测试前、后的 FTIR 图谱比较

【测试目的】测试 PCB 板料分解前、后分子结构的差异。

【样品信息】选择 FR-4 环氧树脂（阻燃剂含溴）。

【测试条件】采用常规压片法制备样品后，用透射法测试 PCB 板料的红外光谱图，FTIR 测试分解前按照 TGA-FTIR 的测试参数进行测试，如表 3.8、表 3.9 所示。

【测试结果】PCB 板料的红外图谱如图 3.138 所示，经解析，材料中可能含有混合

环氧树脂、双酚 A 环氧甘油醚混合物。

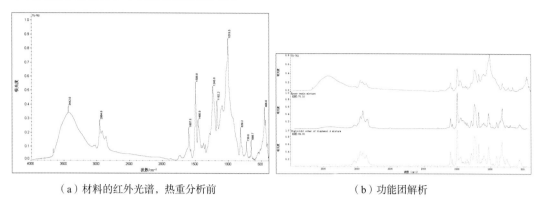

（a）材料的红外光谱，热重分析前　　　　　　　　（b）功能团解析

图 3.138　PCB 板料的红外图谱解析

PCB 板料的 TGA-FTIR 测试结果如图 3.139 所示，经分析，可能的分解产物包括 2- 戊酮、酚类化合物、CO_2 和 H_2O。

检测结果解析：PCB 的树脂成分中可能含有混合环氧树脂和双酚 A 环氧甘油醚。经过 TGA 测试分解后，释放的产物中可能含有 2- 戊酮、酚类化合物、CO_2 和 H_2O。

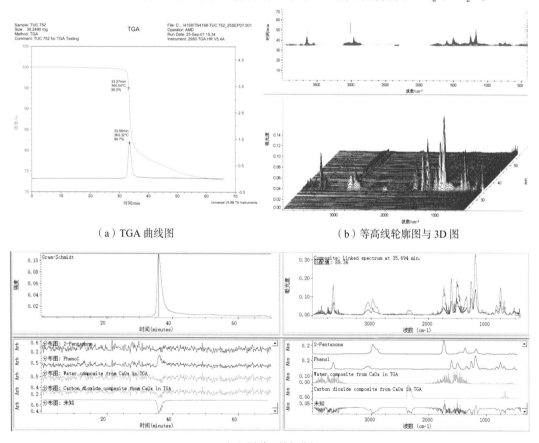

（a）TGA 曲线图　　　　　　　　　　　（b）等高线轮廓图与 3D 图

（c）图谱比较与分析

图 3.139　逸出气体的解析图谱

2. TGA–FTIR 二氧化碳和水谱图的讨论

在进行 TGA–FTIR 分析时，经常会遇到分解产物出现二氧化碳（CO_2）或水蒸气（H_2O）的谱图，如图 3.140 所示。要鉴别这两种气体是来自空气还是样品分解所产生的逸出气体，往往存在一定的难度。

在实际的测试过程中，如果惰性气体（本文使用的是高纯度的氮气）无法将气体传输管道和气体池中的二氧化碳或水蒸气完全吹扫干净，那么所收集的谱图中就可能会出现二氧化碳或水蒸气的吸收峰。为了确保获得更为理想的红外光谱信号，需要从以下几个方面进行检查。

（1）检查吹扫气体类型，是惰性气体（氮气、氩气）还是空气。

（2）检查吹扫气体的流量，保证光谱仪的气体通路得到充分的吹扫。

（3）注意环境气体（水蒸气和二氧化碳）是否进入或者残留在 TGA 炉体、逸出气体传输管道。

（4）检查气体池的密封性，如果无法确定气体池是否完全密封，需要仪器厂商的专业检测。

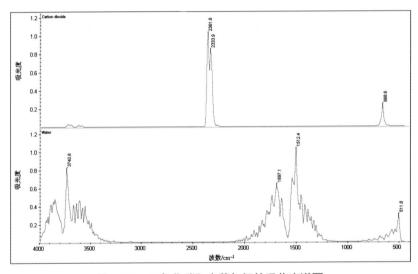

图 3.140　二氧化碳和水蒸气红外吸收光谱图

参考文献

[1] 刘振海，徐国华，张洪林，等 . 热分析与量热仪及其应用 [M] . 北京：化学工业出版社，2011.

[2] 翁诗甫，徐怡庄 . 傅里叶变换红外光谱分析 [M] . 3 版 . 北京：化学工业出版社，2021.

[3] Cyril Darribère. 逸出气体分析 [M] . 唐远旺 译 . 上海：东华大学出版社，2019.

[4] Matthias Magner. 热分析应用基础 [M] . 陆立明 译 . 上海：东华大学出版社，2011.

[5] Rudolf Riesen. 热固性树脂 [M] . 陆立明 译 . 上海：东华大学出版社，2009.

Chapter
4

第 4 章
X 射线与超声波扫描技术在
PCB 无损检测中的应用

4.1　X 射线检测

X 射线（X-Ray），是德国物理学家伦琴（Wilhelm Conrad Röntgen）在 1895 年进行阴极射线研究中发现的。他用数学中定义未知数的方法，把这种神秘的射线命名为 X 射线。他用这种射线拍摄了他夫人的左手，这张照片也是人类历史上第一张医学 X 线片，其中阴影部分为手指的骨骼结构，无名指上的阴影为戒指（见图 4.1）。为了纪念伦琴对物理学的贡献，后人也称 X 射线为伦琴射线，并以伦琴的名字作为 X 射线的照射量单位。X 射线的发现和研究，对 20 世纪以来的物理学以至整个科学技术的发展产生了巨大而深远的影响。

图 4.1　第一张医学 X 线片

4.1.1　X 射线的原理

X 射线是世界上最早用于非创伤性检查的技术。人类可以借助 X 线片诊断疾病，为医治提供可靠依据。伦琴因而获得了 1901 年诺贝尔物理学奖。

科学家们已经揭示，X 射线的本质是一种波长为 0.01～10nm 的电磁波，电磁波波谱分类如图 4.2 所示。电磁波的能量与频率成正比，即频率越高，波长越短，能量越大。X 射线光子能量比可见光的光子能量大几万倍甚至几十万倍，光子能量越大，穿透物质的能力就越强。

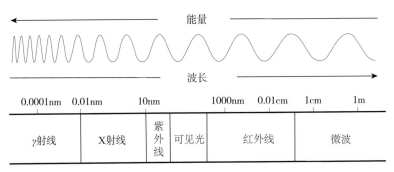

图 4.2　电磁波波谱分类

X 射线检测系统主要由 X 射线源、物体、探测器和相机组成。X 射线从射线源激发出来，穿透物体后被探测器接收，再通过相机转换成具有黑白对比、层次差异的 X 射线图像，X 射线成像系统如图 4.3 所示。

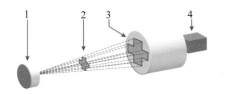

1—X 射线源；2—物体；3—探测器；4—相机

图 4.3　X 射线成像系统

X 射线可通过 X 射线管产生。X 射线管的主要部件是阴极和阳极，它们嵌于真空腔体中。X 射线管工作原理：阴极灯丝被加热到一定温度时，产生热电子发射（Thermionic Emission），在阴极表面形成自由的高能电子云，在高压的电场条件下，阴极电子高速撞向阳极的金属靶材，受到金属靶材原子的阻挡而速度急剧下降，大约 99% 的能量转化为热量，剩余的 1% 的能量以光子形式释放，转化为 X 射线。X 射线管的工作原理如图 4.4 所示。X 射线产生的能量受多种因素的影响，如加速电压、管电流、阳极角度和靶材料等。增大加速电压，有利于 X 射线穿透吸收能量更强的样品；增大管电流，可以降低图像的噪声水平；靶材料的原子序数决定 X 射线的辐射的强度，工业通常用钨作为靶材料；阳极与阴极射线的角度也会直接影响 X 射线的强度。

X 射线管的设计，会影响 X 射线管焦斑的大小，而焦斑的大小直接影响成像的分辨能力。焦斑越小，图像的边缘越锐利，即半影效应区域越小，成像质量越清晰，如图 4.5 所示，电子束与靶材表面之间的夹角 α 越大，焦斑尺寸越小。另外，X 射线系统制造商认为焦斑尺寸与管功率的关系为线性关系。

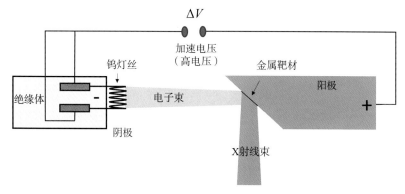

图 4.4　X 射线管的工作原理

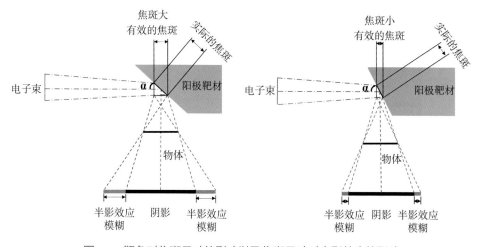

图 4.5　靶角对焦斑尺寸的影响以及焦斑尺寸对半影效应的影响

　　X 射线的穿透力与物质的性质、结构有关。一般来说，原子序数越大，物质的密度就越大，吸收 X 射线能量就越强，也就是阻挡 X 射线也越强，可以穿透过的 X 射线就越少。

　　X 射线不能直接测量，必须通过探测器把它转化为可测量的量。现代工业常用的探测器是闪烁体（固态）探测器，其工作原理是把 X 射线转化成可见光，然后将可见光转化成电能。X 射线探测器中最为重要的系统参数有探测效率、响应时间、时间稳定性、能量分辨率等。

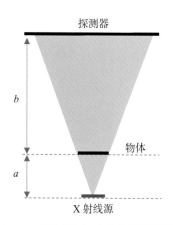

　　X 射线检测的过程中，图像的放大或缩小可以通过移动样品的位置进行调整，图像的放大或缩小由几何放大倍率计算，几何放大倍率（Geometry Magnification）$= \dfrac{a+b}{a}$，如图 4.6 所示，a 和 b 分别代表物体与 X 射线源和物体与探测器的距离。

图 4.6　X 射线几何放大倍率计算示意图

4.1.2　X 射线检测 PCB 缺陷的案例

本书中案例所用的 X 射线仪器型号为 DAGE Quadra 7。用 X 射线对 PCB 或 PCBA 的缺陷进行内部无损检测，可以发现各种缺陷，如图 4.7 所示。在实际检测过程中，可以通过调整探测器的倾斜角度，从不同方向对 PCB 样品的内部结构进行观察。

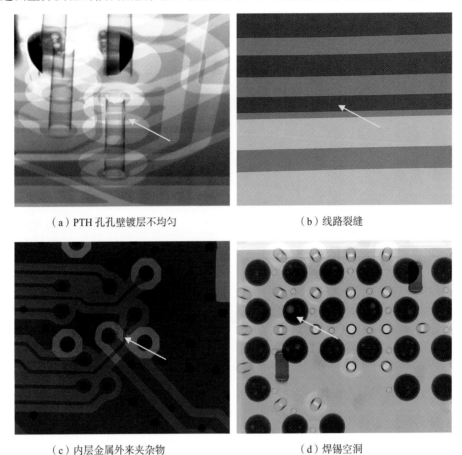

（a）PTH 孔孔壁镀层不均匀　　　　　　　　　　（b）线路裂缝

（c）内层金属外来夹杂物　　　　　　　　　　（d）焊锡空洞

图 4.7　X 射线检测 PCB 与 PCB 连接盘锡球空洞

4.1.3　X 射线 CT 的原理

X 射线 CT，也称为计算机断层成像（Computed Tomography，CT）技术，是指通过数学重建算法，把 X 射线照射物体产生的大量投影转换成被扫描物体的切片图像。这些切片图像堆叠在一起就形成物体的三维图像。Tomography 一词来源于希腊语 tomos（切片或截面）和 graphien（书写或记录），可以理解为对断层进行绘图（成像）。Tomography 是内视技术，即不需要打开物体就能看到物体内部的结构。

世界第一台 CT 机由获得诺贝尔生理学或医学奖的豪斯费尔德（Godfrey Newbold Hounsfield）发明。该设备于 1971 年在伦敦一家医院安装后，对一位患者的头部进行扫描，获得了第一张临床 CT 图像，成功识别出患者的额叶肿瘤，如图 4.8 所示。这张 CT 图像是医学上的一次巨大革命，被认为是自 1895 年伦琴发现 X 射线以来最重要的诊断放射性发明，并且迅速引起了工业界的关注。在工业应用初期，直接利用医用 CT 设备来扫描工业样品，后来工业 CT 逐渐在医用 CT 技术基础上逐步发展成为一个独立的体系。

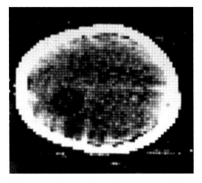

图 4.8　世界上第一张临床 CT 图像

工业样品不同于医学检测对象，工业 CT 可以使用更高强度的射线源，并侧重于扫描分辨率和精度。工业 CT 系统主要由 X 射线源、探测器、机械轴和计算机组成。本质上，X 射线 CT 系统与普通的 X 射线仪的硬件组成部分大部分是相同的，它们可以共用 X 射线源、探测器、计算机，主要的区别在于 X 射线管和探测器之间的机械轴和计算机的数据处理方式不同。在工业 CT 系统中，X 射线源和探测器的位置是固定的，测试样品安装在可以 360° 旋转的机械轴上。通过专用的图像处理软件对采集的投影进行图像重建，建立投影和样品三维结构之间的关系，就可获得样品的三维图像。CT 测试系统如图 4.9 所示。

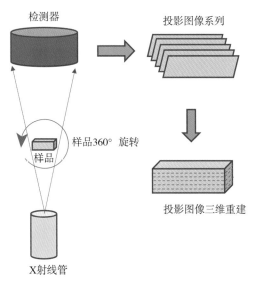

图 4.9　CT 测试系统

重建断层图像的理论基础由奥地利数学家 Radon 于 1917 年建立，断层图像重建的数学基础是傅里叶切片定理。多年以来，CT 图像的处理已经发展为一门独立的科学。

本章案例使用的 CT 系统的焦斑尺寸在 0.1 ~ 0.35μm 之间，分辨率高，但是高分辨率的代价是无法对大样品进行检测分析。

传统工业 CT 所采用的平板探测器一般只能实现几何放大，放大倍数上有一定的局限性。为了解决这一问题，出现了一种新型的探测器，可以实现几何光学两级放大，如图 4.10 所示。它的工作原理是 X 射线投影在闪烁体上，闪烁体将 X 射线转化成可见光，然后光学物镜会在图像到达 CCD（Charge Coupled Device）探测器前对其进行再次放大，如图 4.11 所示。

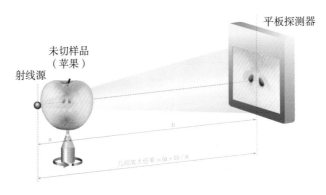

（a）几何放大

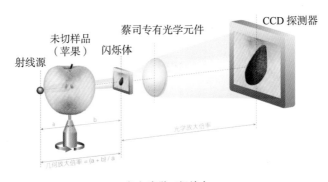

（b）光学二级放大

图 4.10　几何放大与光学二级放大

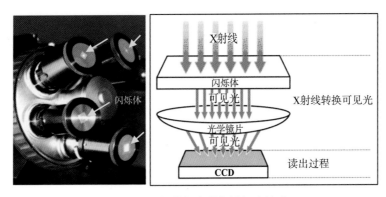

图 4.11　闪烁体与光学物镜耦合技术

本书案例的图像处理软件来自 Volume Graphics 公司，以 PCBA（Printed Circuit Board Assembly）样品为案例，该软件对 X 射线投影的数据进行处理后，可以得到 PCBA

任意方向的 CT 图像及三维结构图像，如图 4.12 所示。软件分析界面包括俯视断层图像、右视断层图像、前视断层图像和三维图像。CT 断层图像中明亮的区域代表高密度物质，如铜、锡等金属，而黑暗区域代表低密度物质，如 PCB 板料、阻焊剂等非金属。

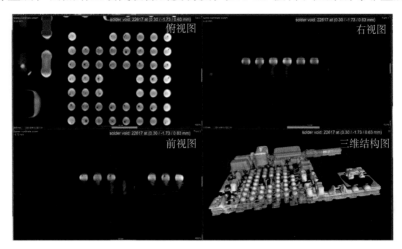

图 4.12　PCB 焊接元器件后 CT 图像与三维图像

一般来说，CT 图像与样品的真实结构最接近，而重建的三维图像由于后期的数据处理可能导致图像部分失真。三维图像在软件中默认为亮白色，也可以依据实际的样品颜色，对图像进行渲染、平滑等处理，如图 4.13 所示。

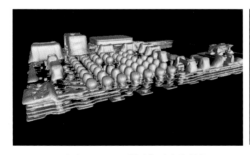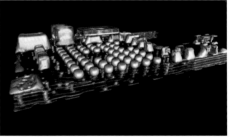

（a）PCBA 三维图像（渲染前）　　　　（b）PCBA 三维图像（渲染后）

图 4.13　PCBA 三维结构图

影响 CT 图像的因素有 CT 系统、样品、环境、参数设定以及数据处理方法等。CT 系统包括 X 射线源焦斑尺寸、探测器以及机械轴。样品包括 PCB 的尺寸、内层结构的复杂程度等。环境的影响主要因素是震动，震动会引起机械轴的抖动。参数设定包括样品是否固定、样品与射线源的距离、扫描参数的设置（如加速电压、投影的数量、图像像素）。数据处理包括对伪影进行校正以及噪声处理等。

在进行 CT 检测前，需要确定好样品的尺寸以及需要检测的区域。如果样品过大，需要进行裁切。样品尺寸越小，就可以设定其离射线源越近，就越能展现样品的细微结构。产品尺寸确定后，就可将其镶嵌在机械轴的夹具上进行测试，如图 4.14 所示。

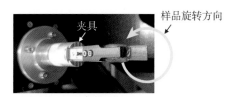

图 4.14　X 射线 CT 夹具安装样品

4.1.4　X 射线 CT 检测 PCB 缺陷的案例

1．X 射线 CT 应用案例

案例 1：PCB 短路

【案例背景】PCB 电测过程中发现短路，需要分析短路的原因。

【案例分析】利用红外热成像技术定位缺陷的位置，如图 4.15 所示。在显微切片分析前，用 X 射线 CT 对缺陷位置进行检测，检测结果如图 4.16 所示。可以观察到堆叠孔偏位，并且有发亮物质穿透至下一层的铜线路。根据 CT 生成的三维图像，进一步进行显微切片分析，确认发亮物质为铜，这一结果与 CT 观察结果相吻合，如图 4.17 所示。

【评论与建议】本案例表明，X 射线 CT 能够有效检测 PCB 内层的金属铜。PCB 短路的原因在于钻孔偏位并穿破了绝缘层，导致电镀铜与底部铜层相连，从而形成短路缺陷。

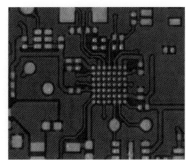

（a）PCB 外观　　　　　（b）红外热成像热点图像（红色为缺陷位置）

图 4.15　红外热成像锁定短路位置

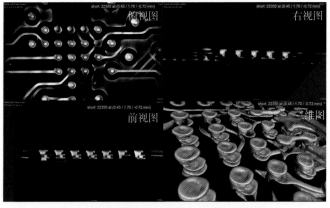

图 4.16　X 射线 CT 图像和三维重构图像

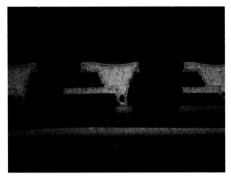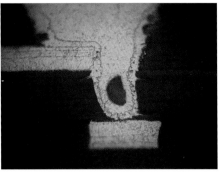

（a）金相显微低倍观察　　　　　　　　　（b）金相显微高倍观察

图 4.17　切片金相显微图像

案例 2：另一例 PCB 短路

【案例背景】与案例 1 类似，PCB 电测时发现短路，需要分析短路的原因。

【案例分析】同样，首先运用红外热成像技术定位缺陷位置，如图 4.18 所示。在显微切片分析之前，使用 X 射线 CT 检测缺陷，结果如图 4.19 所示。从样品的俯视、前视和右视方向的断层图像中，均观察到 PTH 孔与参考层之间存在明显的发亮外来夹杂物，推测其密度与铜相近。根据三维图像中夹杂物的位置进行显微切片分析，确认发亮的外来夹杂物为铜，如图 4.20 所示。

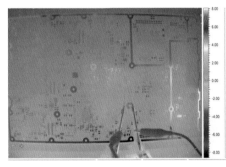

（a）红外热成像热点广角镜头扫描图像　　　（b）红外热成像热点微距镜头扫描图像

图 4.18　红外热成像锁定缺陷位置

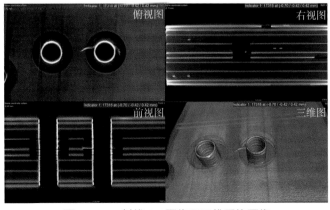

图 4.19　X 射线 CT 图像和三维重构图像

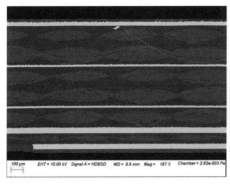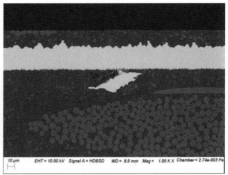

（a）低倍观察　　　　　　　　　　　　（b）高倍观察

图 4.20　切片扫描电镜图像

【评论与建议】此案例再次证明 X 射线 CT 能够检测 PCB 内层的金属铜夹杂物。PCB 短路是由外来夹杂物导致的。

案例 3：镀覆孔的孔壁裂缝

【案例背景】为了测试 PCB 镀覆孔（PTH）的互连可靠性，准备专用的测试附连板（Test Coupon）在互连热应力测试（Interconnect Stress Test，IST）仪器上进行热循环测试，镀覆孔的电阻增大 10％被判断为失效。需要进一步分析镀覆孔失效的原因。

【案例分析】常规的互连热应力测试失效分析的方法是：取下测试样品后，运用红外热成像技术来定位失效孔的位置，然后通过研磨切片确认镀覆孔的失效原因。在进行显微切片分析前，用 X 射线 CT 对失效孔进行检测，检测结果如图 4.21 所示。从前视图与右视图的断层图像可以观察到 PTH 孔壁铜的阴影（裂纹），从渲染后的三维图像中也可以观察到 PTH 的孔壁的裂纹。

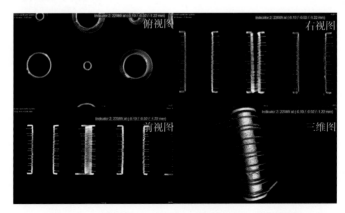

图 4.21　X 射线 CT 断层和三维重构图 - 孔壁裂缝

【评论与建议】本案例表明，镀覆孔的孔壁裂缝失效可以通过 X 射线 CT 进行观察和分析。镀覆孔的电阻增大失效是孔壁裂缝导致的。

案例 4：PCB 堆叠孔的空洞

【案例背景】测试附连板在互连热应力测试过程中，堆叠孔的电阻增大 10％而失效，需要分析失效的原因。

【案例分析】取下测试样品后,运用红外热成像技术定位缺陷的位置,红外热成像结果如图 4.22 所示。在显微切片分析前,用 X 射线 CT 对失效孔进行检测,结果如图 4.23 所示。从俯视方向的断层图像观察到孔底部有明显的阴影,从前视图和右视图的断层图像以及三维图像都观察到疑似空洞的缺陷。根据三维图像进行显微切片分析,确认了 CT 所观察到的空洞,并同时观察到空洞内有非金属外来夹杂物以及镀铜的微裂纹,如图 4.24 所示。

【评论与建议】本案例表明,X 射线 CT 可以观察到堆叠孔的空洞,但无法观察堆叠孔空洞内的非金属物。同时,X 射线 CT 也无法检测堆叠孔的微裂缝。

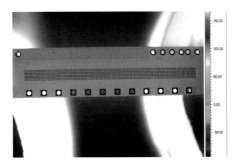

图 4.22 红外热成像热点锁定缺陷位置

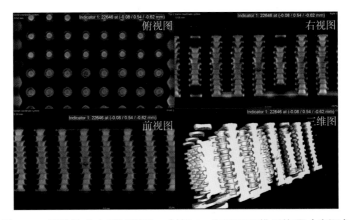

图 4.23 互连热应力测试样品 X 射线 CT 断层和三维重构图(空洞)

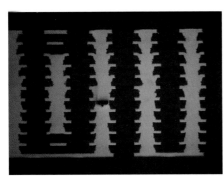

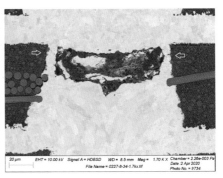

(a)金相显微图像　　　　　　　　　(b)SEM 图像(离子研磨后)

图 4.24 显微切片分析图像

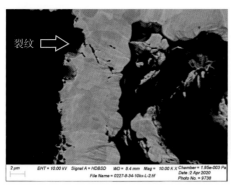 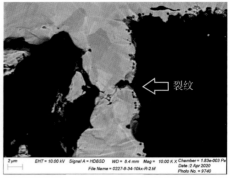

（c）SEM 图像（空洞左边镀铜放大）　　　　　（d）SEM 图像（空洞右边镀铜放大）

图 4.24　显微切片分析图像（续）

案例 5：PCB 内层线路裂缝

【案例背景】在 PCB 板的电气测试（Electrical Testing）中，测量值异常，超过正常值的 100 倍，需要分析电阻异常增大的原因。

【案例分析】首先，用红外热成像技术来定位缺陷的位置，如图 4.25 所示；然后把样品切割下来，用 X 射线 CT 对发热异常位置进行检测，结果如图 4.26 所示。从样品的俯视图、前视图与右视图的断层图像中，都观察到异常处的线路比起正常的线路更亮，并呈现锯齿状，从渲染后的三维图像也可以观察到线路宽厚不均并且存在缺口。

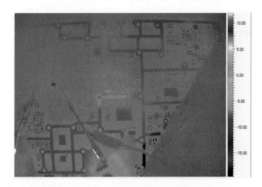

图 4.25　红外热成像热点锁定缺陷位置

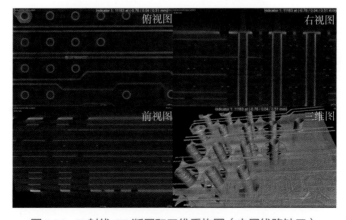

图 4.26　X 射线 CT 断层和三维重构图（内层线路缺口）

【评论与建议】通过X射线CT技术可以检测宽厚不均以及有缺口的铜线路。电阻增大是由线路连接不连续和存在缺口导致的。

案例6：PCBA锡球空洞

【案例背景】PCB组装成PCBA后，需要用X射线CT检测是否存在锡球空洞。

【案例分析】把样品切割下来，用X射线CT对锡球位置进行检测。X射线CT断层和三维图像显示，BGA连接盘有锡球空洞，如图4.27所示。

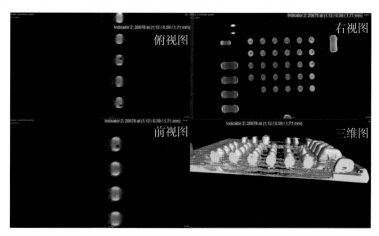

图4.27　PCBA样品的X射线CT断层和三维重构图（锡球空洞）

【评论与建议】X射线CT可以检测PCBA的锡球空洞。

2．X射线CT检测面临的问题

案例1：PCB短路案例

【案例背景】在进行PCB电测时发现了短路，需要分析短路的原因。

【案例分析】运用红外热成像技术定位缺陷的位置，如图4.28所示。在进行显微切片分析前，用X射线CT对缺陷进行观察和分析，结果如图4.29所示。在红外热成像仪锁定的位置上观察X射线CT的断层和三维图像，但是并未观察到异常。对红外热成像仪锁定的位置进行显微切片分析，观察到外来夹杂物夹杂在孔环和导线之间，如图4.30所示。

（a）红外热成像热点广角镜头扫描图像

（b）红外热成像热点微距镜头扫描图像

图4.28　红外热成像锁定短路位置

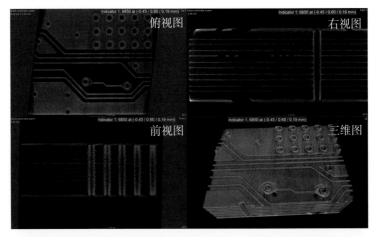

图 4.29　X 射线 CT 断层和三维重构图（未观察到异常线路）

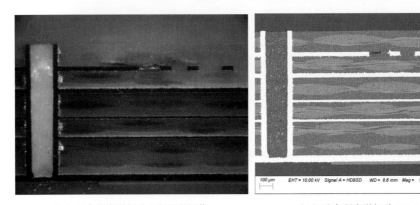

（a）垂直研磨微切片金相显微图像　　　　　　（b）垂直研磨微切片 SEM 图像

图 4.30　短路位置切片分析

【评论与建议】PCB 短路的原因是内层有非金属外来夹杂物，但是通过 X 射线 CT 无法观察到非金属夹杂物。

案例 2：PCB 堆叠孔底部分离案例

【案例背景】PCB 在高温组装后进行电测，检测到堆叠孔电气网络的电阻异常增大，需要分析这一失效的原因。

【案例分析】依据 PCB 的电路图和电阻测量结果，定位异常的堆叠孔，用 X 射线 CT 对异常的堆叠孔进行检测。本案例使用一种新型的 X 射线 CT 检测系统，如图 4.31 所示，它与常见的 X 射线 CT 的主要差异在于探测器的不同，其探测器采用的是闪烁体和光学物镜耦合技术，可以实现几何加光学两级放大。X 射线 CT 的检测结果如图 4.32 所示，X 射线的断层和三维图像都观察到堆叠孔的裂缝。进一步的显微切片分析验证了 X 射线 CT 的结果，如图 4.33 所示。

【评论与建议】新型 X 射线 CT 探测器可以检测宽度为几个微米的堆叠孔的裂缝。

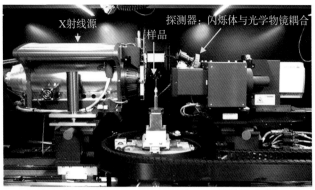

（a）测试样品与夹具　　　（b）蔡司 Xradia 620 Versa X 射线 CT 显微镜测试系统

图 4.31　新型三维 X 射线显微镜测试示意图

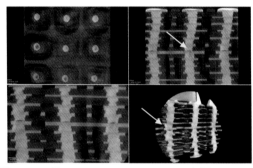
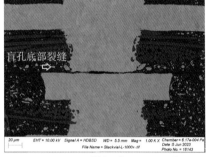

图 4.32　蔡司 Xradia 620 Versa X 射线 CT 图像　　图 4.33　显微切片 SEM 图像

案例 3：PCB 堆叠孔底部裂缝案例

【案例背景】测试附连板在互连热应力测试过程中，堆叠孔的电阻增大了 10%，导致其失效，需要分析失效的原因。

【案例分析】运用红外热成像仪定位失效孔的位置后，用 X 射线 CT 对失效孔进行检测，结果如图 4.34 所示。在红外热成像仪锁定的位置上观察 X 射线 CT 的断层和三维图像，并未观察到异常。于是，我们进一步进行了显微切片分析，观察到堆叠孔有微裂缝，如图 4.35 所示。

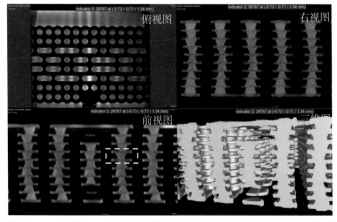

图 4.34　X 射线 CT 断层和三维重构图（未观察到盲孔底部裂缝）

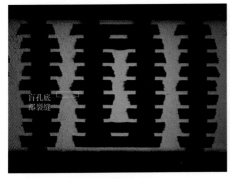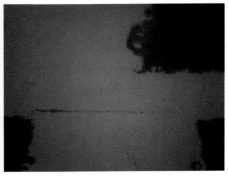

盲孔底
部裂缝

（a）金相显微低倍观察　　　　　　　　　　（b）金相高倍观察（盲孔底部的微裂缝）

图 4.35　堆叠孔金相显微切片分析

【评论与建议】本例堆叠孔的微裂缝无法被 CT 检测，是因为裂缝尺寸过小，超出了 X 射线的检测能力。

4.2　超声波扫描显微镜（SAM）检测

4.2.1　超声波检测的基本原理

在日常生活中，我们之所以能够听到各种各样的声音，是因为耳鼓受到了声波的震动。声波是一种机械波，由声源振动产生，需要通过介质才能传播，如空气、固体或者液体。声波在不同的介质中传播的速度也不一样，一般情况下，声波在固体中的传播速度最快，在气体中的传播速度最慢。

人耳能听到的声音频率范围在 20Hz～20kHz 之间。低于 20Hz 的声波，被称为次声波，高于 20kHz 的声波，被称为超声波。超声波因其频率下限超过人的听觉上限而得名。

超声波与可听声波在本质上没有区别，都是物体机械振动状态（或能量）的传播形式，并且在媒介中都具有反射、折射、衍射、散射等传播特性。与可听声波相比，超声波的频率更高、波长更短、衍射现象不严重。它能在一定距离内沿直线传播，具有良好的束射性和方向性，并且能够穿透不透明物质。超声成像是利用超声波获取物体内部图像的技术，这项技术始于 20 世纪 30 年代。1929 年，苏联科学家 Sokolov 首次提出了使用超声波探测金属物体内部缺陷的构想。随着电子技术、计算机技术和信号处理技术的迅速发展，超声成像检测技术已在医学、工业等多个检测领域得到广泛应用。

当超声波通过材料的界面时，部分声波会被反射，部分会穿透，这取决于材料的声阻抗，声阻抗以字母 Z 表示，计算公式如下

$$Z=\rho v \tag{4.1}$$

式中，ρ 是指材料的密度；v 是指声波在材料中的传播速度。

当超声波垂直入射到材料的声阻抗分别为 Z_1 和 Z_2 的两个界面时，一部分能量透过界面从介质一进入介质二，成为透射波，而另外一部分则会被界面反射回来，成为反射波。

声波的这一性质是超声波检测缺陷的物理基础。为了研究反射波和入射波的能量关系，引入声强反射率 R 和声强透射率 T 两个概念，声强反射率 R 为反射波声强（I_r）和入射波声强（I_0）之比；声强透射率 T 为透射波声强（I_t）和入射波声强（I_0）之比，如图 4.36 所示。

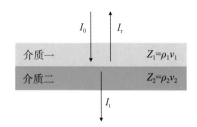

图 4.36　超声波垂直入射到大平界面时的反射与透射

声强反射率 R 和声强透射率 T 与声阻抗 Z 的关系，可用以下两式表示：

$$R = \left(\frac{Z_2 - Z_1}{Z_2 + Z_1} \right)^2 \tag{4.2}$$

$$T = \frac{4Z_2 Z_1}{\left(Z_2 + Z_1 \right)^2} \tag{4.3}$$

由式（4.2）与式（4.3）可以看到，界面两侧介质声阻抗的差异决定了反射能量和透射能量的比例。差异越大，反射声能越大，即声强反射率 R 越大；同时透射声能越小，声强透射率 T 就越小。例如，在超声波从钢入射到空气界面时，由于空气的声阻抗几乎可以忽略不计，因此几乎没有透射声能，只有反射声能。这一特性在检测具有空气隙的缺陷（如裂缝、分层）时非常有利。如果界面两侧介质的声阻抗非常接近，如 $Z_1 \approx Z_2$，$R \approx 0$，那超声波信号几乎完全穿透过材料。

超声波检测仪器的原理是依据超声波在材料中的传播特性来对材料内部缺陷进行无损检测的。本章所用的仪器是超声波扫描显微镜（Scanning Acoustic Microscope, SAM），测试系统包括超声波探头、机械扫查装置（操控探头移动）、耦合剂、计算机处理等。超声波探头是用来产生与接收超声波的器件，探头的关键部件是压电换能器，它的作用是将电能转换为声能，也可以将声能转换为电能。当探头和材料之间有空气间隙时，那么超声波到达材料的表面后几乎发生 100% 的反射，因此，排除探头与材料之间的空气非常重要。耦合剂可以填充探头与材料间的空气间隙，使超声波能够从探头传入材料。常见的耦合剂有水、甘油等，本文使用的耦合剂为去离子水。机械扫查装置主要用来操控探头的移动。计算机处理包括超声波数据、图像的处理与分析。

超声波扫描显微镜（SAM）主要有超声波脉冲反射（Pulse-Echo-Mode）和透射（Transmission Mode）两种工作模式，如图 4.37 所示。

在反射模式中，使用一个探头来发射超声波并同时接收反射回来的超声波。通过检测信号的返回时间和幅度来判断是否存在缺陷以及缺陷的大小。在这种模式下，超声波会聚焦在样品的某一深度或界面上,并利用回声生成图像。当样品材质和结构相对单一时,反射法可以精确定位缺陷位置。

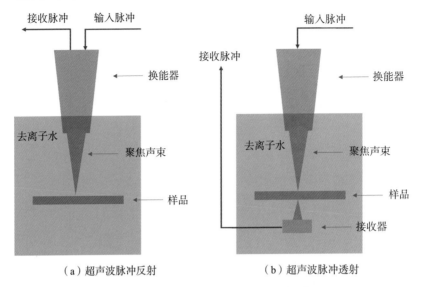

（a）超声波脉冲反射　　　　　　　（b）超声波脉冲透射

图 4.37　超声波扫描仪的反射和透射模式工作原理

透射模式则需要配置两个探头,分别放置在样品的上下两面。上面的探头发送超声波,而下面的探头则接收穿透样品的超声波。根据穿透后的超声波能量变化来判断样品内部是否存在缺陷。若样品均匀且无缺陷,则穿透波的幅度会高且稳定;若样品中存在空洞、裂缝或分层等缺陷,则会导致部分声波无法穿透样品,从而使得穿透波的幅度下降或消失。在超声波图像上通常会显示为发黑区域,并且无法准确判断缺陷的深度信息。

本章的主要案例是关于使用超声波扫描显微镜（SAM）检测 PCB 的分层缺陷（所使用仪器型号为 Nordson Sonoscan D9650）。由于 PCB 材料和结构的复杂性,对于其内部分层的检测而言,透射模式通常优于反射模式。然而透射模式也存在明显的缺点:无法精确定位分层在 PCB 中的具体层次位置,因此需要结合显微切片技术来确定分层的确切位置。

4.2.2　超声波扫描显微镜的应用

案例 1：检测 PCB 板分层

【案例背景】测试 PCB 过再流焊后是否存在分层现象。

【案例分析】对 PCB 外观进行检查,并未观察到气泡或鼓包的分层特征,如图 4.38 所示。使用超声波扫描显微镜（SAM）对 PCB 进行检测,选择透射扫描模式,耦合剂为去离子水。为了区分层图像的差异,同时也对未经过再流焊的样品进行了对比分析。在扫描图像中,白色区域表明超声波在此区域具有很强的穿透性,而颜色较深区域则表明超声波穿透受到了阻碍。颜色完全发黑的区域,表明声波几乎无法穿透,极大可能是存在分层或者空洞,导致声波无法穿透,如图 4.39 所示。

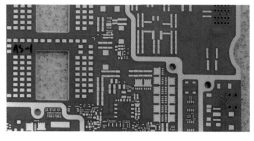 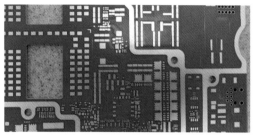

（a）PCB 未过无铅再流焊　　　　　　　　　　（b）PCB 已过无铅再流焊

图 4.38　PCB 试样外观

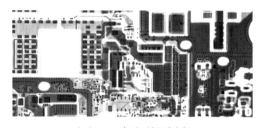 

（a）PCB 未过无铅再流焊　　　　　　　　　　（b）PCB 已过无铅再流焊

图 4.39　超声波扫描图像（透射模式）

为了验证超声波扫描的结果，对疑似分层的黑色区域进行显微切片分析，测试结果确认黑色区域有分层，并且观察到分层的具体位置，如图 4.40 所示。

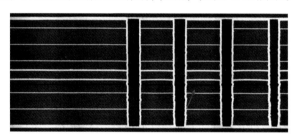

图 4.40　显微切片图像（PCB 产品分层）

【评论与建议】超声波扫描可以检测到 PCB 的分层缺陷。

案例 2：检测测试附连板经过互连热应力测试后是否分层

【案例背景】检测测试附连板在经过互连热应力测试后是否分层。

测试条件：

（1）组装预处理：过峰值温度为 260℃ 的再流焊 6 次；

（2）热循环测试：峰值温度 170℃，循环次数为 100 次；

（3）分层的参数：电容减少 4%，则判断为分层。

测试结果：电容减少 4.64%，判断为分层。但是，从测试附连板的外观来看，并未观察到气泡或鼓包的分层特征，从外观无法判断是否有分层缺陷，如图 4.41 所示。

【案例分析】使用超声波扫描显微镜（SAM）对经过互连热应力测试的测试附连板进行检测，选择透射扫描模式，耦合剂为去离子水。为了区分层图像的差异，同时也对未经过互连热应力测试的测试附连板进行对比分析。经过互连热应力测试的测试附连板有明显发黑的区域,表明声波几乎无法穿透,极大可能是存在分层或者空洞,导致声波无法穿透,如图 4.42 所示。

 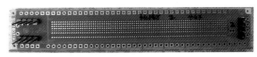

(a)未经过互连热应力测试的测试附连板　　(b)已经过互连热应力测试的测试附连板(电容增大 4.64%)

图 4.41　互连热应力测试附连板的外观

(a)未经过互连热应力测试的测试附连板　　(b)已经过互连热应力测试的测试附连板(电容增大 4.64%)

图 4.42　超声波扫描图像(透射模式)

为了验证超声波扫描的结果,对疑似分层的黑色区域进行显微切片分析,确认黑色区域有分层,并且观察到分层的具体位置,如图 4.43 所示。

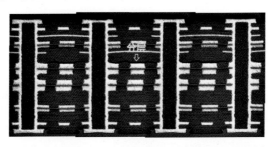

图 4.43　显微切片图像(PCB 互连热应力测试的测试附连板分层)

【评论与建议】超声波扫描可以检测到经过互连热应力测试的测试附连板的分层缺陷。

4.2.3　超声波扫描显微镜与 X 射线检测的区别

超声波扫描检测与 X 射线检测是两种常见的无损检测技术,它们的成像方式存在很大的差异,展现样品的特性也不同。具体来说,X 射线能够观察样品内部的结构,这是基于材料的密度差异。密度越高的材料,X 射线越不易穿透;反之则容易穿透。X 射线成像以穿透模式运作,生成的图像是整个样品厚度各层叠加在一起的图像。然而,X 射线并不适用来检测 PCB 的分层缺陷,因为分层的区域很容易被 X 射线穿透而被忽略。相比之下,超声波检测的原理是利用超声波在物质中传播的特性来探测样品的内部结构和性质信息。超声波扫描显微镜对界面的空气非常敏感,因此在检测材料内部分层方面具有独特的优势。

案例 1:超声波与 X 射线检测 PCB 分层

【案例背景】测试 PCB 经过再流焊后有分层缺陷,但是外观并无异常,PCB 外观如

图 4.44 所示。本案例旨在比较超声波扫描显微镜与 X 射线在检测分层缺陷方面的区别。

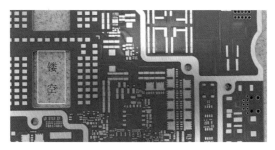

图 4.44　PCB 经过再流焊后的外观

【案例分析】超声波扫描显微镜（SAM）透射模式扫描图像如图 4.45 所示，在白色区域，超声波穿透性强，表明物质的声阻抗均匀一致，比如空气或铜。在颜色较深区域，超声波穿透受到不同声阻抗物质的阻碍，比如铜与板料的混合等。在颜色完全发黑的区域，声波几乎无法穿透，表明内层可能存在分层或者空洞。X 射线图像如图 4.46 所示，在白色区域，X 射线穿透性强，表明物质的密度低，比如空气。在灰色区域，X 射线穿透性减弱，表明物质密度高，比如铜等。

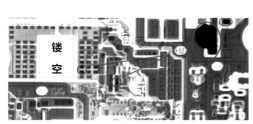

图 4.45　PCB 经过再流焊后的超声波扫描图像
（透射模式）

图 4.46　PCB 经过再流焊后的
X 射线扫描图像

【评论与建议】PCB 的 X 射线图像未见异常，无法检测 PCB 的分层缺陷；而超声波扫描则能够清晰地显示出分层的位置和范围。

案例 2：超声波扫描与 X 射线检测嵌铜块 PCB

【案例背景】检测嵌有铜块的 PCB，外观无法判断铜块的位置，PCB 外观如图 4.47 所示。比较超声波扫描显微镜与 X 射线图像的区别

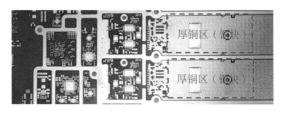

图 4.47　嵌铜块的 PCB 外观

【案例分析】超声波扫描显微镜透射模式扫描图像如图 4.48 所示。在白色区域，超声波穿透性强，表明物质的声阻抗均匀一致，如空气或铜。X 射线扫描图像如图 4.49 所示，在灰黑色区域，X 射线穿透性弱，表明物质密度高，如铜等，说明 PCB 在此区域嵌有铜块。

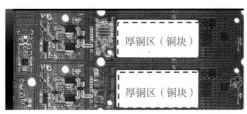

图 4.48　嵌铜块的超声波扫描图像（透射模式）　　图 4.49　嵌铜块的 X 射线扫描图像

　　【评论与建议】X 射线检测出 PCB 嵌有铜块的区域，超声波检测进一步表明铜块内部无空洞缺陷。

参考文献

　　[1] Wenbing Yun, Walnut Creek, et al. Lens Bonded X-Ray Scintillator System and Manufacturing Method Therefor. US 7,297,959 B2 [P]. Nov. 20, 2007[2023-6-28].

　　[2] 顾宁，李光，罗守华 .X 射线闪烁体光学成像系统 . CN102243318 B [P].2012.12.19[2023-6-28].

　　[3] 张永兴，谢红兰，杜国浩，等 . 基于透镜耦合的 X 射线成像探测器闪烁体厚度对成像质量的影响 [J]. 核技术，2014.(7).

　　[4] [美] ELSAYED A,ELESYED, 可靠性工程 [M] . 杨舟，译，2 版 . 北京：电子工业出版社，2013.

　　[5] 林金堵，龚永林 . 现代印制电路基础 [M]. 上海：中国印制电路行业协会，2005.

　　[6] 史铁钧，吴德峰 . 高分子流变学基础 [M]. 北京：化学工业出版社，2011.

　　[7] 史亦韦 . 超声检测 [M]. 北京：机械工业出版社，2023.

第 5 章
PCB 短路与烧板失效分析

5.1　PCB 短路失效分析

5.1.1　PCB 短路的原因

短路是指原本相互绝缘的导体之间出现了互联互通的现象。《未组装印制板电器测试要求》（IPC-9252A）中对短路的描述如图 5.1 所示。当漏电电流较大，即导体间电阻较小，被视为完全短路；而当绝缘电阻小于某个限值，且电流大于最小的漏电电流时，则被视为微短路。

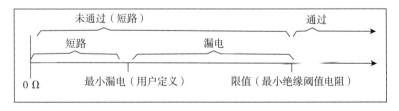

图 5.1　连通性测试电阻

短路是 PCB 制造流程中常见的缺陷。短路会导致电流绕过预定的电路，从而使电器无法正常工作，并可能造成其他元器件损坏或者过热，导致设备故障。PCB 短路产生的原因一般有以下几种。

（1）PCB 生产工艺过程中的问题，例如导体间蚀刻不净、导体间有外来夹杂物残留等。

（2）PCB 组装过程中出现的问题，如导体间焊锡残留。

（3）PCB 使用一段时间后，由于环境（比如高温、高湿）和加载电压的作用，原本绝缘的导体间出现电迁移而形成短路。

5.1.2　PCB 短路分析技术

分析 PCB 短路与分析电子元器件失效的思路是一致的。先用无损检测定位缺陷的位置，在必要的情况下，再用破坏性的检测分析其失效模式和失效机理。传统的 PCB 短路检测方法如下：

（1）外观检查：通过目视或借助光学仪器检查 PCB 表面是否有导致短路的物质。此方法简单，但是无法检测 PCB 内层的异常。

（2）电阻测量：用电阻表与 PCB 的线路图检测 PCB 短路的位置。当短路电气网络的连接节点都分布在 PCB 外层时，可以通过电阻测量来定位短路的区域。但是，当电气网络在内层布线复杂或者连接节点在 PCB 内层时，就难以定位短路的区域。

（3）短路定位分析仪：它的工作原理对 PCB 短路的电气网络输入激励电流信号，通过测量 PCB 异常的电位或电感信号来定位短路的位置。但是，此方法受操作员技能影响，对于多点短路或连接复杂的电气网络有一定的局限性。

（4）X 射线检测：如果没有锁定短路的位置，那么用 X 射线对 PCB 进行检测无异于大海捞针。

有别于传统检测 PCB 短路方法的是红外热成像无损检测技术，它利用红外热像仪将物体不可见的红外辐射信息转换成可见的热图像。自然界所有物体在绝对零度（−273.15℃）以上都会发生红外辐射，且辐射能与物体温度呈指数关系。因此，各种实物都可称为红外辐射源。利用红外探测仪，就可以测量目标的红外线热像图，红外热成像将人眼不能直接看到的表面温度分布变成人眼可见的表面温度分布的热像图。

红外热成像检测是非接触性的，不会影响被检测物体的温度场。红外无损检测由于其非接触、无损伤、可靠性高、适用于大面积检测等优势，在缺陷检测、故障诊断等领域取得了日益广泛的应用。20 世纪 80 年代，热成像技术已经运用在集成电路的失效位置的定位检测。当时采用的是传统的稳态红外热成像技术，在很长一段时间内成了表征电子元器件的标准工具。传统红外热成像技术的缺点是对温度的分辨力低，只能检测到相对发热很强的区域。

为了克服红外热波检测灵敏度差和噪声干扰的问题，德国斯图加特大学 G.Busse 教授在 1992 年提出锁相热像法（Lock in Thermography，LiT），以提高红外检测能力。LiT 技术的出现，可以解决传统红外热成像所遇到的分辨率低和成像不清晰的问题，而且温度的检测灵敏度可以低于 0.001℃。2000 年以后，LiT 技术与显微镜技术结合形成显微锁相红外技术，已经系统地应用在电子元器件（如太阳能电池和芯片）的失效分析上了。稳态红外热成像和锁相红外热成像的差异如图 5.2 所示。

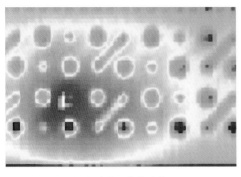

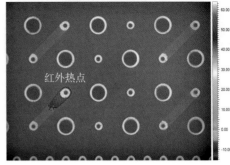

（a）稳态红外热成像　　　　　　　　　　（b）锁相红外热成像

图 5.2　红外热成像

锁相热成像方法与锁相放大器的原理相似。锁相放大器是用来侦测和测量非常小的交流信号，即使这些信号相对于噪声幅度非常微小，即所要检测的信号淹没在噪声中，也能进行准确的测量。因此，在失效分析上，锁相成像技术能够捕捉到极低发热信号的缺陷，并有效去除其他高热量噪声的干扰。

具体来说，锁相热成像的原理是：利用谐波调制激励源在被测物体内部产生正弦热波，然后在激励周期的特定时刻，采用数字锁相技术摄取并记录多幅物体表面的热图像，进而重构热图像信号。通过这种方式，我们可以提取到物体表面各点温度变化的相位图和幅值图。

锁相红外测试系统如图 5.3 所示，该系统包括计算机、红外热成像镜头以及可提供周期性激励的电源。

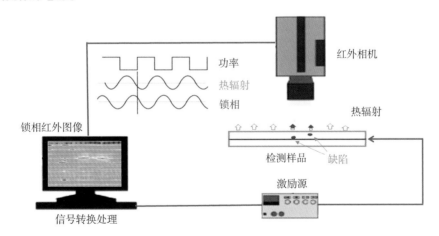

图 5.3　锁相红外测量系统

激励源采用的是周期性的电压方波，通过设定不同时间间隔的电压来激励可能出现问题的电路。根据焦耳定律，发热量 Q 与电流和时间直接相关。在周期性的电压方波的激励下，PCB 的热量通过正弦 / 余弦形式辐射。红外热成像摄像头接收到辐射信号后，通过计算机的锁相技术，得出热成像图像。

不同相位下的红外热像图如图 5.4 所示。

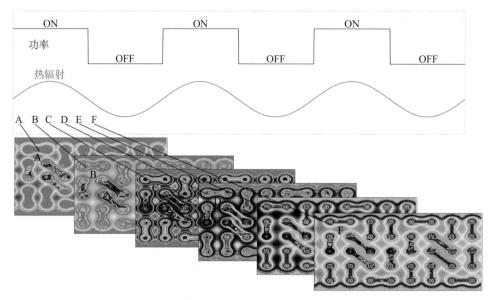

图 5.4　不同相位下的红外热像图

5.1.3　PCB 短路案例分析

本节主要讨论锁相红外技术在 PCB 失效分析的无损检测应用，所用锁相红外仪器的型号为：Optotherm Sentris。通过案例来验证锁相红外技术对 PCB 失效分析定位的准确性，并且进一步通过显微切片、扫描电子显微镜和能谱分析仪分析短路的失效模式和机理。

案例 1：PCB 短路缺陷分析

【案例背景】PCB 为 10 层 HDI 板，出货前电测检测到两个电气网络短路，所测得的电阻为 1.48kΩ，需要分析短路的原因。

【案例分析】首先依据 PCB 线路的 Gerber 图检查可能短路的位置，推测短路发生在 PCB 的第二层或第三层，但是无法通过外观检查和电阻测量分离出短路区域。PCB 的布线复杂，也无法通过 X 射线检测确定短路的位置。因此，本案例运用红外热成像检测仪来定位短路位置，先找到两个电气网络在 PCB 的表面连接盘，然后在连接盘上分别输入周期性的激励电压（参数为 0.4V 直流电压，频率为 0.5Hz），激励电压产生同步热信号，短路处的热信号被转换为热点，如图 5.5 所示。

定位热点位置后，再对照 PCB 线路的 Gerber 图进行排查，两个短路的电气网络的铜分别用紫色和绿色表示，黄色圆圈表示红外热点定位的位置，如图 5.6 所示。第一层，两个电气网络在热点处不相邻，无短路的可能；第二或者第三层，两个电气网络在热点附近相邻，有短路的可能。以此类推，再检查此热点之下的其他层，两电气网络并不相邻（Gerber 图省略）。因此，再次确定短路的位置就发生在第二层或者第三层。

接着用显微切片分析短路的失效模式。先用水平研磨，去除无异常的第一层、第二层铜后，透过板料观察到第三层铜有异常，热点区域与其相邻的电气网络之间有明显的外来夹杂物，如图 5.7 所示。为了确认外来夹杂物在层间的位置，对切片再灌胶后进行垂直研磨，观察到外来夹杂物在棕氧化层与预浸材料压合的界面。用扫描电镜和能谱仪对外来夹杂物进行分析，检测出外来夹杂物主要元素为铜，如图 5.8 所示，推测是 PCB 生产流程中的蚀刻不净或棕氧化后残留铜导致的短路。

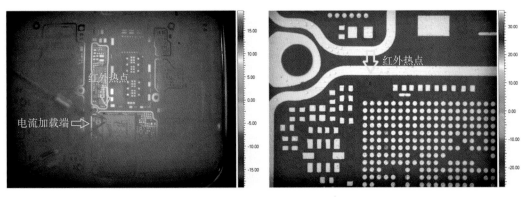

（a）红外热点成像低倍图　　　　　　　（b）红外热点成像高倍图

图 5.5　红外热点成像图像

（a）PCB 第一层线路图的热点位置　　　　　（b）PCB 第二层线路图的热点位置

（c）PCB 第三层线路图的热点位置

图 5.6　PCB 第一、二、三层线路图的热点位置

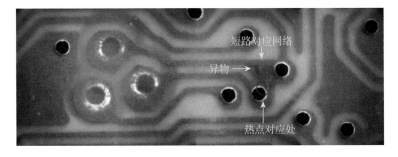

图 5.7　第三层铜与其上面的板料的金相显微图像（水平研磨后）

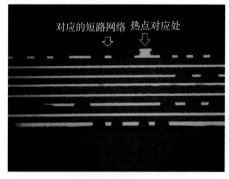

（a）金相显微镜明场图像（剖面）

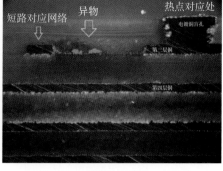

（b）金相显微镜暗场图像（剖面图）

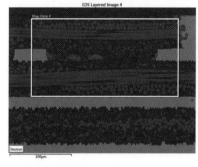

（c）外来夹杂物的 SEM 图像

（d）外来夹杂物的能谱分析（元素面分析图）

图 5.8　垂直切片显微分析

无损检测 PCB 的短路，除了红外热成像技术，还有磁场成像（Magnetic Field Imaging，MFI）技术，实现该技术的仪器称为超导量子干涉仪（Superconducting Quantum Interference Device，SQUID）。超导量子干涉仪的基本原理是基于超导约瑟夫森效应和磁通量子化现象，检测微弱磁信号。它不仅可以用来测量磁通量的变化，还可以将磁通量转化为其他的物理量，如电压、电流、电阻、电感、磁感应强度、磁场梯度、磁化率等。

超导约瑟夫森效应和磁通量子化现象在磁通、电压、电流之间形成超高灵敏的联动关系，如图 5.9 所示。

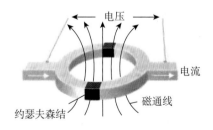

图 5.9　超导约瑟夫森效应和磁通量子化

当 PCB 绝缘电阻阻值下降，漏电电流会增大，就会产生微弱的磁场。结合电流与磁场的傅里叶转换关系，把磁场的分布转换成电流的分布，就可以定位异常的位置。扫描 SQUID 显微镜是结合 SQUID 和扫描探针技术发展起来的高灵敏度微区磁信号探测仪器，有望成为未来检测集成电路芯片缺陷的关键技术。

5.2　PCB 烧板失效分析

PCB 在电子整机产品中，不但为其他电子元器件提供机械支持，而且是各种电子元器件连接的重要纽带。电子产品在工作过程中，如果元器件出现散热困难，那么有可能导致 PCB 过热，出现绝缘层被击穿、烧毁等现象。轻则电子产品报废，重则可能引发起火、爆炸等重大安全事故。PCB 烧板局部图如图 5.10 所示。

图 5.10　PCB 烧板局部图

5.2.1　PCB 烧板分析技术

要分析 PCB 烧板的原因，首先需要找到起火的源头。一般来说，先采用无损检测技术进行排查和定位，然后再进行破坏性分析。

无损检测常用的方法有电阻测量、红外热成像和 X 射线检测。电阻测量是使用电阻表对怀疑的线路进行检测，这需要结合 PCB 线路的 Gerber 图进行排查。红外热成像技术是检测发热异常的位置。X 射线检测是检测内部结构的完整性。

如果 PCB 烧板严重，例如绝缘材料严重碳化、铜导体熔化变形、散落，那么通过显微切片分析很难获取烧板的直接原因。因为在切片研磨过程中，烧板位置由于结构疏松，容易遭受二次破坏。

如果 PCB 烧板不严重，其基本结构如线路、绝缘材料都未受到严重的破坏，并且能够无损检测出起火点的位置，通过显微切片分析，有可能找到烧板的直接原因。

5.2.2　烧板案例分析

案例 1：PCB 烧板分析

【案例背景】某电子产品工作异常，用电阻表检测到 PCB 存在短路。通过线路排查，定位短路的位置在 PCB 的镀覆孔处，如图 5.11 所示。用 X 射线对镀覆孔进行检测，但是并未观察到镀覆孔异常，如图 5.12 所示，于是需要分析短路的原因。

【案例分析】把 PCB 的镀覆孔区域切割下来，灌胶固化后，对 PCB 进行水平研磨抛光，除去第一层、第二层铜后，显露出第三层铜，观察到短路的镀覆孔之间的板料内有明显的空洞，如图 5.13 所示。为了确认空洞在层间的位置，对切片再灌胶后进行垂直研磨，观察到部分玻璃纤维黏结相邻，以及铜粒分散在玻璃纤维周围，同时，也观察到镀覆孔的芯吸（wicking）现象，如图 5.14 所示。此外，在 PCB 镀覆孔另一处短路的位置进行显微切片分析，观察到典型的导电阳极丝，如图 5.15 所示。

综合以上的分析结果，推测 PCB 镀覆孔之间可能有导电阳极丝（CAF），在通电的情况下，导电阳极丝过热产生的高温导致铜熔化、玻璃纤维熔融，以及板料的树脂碳化。板料被高温灼烧后变得疏松，从而形成空洞。此外，镀覆孔的芯吸是导电阳极丝形成的潜在风险。

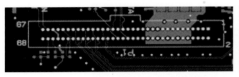

（a）PCB 镀覆孔的电路图（安装连接器作用）　　　（b）PCB 镀覆孔安装上连接器的示意图

图 5.11　PCB 电路与连接器图

图 5.12　PCB 镀覆孔安装上连接器的 X 射线图像

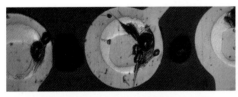
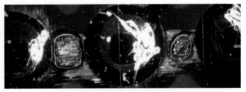

（a）水平研磨切片金相显微明场图像（空洞）　　　（b）金相显微暗场图像（空洞与疑似芯吸）

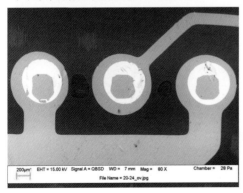
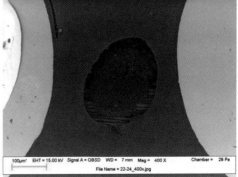

（c）水平研磨切片的 SEM 图像　　　（d）水平研磨切片的 SEM 放大图像（空洞）

图 5.13　水平研磨切片分析

（a）金相显微明场图像（铜嵌在烧焦板料内）　　（b）金相显微暗场图像（烧焦与芯吸）

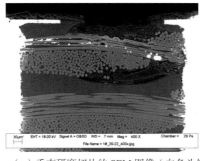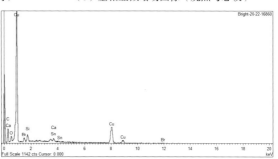

（c）垂直研磨切片的 SEM 图像（白色为铜粒）　　（d）白色铜粒 ESD 谱图

图 5.14　垂直研磨切片分析

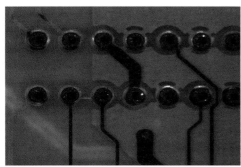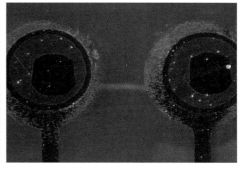

（a）水平研磨切片金相显微图像　　（b）水平研磨切片金相显微图像（疑似 CAF）

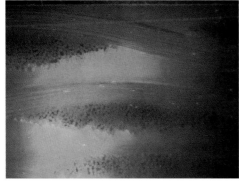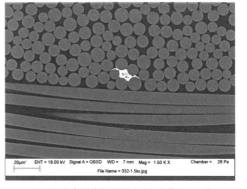

（c）垂直研磨切片金相显微图像（疑似 CAF）　　（d）垂直研磨切片的 SEM 图像（CAF）

图 5.15　短路镀覆孔显微切片分析

案例 2: PCB 烧板分析

【案例背景】某电子产品工作异常，检查发现 PCB 样品表面烧毁严重，内部线路连接已经完全断开，需要分析烧板的原因。

【案例分析】用 X 射线 CT 对烧板区域的内部结构进行检测，结果如图 5.16 所示。样品俯视图的断层图像显示，镀覆孔与参考层（Reference Plane）有无规则的阴影，并且阴影处有分散的亮点，推测阴影为铜缺失区域，亮点为高密度金属；样品的前视图和右视图的断层图像显示镀覆孔孔壁铜缺失，并且 PCB 内层铜明显变形；CT 的三维图像显示镀覆孔孔壁铜缺失，而且孔周围分布大小不一的金属铜块。

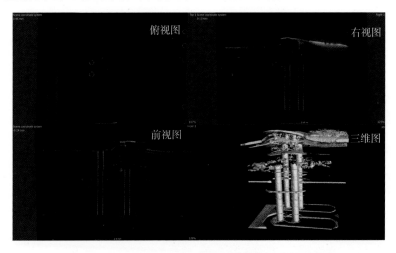

图 5.16　烧板后的 PCB X 射线 CT 断层和三维重构图

【评论与建议】从 X 射线 CT 的结果推测，PCB 烧板的温度过高导致铜熔化，以及 PCB 连接结构受到严重的破坏，但并未找到导致烧板的起火点，PCB 烧板的具体原因有待进一步分析。

5.2.3　PCB 烧板的分析和原因讨论

分析 PCB 烧板的原因，首先需要确定起火点，而 PCB 结构的完整性对起火点的认定有决定性的作用。在分析烧板原因时，我们可以采用外观检查、X 射线检测、显微切片检测等常规检测技术。烧板的原因需要从以下 4 个方面进行综合考虑。

（1）PCB 方面的原因

• PCB 设计是否符合工作的要求？比如导体的间距、导体的电阻等。

• PCB 的原材料是否符合工作的要求？比如导体间的绝缘性能等。

• PCB 的制作过程中是否存在短路和污染等问题。

（2）电子元器件的原因（例如电容器）

• 故障是否随机发生？

• 是否由电子元器件故障导致 PCB 板过热？

- 电子元器件的质量是否符合要求？

（3）PCB 与电子元器件结合的原因

- PCB 与电子元器件组装结合时是否有裂缝？
- 锡膏印刷是否导致焊接短路？
- 是否有助焊剂或锡膏残留在 PCB 表面？

（4）使用条件的变化

- 工作电流、电压是否异常增大？
- 是否工作环境（如震动、高温、高湿）使 PCB 和电子元器件加速老化？
- 是否腐蚀性环境使 PCB 和电子元器件加速老化？

参考文献

[1] 张滨海 , 方培源 , 王家楫 . 红外发光显微镜 EMMI 及其在集成电路失效分析中的应用 [J]. 分析仪器 ,2008,5: 15-18.

[2] 徐义广 , 刘波 , 李艳红 . 被动式与主动式红外热成像技术研究 [J]. 应用光学，2008，29（5）:44-48.

[3] 吕事桂 , 刘学业 . 红外热像检测技术的发展和研究现状 [J]. 红外技术，2018，3:214-219.

[4] 曹鼎汉 . 斯特藩 - 玻尔兹曼辐射定律及其应用 [J]. 红外技术，1994，16(3).

[5] 陈林 , 杨立 , 范春利 , 等 . 红外锁相无损检测及其数值模拟 [J]. 2013, 2: 119-121.

[6] 万九卿，李行善 . 印制电路板 (PCB) 的红外热像诊断技术 [J]. 电子测量与仪器学报 ,2003,2:19-25.

[7] Daren Slee, Jeremiah Stepan , Wei Wei ,et al. Introduction to Printed Circuit Board Failures [C]. Toronto Canada: IEEE, 2009 IEEE Symposium on Product Compliance Engineering.

[8] Daren T. Slee. Printed Circuit Board Propagating Faults[C]. Worcester, Massachusetts, USA: ISTFA 2004 Conference Proceedings from the 30th International Symposium for Testing and Failure Analysis.

[9] Sentris Thermal Imaging Microscope Semiconductor Device Failure Analysis[EB].[2023-6-30].

[10] Otwin Breitenstein. Lock-in Infrared Thermography for IC Failure Analysis[C]. 36th International Symposium for Testing and Failure Analysis American Society for Metals.[2023-6-30].

[11] O Breitenstein,J.P. Rakotoniaina，F Altmann，J Schulz，G Linse, Fault Localization and Functional Testing of ICs by Lock-in Thermography[C].

[12] A Prabaswara，JW Min，C Zhao，et al.Direct Growth of III-Nitride Nanowire-Based Yellow Light-Emitting Diode on Amorphous Quartz Using Thin Ti Interlayer J].Nanoscale Research Letters, volume 13, Article number: 41 (2018).

第 6 章
PCB 可靠性测试与
失效分析

6.1 PCB 可靠性测试方法概述

可靠性科学起源于第二次世界大战期间美国军用飞机的电子管故障问题，近几十年来得到了更深入、更广泛的研究和发展。可靠性是指在规定的条件和时间内，产品完成规定功能的能力。这里的产品是一个广义的术语，可以指任何元器件、零部件、组件、设备、分系统或系统，包括硬件或软硬件的结合体，如印制电路板。

规定条件涉及产品的使用环境、负载和工作方式等多个方面。环境条件，如温度、湿度、噪声和震动等会影响产品的可靠性；而负载条件，如工作电压、电流和机械应力等也是重要的影响因素。工作方式包括连续工作和间断工作两种模式。这些规定条件对产品的可靠性具有直接影响，同一产品在不同使用条件下可能会表现出不同的可靠性。

产品的可靠性是随时间变化的，因此可以看作是产品质量在时间轴上的体现。即使产品的基本性能测试合格，在经过一段时间的使用后，部分产品也可能会出现故障。这是因为基本性能测试并不能全面反映产品的质量，而可靠性则是产品质量的重要组成部分，它表示产品在特定条件下能连续正常工作的能力。所以，即使产品的基本性能良好，也并不意味着其可靠性高。可靠性关注的是产品上市后的失效或故障问题。

为了量化产品的可靠性，我们通常使用统计概率的数据来描述，并引入了一些可靠性度量参数，如可靠度 $R(t)$、故障率 $\lambda(t)$、平均失效前时间（MTTF）、平均故障间隔时间（MTBF）、可靠寿命、存储寿命和使用寿命等。

由于大多数产品的故障率都是时间的函数，因此可以使用故障率作为产品的可靠性特征值，并绘制出以使用时间为横坐标、故障率为纵坐标的曲线。这条曲线通常呈现两头高、中间低的形状，类似于浴盆，因此被称为"浴盆曲线"，如图 6.1 所示。大量数据表明，电子产品的故障率也遵循这一规律。

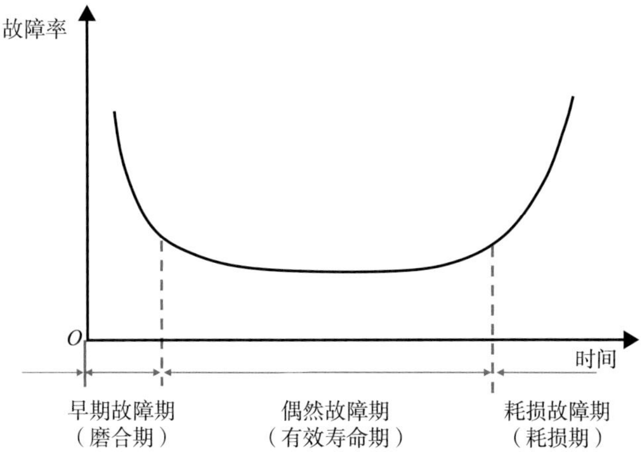

图 6.1　产品故障率浴盆曲线

失效率随使用时间变化分为 3 个阶段：早期故障期、偶然故障期和耗损故障期。

（1）早期故障期。在产品投入使用的初期，产品的故障率较高，问题较多，当这些问题逐渐得到处理后，故障率会迅速下降。

（2）偶然故障期。在产品投入使用一段时间后，产品的故障率可降到一个较低水平，且基本处于平衡状态，可以近似认为故障率为常数，这一阶段就是偶然故障期，故障的发生是随机的，无法预测。

（3）损耗故障期。在产品使用相当长时间后，由于设备老化、疲劳等剧烈磨损因素的影响，故障率会急剧上升直至产品报废，因此在耗损起始点到来之前进行预防性维修可以延长产品的使用寿命。

为了评估产品可靠性而进行的试验称为可靠性试验，可靠性试验的目的包括以下几个方面。

（1）环境应力筛选（Environment Stress Screening），目的是发现和排除不良元器件、制造工艺和其他原因引入的缺陷所造成的早期故障。在产品研发阶段和生产阶段开展。

（2）可靠性研制试验（Reliability Development Test），目的是通过对产品施加适当的环境应力、工作载荷，寻找产品中的设计缺陷，以改进设计，提高产品的固有可靠性。在产品研发的早期和中期阶段开展。

（3）可靠性增长试验（Reliability Growth Test），目的是对产品施加模拟实际使用环境的综合环境应力，暴露产品中的潜在缺陷并采取纠正措施，使产品的可靠性达到规定的要求。在产品研发的中期阶段开展。

（4）可靠性鉴定试验（Reliability Qualification Test），验证产品是否达到规定的可靠性要求。在产品设计定型阶段开展。

（5）可靠性验收试验（Reliability Acceptance Test），验证批量生产的产品是否达到规定的可靠性要求。在产品批量生产阶段开展。

（6）寿命测试（Life Test），测试产品在规定条件下的使用寿命或存储寿命。在产品设计定型阶段开展。

在可靠性试验中，会对样品施加一定的应力，使其发生性能的变化，从而判断是否失效。可靠性试验中有很多应力种类，如环境应力，包括温度、湿度、盐雾等；如机械应力，包括摩擦、震动、冲击；如电应力，包括电压、电流、电场强度等。应力不同，对可靠性的影响也不同。在实际应用中，产品经常会暴露在多种应力条件下，根据美国 Hughes 航空公司的统计报告，环境应力中温度、湿度和震动对电子产品故障的影响尤为显著。在正常的工作状态下，要获得产品在不同应力状态下的失效率，试验耗时长，需大量样本数量，成本就成为制约评估可靠性的因素。为了在短时间内获得产品在不同应力状态下的失效率数据，可靠性工程师通常会采用加速试验方法，并利用各种加速模型来推算产品在正常工作条件下的可靠性。

（1）温度应力加速模型

在仅考虑温度应力对电子产品的影响时，通常可以用阿伦尼斯（Arrhenius）反应速率公式描述

$$r = A\mathrm{e}^{-\left(\frac{E_a}{kT}\right)} \tag{6.1}$$

式中，r 为反应速率（rate）；A 为与温度无关的未知常数；E_a 为激活能，单位为电子伏特（eV）；k 为玻尔兹曼常数（$8.62 \times 10^{-5}\,\mathrm{eV/K}$）；$T$ 为绝对温度（单位为开尔文，K）。

假设产品的寿命 L（Life）和反应速率成反比，那么式（6.1）可以写成

$$L = \frac{1}{A}\mathrm{e}^{+\left(\frac{E_a}{kT}\right)} \tag{6.2}$$

那么加速因子 A_f，即是产品在正常工作温度的寿命 L_0 与在加速温度下 L_s 的寿命比值，

$$A_f = \frac{L_{T_0}}{L_{T_s}} = \frac{A\mathrm{e}^{+\left(\frac{E_a}{kT_0}\right)}}{A\mathrm{e}^{+\left(\frac{E_a}{kT_s}\right)}} = \mathrm{e}^{\frac{E_a}{k}\left(\frac{1}{T_0} - \frac{1}{T_s}\right)} \tag{6.3}$$

激活能 E_a 从化学反应的难易程度来说，是指表示发生化学反应时所需的最小的能量。对于半导体产品来说，E_a 值可参考 JEDEC JEP122G。

（2）电压应力加速模型

在加速寿命试验中，如果有电应力，如电压作为加速，一般服从逆幂律模型。逆幂律由动力学理论和激活能得出。该模型的基本寿命分布是威布尔分布。它是一个经验模型，平均失效时间（寿命）随施加应力（一般是电压）的 n 次幂的减小而减少。逆幂律的表达式为

$$L_s = \frac{C}{V_s^n}, \quad (C > 0) \tag{6.4}$$

式中，L_s 为加速应力 V_s 下的平均寿命：C 和 n 是常数。正常工作条件下的平均寿命

$$L_0 = \frac{C}{V_0^n} \tag{6.5}$$

于是，加速应力 V_s 相对于正常工作应力 V_0 的逆幂律加速因子 A_f 为

$$A_f = \frac{L_0}{L_s} = \left(\frac{V_s}{V_0}\right)^n \tag{6.6}$$

（3）温度和湿度应力

在考虑温度、湿度应力电子元器件产品的影响时，有 Arrhenius-Peck 模型，其加速因子为

$$A_f = \frac{L_0}{L_s} = \left(\frac{RH_0}{RH_s}\right)^n e^{\frac{E_a}{k}\left(\frac{1}{T_0} - \frac{1}{T_s}\right)} \tag{6.7}$$

式中，L_0 为正常工作条件下的寿命；L_s 为加速应力条件下的寿命；RH_0 为正常工作湿度；RH_s 为加速应力湿度；T_s 为加速应力温度；T_0 为正常工作温度。N 的取值为 $-3.0 \sim -2.5$；E_a 的取值为 $0.77 \sim 0.81eV$。

（4）温度、湿度和电压应力加速模型

在考虑温度、湿度和电压应力对塑封集成电路产品的影响时，其失效模式是腐蚀导致线路恶化或者短路，器件的失效时间可以表示为

$$t = V e^{\frac{E_a}{kT}} e^{\frac{\beta}{RH}} \tag{6.8}$$

式中，t 为失效时间；V 为施加电压；E_a 为激活能；k 是玻尔兹曼常数（$8.62 \times 10^{-5}ev/K$）；T 为绝对温度（开尔文，K），β 为未知常数，RH 为相对湿度。那么，加速因子为

$$A_f = \frac{t_0}{t_s} = \frac{V_0}{V_s} e^{\frac{E_a}{k}\left(\frac{1}{T_0} - \frac{1}{T_s}\right)} e^{\beta\left(\frac{1}{RH_0} - \frac{1}{RH_s}\right)} \tag{6.9}$$

式中，V_0 为正常工作电压；V_s 为加速应力电压；β 为未知常数，T_0 为正常工作温度，T_s 为加速应力温度；RH_0 为正常工作湿度；RH_s 为加速应力湿度。

（5）重复应力加速模型

在考虑重复应力而导致的疲劳失效，在焊点疲劳评估有广泛的应用。在 JEDEC JESD94A 中的 Norris-Landzberg 模型是从 Coffin-Manson 和 Goldmann 方程的修正得来的，适用于温度循环或冲击试验的加速模型，反映了温度交变应力作用下的疲劳破坏，其加速因子为

$$A_f = \frac{N_0}{N_s} = \left(\frac{f_0}{f_s}\right)^m \left(\frac{\Delta T_0}{\Delta T_s}\right)^{-n} \left(e^{\frac{E_a}{k}\left(\frac{1}{T_{max,0}} - \frac{1}{T_{max,s}}\right)}\right) \tag{6.10}$$

式中，N_0，N_s 分别为正常使用和加速应力的失效周期数；f_0，f_s 分别为正常使用和加速应力的循环频率；ΔT_0、ΔT_s 分别为正常使用和加速应力下最高温度与最低温度之间的温差（单位为开尔文）；T_{max-0} 和 T_{max-s} 分别为正常使用和加速应力下的最高温度，k 为玻尔兹曼常数（$8.62 \times 10^{-5}ev/K$）；E_a 为激活能，单位为电子伏特（eV）；m、n 为未知的常数。对于 SnPb 共晶焊料，m 和 n 分别为 1/3 和 1.9，$\frac{E_a}{k}$ 为 1414。

在选择合适的加速模型时，需要考虑各种环境因素，如温度、湿度、振动、冲击和电应力等，这些都可能影响产品的老化和使用寿命。产品在短时间的加速应力条件下所暴露的失效模式和失效机理，应与长时间使用环境下的情况相一致。只有这样，通过加

速试验获得的结果才能真实反映产品的可靠性水平。加速模型往往是基于工程师对特定产品性能的长期观察而提出的经验模型，这些模型都有其特定的适用范围。因此，我们需要通过针对具体产品的试验和大量的统计数据来验证其有效性。

在实施电子设备的加速试验时，通常采用整机加速的方式。可参考的标准众多，如中国国家标准（GB）、中国国家军用标准（GJB）、国际电工委员会标准（IEC）、美国军用标准（MIL）、美国电子器件工程联合标准（JEDEC），以及日本电子机械工业协会标准（EIAJ）等。但本书所讨论的可靠性测试专门针对 PCB，而非整机产品。加速老化测试的条件则主要参考美国电子工业联接协会（IPC）、美国电子器件工程联合委员会（JEDEC）或用户所规定的条件。我们通过施加模拟环境、应用条件或组装工艺的应力来激发故障或暴露设计、来料、工艺等方面的薄弱环节，并在对故障或失效做出正确分析后采取相应的纠正措施，以提升产品的可靠性。

6.2 耐 CAF（导电阳极丝）测试案例与失效分析

6.2.1 导言

1. 绝缘电阻介绍

在电气设备的连接中，我们常常会见到电线用来连接发动机、电缆、开关等。电线由金属导体和绝缘材料组成，其中金属导体的作用是传输电流，绝缘材料的作用是阻挡电流泄漏。金属导体被绝缘材料包裹后，电流只能沿着金属导体流动。电线的金属导体与绝缘材料的关系，可以用水管与水流的关系来说明，如图 6.2 所示。图 6.2（a）为水在水管内流动，水管的作用是在水泵的作用下，维持水沿着水管方向流动，如果水管有缺口，那么水就会泄漏出来。图 6.2（b）为电流在电压作用下，在铜导体内流动，绝缘材料如果破裂，那么电流就会泄漏，产生漏电电流。

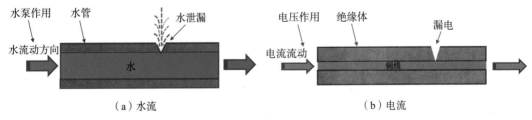

（a）水流　　　　　　　　　　　　（b）电流

图 6.2　水流和电流的比较

在电子电气设备中，影响绝缘材料性能的因素有机械损伤、震动、高温、低温、湿气、腐蚀性气体、污染物等。当绝缘材料产生细微的空洞或者裂缝时，就无法起到绝缘的作用，湿气和污染物就会进入导体，形成与导体连接的低电阻物质，产生漏电电流，从而影响设备正常工作。随着漏电电流的增大，可能会出现短路现象，进而引发电器局部过热、燃烧甚至火灾等安全问题。

因此，需要对绝缘电阻阻值进行规范，以确保电子电气设备正常工作。例如，IPC-

9252 建议最大电压下的漏电电流不应当超过 10μA。此外，不同的标准和规范如 IPC-SM-840E 对阻焊剂和挠性覆盖材料的绝缘性能、IPC-4553A 印制板浸银规范对表面绝缘电阻的要求也各有不同。一般情况下，绝缘电阻的接受要求，可以参考表 6.1 的值，但是绝缘电阻值的阻值与材料、导体间距、导体类型、环境温度、湿度、加载电压等密切相关。

表 6.1　绝缘电阻的接受要求

绝缘电阻阻值	判断
≥ 100MΩ	可以接受
10MΩ ~ 100MΩ	电性能正常，但是需要定期检查
1MΩ ~ 10MΩ	电性能退化，需谨慎处理和定期检查
<1MΩ	不可接受

2．PCB 耐 CAF（导电阳极丝）测试

（1）CAF 形成的机理

20 世纪 70 年代，美国贝尔实验室的研究人员在对通信和计算机设备进行高温、高湿、电压的可靠性测试时，检测到电路板导体间的漏电电流急剧增加，即绝缘电阻急剧下降。对故障进行分析后，观察到两绝缘镀覆孔导体间有细小的导电丝连接，导电细丝从导体的阳极开始，沿着 PCB 板料的环氧树脂与玻璃纤维的界面向导体的阴极生长，研究人员把这种现象称为导电阳极丝（Conductive Anodic Filament，CAF），如图 6.3 所示。玻璃布通过硅烷偶联剂与树脂结合，在 PCB 的钻孔过程中，由于切向拉力及纵向冲击力的作用，可能导致玻璃布与树脂出现间隙。此外，在高温高湿环境下，硅烷偶联剂水解也可能导致玻璃布与树脂分离。

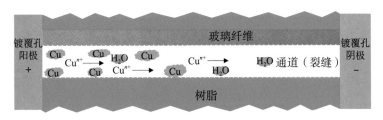

图 6.3　PCB 镀覆孔剖面典型导电阳极丝

对于 CAF 的形成机理，美国贝尔实验室的研究人员认为 CAF 是一种电化学迁移现象。CAF 形成的过程是：首先是玻璃纤维与树脂的结合退化分离，为 CAF 的形成提供通道，通道的形成与玻璃纤维表面处理、温度、湿度和应力等因素有关；其次是电化学反应，在潮湿的通道环境以及电压（电场）差的作用下，阳极的铜溶解为铜离子，铜离子沿着通道向阴极迁移，在移动过程中，部分的铜离子得到电子，形成铜（原子），或者与通道中的杂质形成导电铜盐，其反应可用如下方程式表示。

阳极：

$$Cu \longrightarrow Cu^{n+} + ne^-$$

$$H_2O \longrightarrow 0.5O_2 + 2H^+ + 2e^-$$

阴极：

$$H_2O + e^- \longrightarrow 0.5H_2 + OH^-$$

一般来说，CAF 的形成需要以下 5 个必要条件。

（1）离子迁移的通道。

（2）水分的存在，提供电解液的媒介。

（3）金属导体。

（4）导体间有电势差，提供离子运动的动力。

（5）一定的时间。

根据 PCB 线路连接的结构，产生典型的导电阳极丝（CAF）的情况有镀覆孔到镀覆孔（PTH to PTH），镀覆孔到线（PTH to Trace）、镀覆孔到参考层（PTH to Reference Plane）、线到线（Trace to Trace）、层到层（Layer to Layer），如图 6.4 所示。

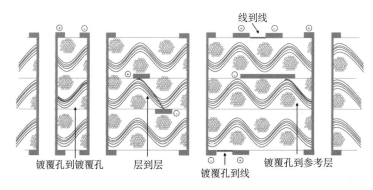

图 6.4　典型的 PCB 导电阳极丝（CAF）的位置

在相同条件下，CAF 发生的概率，总的来说有这样的规律：镀覆孔到镀覆孔 > 镀覆孔到线 ≈ 镀覆孔到参考层 > 线到线 > 层到层。一些研究人员对 CAF 导致的失效做出了不同的预测模型，如 Mitchell 和 Welsher 提出的 Mitchell CAF 模型：

$$MTTF = \alpha \cdot \left(1 + \frac{\beta \cdot L^n}{V}\right) \cdot H^\gamma \cdot \exp(E_a / RT) \qquad (6.11)$$

式中，MTTF 为平均失效前时间，α、β 为与材料相关的常数，L 为导体的间距，n 为导体的方向，V 为加载的电压，H 为相对湿度，γ 为湿度相关系数，E_a 为激活能，R 为气体常数，T 为温度单位。对于镀覆孔到镀覆孔来说，n 的值等于 4，公式适合于温度在 50 ~ 100℃、相对湿度为 60% ~ 95% 的环境。

从式（6.13）中可知，原材料、线路的设计、测试的条件与 CAF 失效直接相关；但是此模型对于 PCB 加工制造参数的变化，如材料的压合、钻孔、电镀、蚀刻等工艺的变化，并未做进一步的说明。因此，在工艺控制的范围内，进行 PCB 样品耐 CAF 测试，是评估 CAF 发生风险最直接的方法。

（2）CAF 测试类型

在 PCB 的测可靠性测试中，CAF 测试也被称为电化学迁移测试。根据测试的条件和设计样品的要求，常见的 CAF 测试有以下 3 种类型。

• 第一种：不加载电压，测试湿热绝缘电阻（Temperature，Humidity，T/H）；

• 第二种：加载电压，测试湿热表面绝缘电阻（Surface Insulation Resistance，

SIR）；

• 第三种：加载电压，测试湿热内层绝缘电阻（Temperature，Humidity，Bias，T/H/B）。

由于第一种测试类型没有外部电压加载，离子迁移的概率远低于其他两种情况。

第二种测试类型是湿热表面绝缘电阻测试，用于测定电子元器件上残留的助焊剂对电气设备长期可靠性的影响。该测试的主要目的是评估残留的助焊剂的导电性和腐蚀性物质对电子元器件可靠性的影响，或者用来评估 PCB 表面的洁净情况。

湿热表面绝缘电阻测试，属于离子迁移模式，是阳极的金属离子溶解，并向阴极迁移。阳离子到达阴极得到电子，变成金属形态。当阳离子持续在阴极沉积，形成树枝状的结晶，并在阴极生长。随着结晶生长，阳极导体和阴极导体的距离变小，当树枝状的结晶与阳极连接起来，导体就短路了，如图 6.5 所示。枝晶迁移方向导电阳极丝生长方向相反，主要原因是 SIR 表面形成的通道足够大，有利于阳离子自由快速移动到阴极，形成枝晶状导电物质。

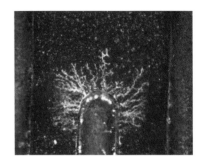

图 6.5　枝晶生长

对于 PCB 测试来说，进行湿热表面绝缘电阻测试，可以评估 PCB 制造流程中表面残留的污染物，这些污染物可能来源于工艺残留、环境污染，或者是在操作过程中引入的污染物（如汗水、手印、纤维丝等），这些污染物都有可能降低表面绝缘电阻值。

第三种测试，也可称为温度湿度电压（偏置电压）测试或 T/H/B 测试，测试的温度、湿度和电压对离子迁移的产生有很大影响。T/H/B 测试也被称为耐 CAF 测试。

3. PCB 耐 CAF（导电阳极丝）测试技术

无论是进行 CAF 测试还是 SIR 测试，它们都需要在高温、高湿和加载直流电压的条件下进行，从测试原理来看，这两者是相同的。但它们的主要区别在于测试的对象不同。对于 PCB 板而言，SIR 测试主要针对的是 PCB 外层的导体，这些导体通常与空气直接接触，并没有其他非金属材料覆盖；相对而言，CAF 测试则主要针对 PCB 内层被绝缘材料覆盖的导体。

对 PCB 进行绝缘电阻测量，本文所用的方法有两种，测量原理如图 6.6 所示。

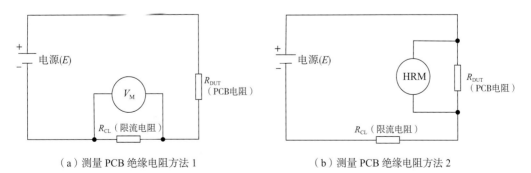

（a）测量 PCB 绝缘电阻方法 1　　　　　　（b）测量 PCB 绝缘电阻方法 2

图 6.6　PCB 绝缘电阻测量原理

连接限流电阻的目的是保护导电阳极丝在测试过程中不被破坏，同时防止导体间的绝缘材料由于漏电电流过大而被电击穿。

方法（a）是通过测量限流电阻的分压（V_M）来计算 PCB 的电阻，其计算方法如下。

$$R_{DUT} = \frac{E \times R_{CL}}{V_M} - R_{CL} \tag{6.12}$$

式中，E 为加载的直流电压；R_{DUT} 为 PCB 的绝缘电阻；R_{CL} 为限流电阻；V_M 为限流电阻的分压。

方法（a）通过与多通道的数据采集设备联用，就可在线连续测量限流电阻的分压（V_M），从而计算 PCB 的绝缘电阻。

方法（b）是用高电阻（High Resistance Meter，HRM）仪器直接对 PCB 进行电阻测量，主要用来定位 PCB 绝缘电阻失效的位置。

对 PCB 进行湿热绝缘电阻测试，根据导通孔到导通孔、导通孔到线、导通孔到参考层、线到线、层到层的评估要求，可以设定不同的导体连接类型，如图 6.7 所示，对 PCB 的原材料、设计、工艺和能力等进行评估。当样品出现失效时，能够分割连接在表面的线路，快速地定位电阻异常的位置，是进行显微切片分析前最为关键的一步。

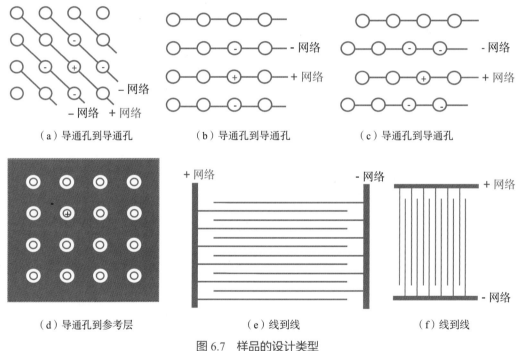

（a）导通孔到导通孔　　　　（b）导通孔到导通孔　　　　（c）导通孔到导通孔

（d）导通孔到参考层　　　　（e）线到线　　　　（f）线到线

图 6.7　样品的设计类型

进行 PCB 的湿热绝缘电阻测试，一般依照以下流程进行。

（1）准备高温高湿环境箱和绝缘电阻测量系统，如直流电源、数据采集设备、限流电阻、PTFE（聚四氟乙烯）绝缘铜电线、焊线工具等。

（2）准备 PCB 测试附连板，并对 PCB 测试附连板进行外观检查、电测检查等。

（3）对 PCB 测试附连板进行预处理，如模拟组装的焊接条件或者温度冲击条件，测试 PCB 在热应力的冲击下，是否会出现开裂等。如果 PCB 导体间的板料出现裂缝，将增加离子迁移的风险。

（4）焊接绝缘铜电线与连接盘或者镀覆孔。一般来说，PCB 测试附连板的连接盘或镀覆孔需要预先设计并可以焊接牢固。

（5）焊线完成后，将 PCB 测试附连板垂直放在环境测试箱中。使循环气流与 PCB 测试附连板方向平行，各 PCB 试样间至少有大约 2.5cm 的间隔，避免水珠在 PCB 试样表面凝结。

（6）把焊接好的电线引出环境箱体外，并连接测试设备和仪器。测试样品一般需要在环境箱体内静置一定的时间，并且不加载电压，以使 PCB 测试附连板的绝缘材料在加载电压（偏置电压）前到达温度和湿度平衡的状态。

（7）设定试样在环境箱内的静置时间，IPC-TM-650 2.6.5 推荐 96 小时，也有用户指定 24 小时。然后就可以开始对 PCB 试样加载直流电压并测量 PCB 的绝缘电阻了。

4．PCB 耐 CAF 失效分析技术

PCB 试样在湿热绝缘电阻测试过程中，若检测的绝缘电阻低于限值，需要进行失效分析。为了避免绝缘电阻在室温环境下绝缘电阻升高或者恢复正常，需要尽快定位失效位置。在取出样品前，需要确认环境箱的温度和湿度是否调整为与室温的条件一致，绝缘电阻是否依然处于失效的状态。如果在室温环境下绝缘电阻是正常的，那么几乎无法进行失效分析。如果在室温环境下，绝缘电阻依然失效，就可以进行失效位置的定位分析。定位失效位置有两种方法，一种是有损检测，另一种是无损检测。

有损检测的前提是测试的电气网络连接的节点分布在样品表面。用刀片切断隔离，然后通过高电阻仪器逐一检测，并定位阻值最低的位置。测试试样从环境箱取出来后，用高电阻仪器测量试样时，测量的极性要与测试样品在环境箱测试连接的极性相同，同时连接上限流电阻（常用 1MΩ），以保护 CAF。

以镀覆孔到镀覆孔失效为例，按照二分法的原理分割孔的连接线，逐渐逼近目标孔，最终锁定绝缘电阻最小的一对孔，如图 6.8 所示。在测量绝缘电阻时，施加的电压值与测试箱测试的电压值相同。如果绝缘电阻有上升的趋势，可以适当增加电压，提高漏电电流，有助于寻找失效的孔。定位失效位置后，需要做好标记，包括正、负极性，这样就可以对样品进行微切片分析了。对于镀覆孔到参考层的失效，需锁定具体的孔与层；对于线到线的失效，需定位具体的一对线。

此方法属于破坏性的分析方法，对线路进行切割时，不能损伤线路周围的孔，应以线路刚好被切断为佳。

如果无法通过切割外层线路来定位缺陷的位置，就需要其他的检测方法，如红外热成像技术、磁场成像（Magnetic Field Imaging，MFI）技术等。

定位绝缘电阻失效的位置后，可以尝试先用 X 射线 CT 进行三维分析，至于是否能清晰地观察到导电阳极丝，取决于阳极丝的尺寸和 X 射线的分辨率，然后利用破坏性的

显微切片方法对样品进行分析。显微切片方法主要从俯视、侧视和正视 3 个方向对导电物质进行观察，一般有 3 个研磨步骤：第一步是与 PCB 平行，即是俯视导电物质的水平研磨，直至观察到导电物质；第二步对切片重新灌胶，进行垂直研磨，从侧面（与导电物质生长方向平行）观察导电物质的形貌；第三步再次灌胶，进行垂直研磨，从正面（与导电物质生长方向垂直）观察导电物质的形貌。在实际研磨过程中，也可以根据导电阻阳极丝的形貌及工程师的经验来增减研磨步骤。由于导电物质的形貌是未知，研磨抛光过程中稍有差错，都有可能破坏或直接磨去导电物质，导致整个测试前功尽弃。用金相显微镜可以观察到失效的位置后，可以通过扫描电镜（SEM）、能谱仪（EDS）等进行深入的机理分析。

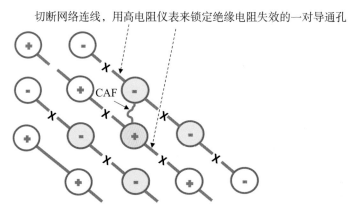

图 6.8   二分法分割定位绝缘电阻失效孔

6.2.2   耐 CAF 测试与失效分析案例

1. 镀覆孔到镀覆孔（PTH-PTH）

镀覆孔与镀覆孔之间发生绝缘电阻失效一般有两种情况，一种情况是铜离子在板材的树脂与玻璃纤维之间迁移或在空心玻璃纤维中迁移形成导电阳极丝，另一种情况是铜离子在外来夹杂物中迁移。

案例1：镀覆孔到镀覆孔的导电阳极丝在玻璃布与树脂之间

【样品信息】PCB 材料为 FR-4，6 层板，测试附连板的镀覆孔孔径为 0.3mm，孔边间距为 0.3mm。

【测试条件】温度、湿度、偏压、时间分别为 85℃ ± 2℃、相对湿度 83％ ~ 88％、100 ± 5V 直流电压、1000h，绝缘电阻测量电压为 100V 直流电压。组装预处理模拟条件：无铅再流焊 3 次（260℃峰值温度）。绝缘电阻小于 $1.0 \times 10^7 \Omega$ 判断为失效。

试样完成组装预处理后，放在环境测试箱中，在 23℃、相对湿度 50％条件下，测量 PCB 的绝缘电阻，记为 R_1。静置 24h，测量绝缘电阻，记为 R_2。温度 85℃、相对湿度 85％条件下静置 96h，测量绝缘电阻，记为 R_3。对试样加载 100V 直流电压，每间隔 1h，测量绝缘电阻。

【测试结果】标识为 #10864 的样品失效。测量的绝缘电阻 R_1、R_2、R_3 分别为 $2.7 \times 10^{12} \Omega$、$2.7 \times 10^{12} \Omega$、$2.1 \times 10^{9} \Omega$。说明经过再流焊，样品的绝缘电阻变化不大，但是样品在 85℃、相对湿度 85% 条件下静置 96h，绝缘等级下降了约 3 个数量级，说明湿热条件对绝缘电阻影响显著。试样在第 292h 失效（$<10^{7} \Omega$），随后绝缘电阻反复上升和下降，疑似离子迁移形成的导电物质处在不稳定状态，直到在 651h，绝缘电阻一直低于 $10^{7} \Omega$，疑似导电物质处在稳定状态，如图 6.9 所示。

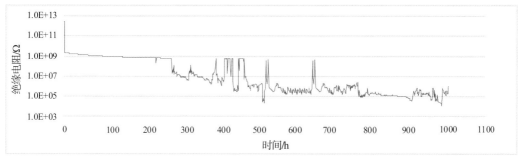

注："1.0E+13"表示 1.0×10^{13}，"1.0E+11"表示 1.0×10^{11}，"1.0E+9"表示 1.0×10^{9}……

图 6.9　样品 #10864 绝缘电阻变化曲线

【失效分析】在测试到达第 1000h 时，绝缘电阻为 $1.7 \times 10^{5} \Omega$，把环境测试箱的温度和湿度调整到 23℃、相对湿度 50%，测量其绝缘电阻为 $1.0 \times 10^{6} \Omega$，说明失效位置可以被定位。把样品取出来，用二分法原理锁定一对孔，并做好切片研磨标记。

本案例为了观察两孔之间的平面状态，先采用的是水平研磨。从第一层开始研磨抛光，去除第二层铜后，观察到定位的孔之间有发亮丝条状物质。为了确认发亮的丝状物质的来源，需要对水平研磨的切片再灌胶，并沿着与丝条状物质垂直的方向进行进一步研磨。

用金相显微镜确认失效的位置后，再用 SEM 进行分析，观察到丝状物质在树脂和玻璃纤维之间，通过 EDS 分析表明丝状物的成分主要是铜。由此推测，镀覆孔之间的玻璃纤维与树脂之间存在缝隙，在高温高湿和加载电压条件下，在镀覆孔之间发生了铜迁移，形成了导电阳极丝，如图 6.10 所示。

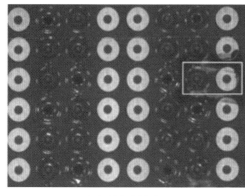 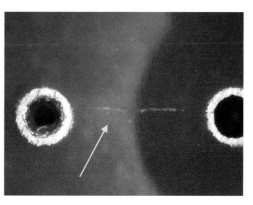

（a）锁定失效孔　　　　　　　　（b）失效孔水平研磨后的金相显微图像

图 6.10　样品 #10864 镀覆孔到镀覆孔 CAF 失效分析

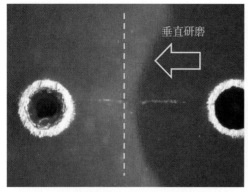
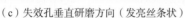

（c）失效孔垂直研磨方向（发亮丝条状）　　　（d）发亮丝状物剖面的金相显微图像

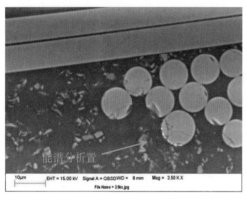
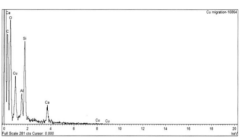

（e）CAF：玻纤 - 树脂界面铜迁移　　　　　（f）CAF 的 EDS 谱图

图 6.10　样品 #10864 镀覆孔到镀覆孔 CAF 失效分析（续）

案例 2：镀覆孔到镀覆孔的导电阳极丝在玻璃布与树脂间迁移以及微裂缝现象

【样品信息】PCB 材料为 FR-4，双面板，测试附连板的镀覆孔孔径为 0.35mm，节距（Pitch）为 0.75mm。

【测试条件】温度、湿度、偏压、时间分别为 85℃、相对湿度 85%、50V 直流电压、1000h，绝缘电阻测量电压为 50V 直流电压。组装预处理模拟条件为无铅再流焊 3 次（260℃峰值温度）。绝缘电阻小于 $10^7\Omega$ 判断为失效。

试样完成组装预处理后，放在环境测试箱中，在温度 23℃、相对湿度 50% 条件下，测量 PCB 的绝缘电阻，记为 R_1。调整环境箱温度 85℃、相对湿度 85%，静置 96h 后再测量绝缘电阻，记为 R_2。然后对试样加载 50V 直流电压，每间隔 1h 测量一次绝缘电阻。

【测试结果】标识为 #25140 的样品失效。电阻 R_1 为 $3.4\times10^{12}\Omega$，电阻 R_2 为 $1.1\times10^8\Omega$。R_2 比 R_1 下降了 4 个数量级，说明湿热条件对样品的绝缘电阻影响显著。加载电压后，试样第 1h 失效（$6.7\times10^4\Omega$），随后，绝缘电阻在 $1.0\times10^3\sim1.0\times10^4\Omega$ 之间波动，说明导电物质处于稳定状态，如图 6.11 所示。

【失效分析】第 1000h，测量 PCB 的绝缘电阻为 $1.8\times10^4\Omega$，把环境测试箱的温度和湿度调整到 23℃、相对湿度 50%，测量其绝缘电阻小于 $10^6\Omega$，说明失效位置可以定位。把样品取出来，用二分法原理锁定一对孔，并做好切片研磨标记。

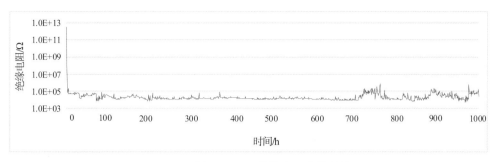

图 6.11　样品 #25140 绝缘电阻变化曲线

本案例为了观察两孔之间的平面状态，先采用的是水平研磨。去除第一层铜后，可以清晰观察到锁定的孔之间存在明显的微裂纹和发亮的丝状物质，接下来再灌胶并进行垂直方向的研磨抛光。

用金相显微镜确认失效的位置后，再用 SEM 进行分析，观察到微裂纹是在树脂和玻璃布之间，发亮的丝状物质为典型的 CAF，用 EDS 检测到明显的铜元素。由此推测，镀覆孔之间的玻璃纤维与树脂有缝隙，在高温高湿和加载电压条件下，在镀覆孔之间发生了铜迁移，形成了导电阳极丝，如图 6.12 所示。

（a）锁定失效孔

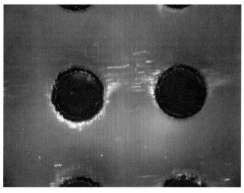

（b）失效孔水平研磨后

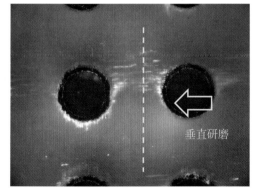

（c）失效孔垂直研磨方向（发亮丝状物）

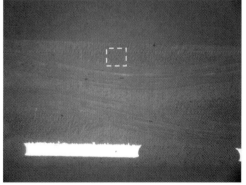

（d）失效位置的金相显微图像

图 6.12　样品 #25140 镀覆孔到镀覆孔 CAF 失效分析

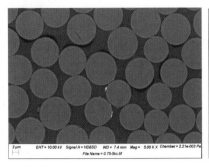 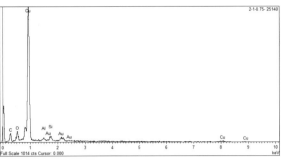

（e）CAF：玻纤 - 树脂界面铜迁移　　　　　　（f）CAF 的 EDS 谱图

图 6.12　样品 #25140 镀覆孔到镀覆孔 CAF 失效分析（续）

　　微裂纹的存在为离子迁移提供了通道，增加了发生 CAF 的风险，微裂纹产生的原因有下以两个。

　　（1）板材受到热应力作用。

　　（2）板材受到机械外力的冲击。

案例 3：镀覆孔到镀覆孔的导电阳极丝在空心玻璃纤维内

　　【样品信息】PCB 材料为 FR-4，14 层板。

　　【测试条件】温度、湿度、偏压、时间分别为 50℃、相对湿度 80%、15V 直流电压、350h，绝缘电阻测量电压为 15V 直流电压。预处理条件：无铅再流焊 3 次（215℃峰值温度）和温度循环 5 次（低温为 -40℃，高温为 65℃）。绝缘电阻小于 $10^8\,\Omega$ 则判断为失效。

　　试样完成组装预处理后，放在环境测试箱中，在温度 23℃、相对湿度 50% 条件下，测量 PCB 的绝缘电阻，记为 R_1。调整温度、湿度条件分别为 50℃、相对湿度 80%，加载 15V 直流电压，每间隔 1h 测量一次绝缘电阻。

　　【测试结果】标识为 #3625 的样品失效，R_1 电阻为 $1.2 \times 10^{12}\,\Omega$。放置在环境箱（50℃/相对湿度 80%）中，并且加载 50V 直流电压，经过 24h，绝缘电阻下降两个数量级，为 $3.3 \times 10^{10}\,\Omega$。样品在第 157h 失效（$1.5 \times 10^6\,\Omega$），随后，绝缘电阻在 $1.0 \times 10^4 \sim 1.0 \times 10^5\,\Omega$ 波动，说明在此温度、湿度和电压条件下，导电物质处于稳定状态，如图 6.13 所示。

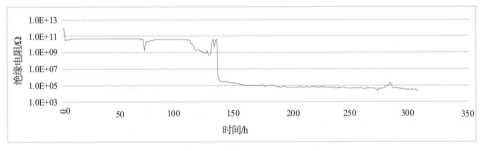

图 6.13　样品 #3625 绝缘电阻变化曲线

　　【失效分析】第 318h，测量 PCB 的绝缘电阻为 $2.1 \times 10^4\,\Omega$，把环境测试箱的温度和湿度调整到 23℃、相对湿度 50%，测量其绝缘电阻小于 $10^6\,\Omega$，说明失效位置可以被定位。把样品取出来，用二分法原理锁定一对孔，并做好切片研磨标记。

　　本案例为了观察到孔的剖面状态，采用的是垂直研磨。在金相显微镜的暗场模式下，可以观察到锁定的孔之间有疑似导电阳极丝。为了确认导电阳极丝，需要对垂直研磨的切片再灌胶，然后进行与导电阳极丝方向垂直的研磨。

　　用金相显微镜确认失效的位置后，再用 SEM 分析，观察到导电阳极丝在玻璃纤维里面，用 EDS 检测到明显的铜。由此推测，由于板料中的玻璃纤维有空洞，在高温高湿和加载电压条件下，在镀覆孔之间发生了铜迁移，形成了导电阳极丝，如图 6.14 所示。

（a）锁定失效孔

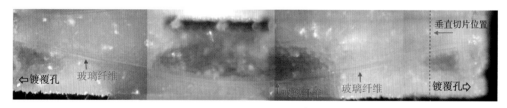

（b）失效孔垂直研磨后，观察到连接两个失效孔的疑似 CAF

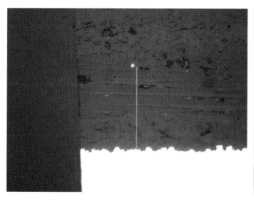

（c）疑似 CAF 剖面的金相显微图像　　　　（d）CAF：中空纤维铜迁移

图 6.14　样品 #3625 镀覆孔到镀覆孔 CAF 失效分析

案例 4：镀覆孔到镀覆孔的导电阳极丝在空心玻璃纤维内以及在玻璃布与树脂之间

【样品信息】测试的 PCB 材料为 FR-4，26 层板。

【测试条件】温度、湿度、偏压、时间分别为 50℃、相对湿度 80%、15V 直流电压、350h，绝缘电阻测量电压为 15V 直流电压。预处理条件：无铅再流焊 3 次（215℃峰值温度），温度循环 5 次（低温为 −40℃，高温为 65℃）。绝缘电阻小于 $10^8\,\Omega$ 则判断为失效。

　　试样完成组装预处理后，放在环境测试箱中，在温度 23℃、相对湿度 50% 条件下，测量 PCB 的绝缘电阻，记为 R_1。调整温度、湿度条件分别为 50℃、相对湿度 80%，静置 24h 后，测量绝缘电阻，记为 R_2。加载 15V 直流电压，每间隔 50h，测量绝缘电阻。

【测试结果】标识为 #8763 的样品失效。电阻 R_1 为 $2.4 \times 10^{11}\,\Omega$，电阻 R_2 为 $5.3 \times 10^{8}\,\Omega$。$R_2$ 比 R_1 下降了 3 个数量级，说明湿热条件对样品的绝缘电阻影响显著。样品在第 450h 失效（$3.7 \times 10^{5}\,\Omega$），随后，绝缘电阻的数量级在 $1.0 \times 10^{3} \sim 1.0 \times 10^{4}\,\Omega$ 之间波动，说明在此温度、湿度和电压条件下，导电物质基本稳定，如图 6.15 所示。

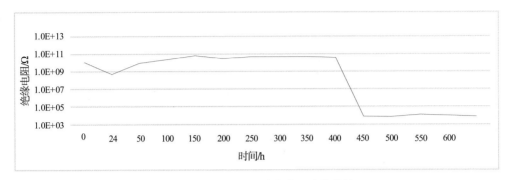

图 6.15　样品 #8763 绝缘电阻变化曲线

【失效分析】第 600h，测量 PCB 的绝缘电阻为 $1.0 \times 10^{4}\,\Omega$，把环境测试箱的温度和湿度调整到 23℃、相对湿度 50%，测量其绝缘电阻小于 $1.0 \times 10^{6}\,\Omega$，说明失效位置可以定位。把样品取出来，用二分法原理锁定一对孔，并做好切片研磨标记。

本案例为了观察到孔的剖面状态，采用的是垂直研磨。在金相显微镜的暗场模式下，观察到锁定的孔之间有发亮的丝条状物质。为了确认发亮的丝状物质的来源，需要对水平研磨的切片再灌胶，然后再沿着与丝条状物质垂直的方向进行进一步研磨。

用金相显微镜确认失效的位置后，再用 SEM 进行分析，观察到丝状物质在玻璃布之间以及在空心玻璃布内，用 EDS 分析表明丝状物质的主要成分是铜，由此推测，镀覆孔的玻璃纤维与树脂间有缝隙，以及玻璃纤维有空洞，在高温、高湿和加载电压条件下，发生了铜迁移，形成了导电阳极丝，如图 6.16 所示。

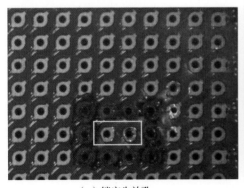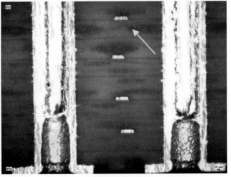

（a）锁定失效孔　　　　　　　　（b）失效孔剖面的金相显微图像

图 6.16　样品 #8763 镀覆孔到镀覆孔 CAF 失效分析

 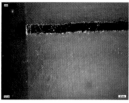 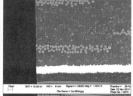 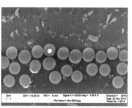

（c）失效孔剖面的金相显微放大图像，疑似 CAF　　（d）疑似 CAF 剖面的金相显微放大图像　　（e）CAF 剖面的 SEM 图像　　（f）CAF：中空纤维与玻璃纤维–树脂界面铜迁移

图 6.16　样品 #8763 镀覆孔到镀覆孔 CAF 失效分析（续）

案例 5：镀覆孔到镀覆孔的导电阳极丝在玻璃布与树脂间迁移

【样品信息】试样的 PCB 材料为 FR-4，16 层板。

【测试条件】温度、湿度、偏压、时间分别为 50℃、相对湿度 80%、15V 直流电压、350h，绝缘电阻测量电压为 15V 直流电压。预处理条件：无铅再流焊 3 次（215℃ 峰值温度），温度循环 5 次（低温为 −40℃，高温为 65℃）。绝缘电阻小于 $1.0 \times 10^{8} \Omega$ 判断为失效。

试样完成组装预处理后，放在环境测试箱中，在温度 23℃、相对湿度 50% 条件下，测量 PCB 的绝缘电阻，记为 R_1。调整温度、湿度条件分别为 50℃、相对湿度 80%，静置 24h 后，测量绝缘电阻，记为 R_2。加载 15V 直流电压，每间隔 50h，测量绝缘电阻。

【测试结果】标识为 #10417 的样品失效。电阻 R_1 为 $2.4 \times 10^{11} \Omega$，电阻 R_2 为 $1.8 \times 10^{11} \Omega$。样品在第 300h 失效，电阻阻值为 $5.8 \times 10^{6} \Omega$，测试时间到设定值，如图 6.17 所示。

【失效分析】为了确保在降温降湿后，导电物质可以被锁定，本测试中继续延长 50h 的测试时间，测得绝缘电阻的值为 $3.1 \times 10^{6} \Omega$，说明在此状态下，导电物质基本稳定。在测试达到 350h 时，把环境测试箱的温度和湿度调整到 23℃、相对湿度 50%，测量其绝缘电阻小于 $10^{6} \Omega$，说明失效位置可以定位。把样品取出来，用二分法原理锁定一对孔，并做好切片研磨标记。

本案例为了观察到孔的剖面状态，采用的是垂直研磨。在金相显微镜的暗场模式下，观察到锁定的孔之间有发亮的丝条状物质。为了确认发亮的丝状物质的来源，需要对水平研磨的切片再灌胶，然后再沿着与丝条状物质垂直的方向进行进一步研磨。

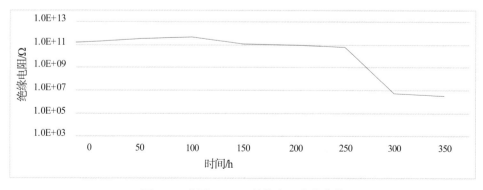

图 6.17　样品 #10417 绝缘电阻变化曲线

用金相显微镜确认失效的位置后，再用 SEM 进行分析，观察到发亮的丝状物质在玻

璃布之间有缝隙，形成三角形状，推测铜迁移沿着三根玻璃布之间的缝隙生长。用 EDS 进行分析，发现丝状物质的主要元素成分是铜。由此推测，镀覆孔和玻璃纤维之间树脂缺失，有缝隙，在高温、高湿和加载电压条件下发生了铜迁移，形成了导电阳极丝，如图 6.18 所示。

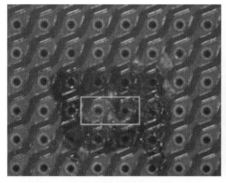
（a）锁定失效孔

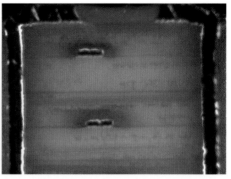
（b）失效孔剖面的金相显微图像，疑似 CAF

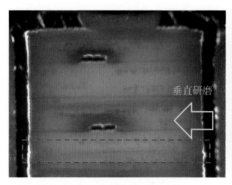
（c）疑似 CAF 剖面研磨抛光方向

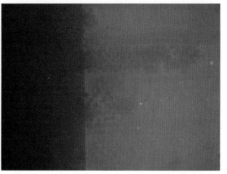
（d）疑似 CAF 剖面的金相显微图像

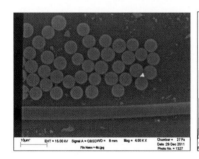
（e）CAF：纤维束间铜迁移

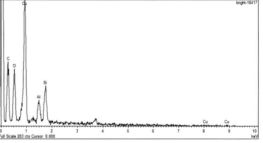
（f）CAF 的 EDS 谱图

图 6.18　样品 #10417 镀覆孔到镀覆孔 CAF 失效分析

案例 6：镀覆孔到镀覆孔的树脂填料间和玻璃布与树脂间的铜迁移

【样品信息】试样的 PCB 材料为 FR-4，12 层板。

【测试条件】温度、湿度、偏压、时间分别为 85℃、相对湿度 85%、100V 直流电压、1000h，绝缘电阻测量电压为 100V 直流电压。组装预处理模拟条件：无铅再流焊 3 次（260℃峰值温度）。绝缘电阻小于 $1.0 \times 10^8 \Omega$ 则判断为失效。

试样完成组装预处理后，放在环境测试箱中，在温度 23℃、相对湿度 50% 条件下，测量 PCB 的绝缘电阻，记为 R_1。调整温度、湿度分别为 85℃、相对湿度 85%，静置 96h，测量绝缘电阻，记为 R_2。加载 100V 直流电压，每间隔 1h，测量绝缘电阻。

【测试结果】标识为 #34935 的样品失效，电阻 R_1 为 $5.9 \times 10^{11}\,\Omega$，电阻 R_2 为 $1.8 \times 10^{10}\,\Omega$。样品在第 360h 失效，电阻阻值为 $8.7 \times 10^{6}\,\Omega$，随后，绝缘电阻反复上升和下降，疑似离子迁移形成的导电物质处在不稳定的状态，直到 940h，绝缘电阻一直低于 $1.0 \times 10^{8}\,\Omega$，说明导电物质处在稳定状态，如图 6.19 所示。

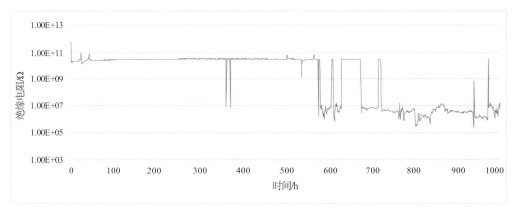

图 6.19　样品 #34935 绝缘电阻变化曲线

【失效分析】第 1000h，测量 PCB 的绝缘电阻为 $5.7 \times 10^{6}\,\Omega$，把环境测试箱的温度和湿度分别调整到 23℃、相对湿度 50%，测量其绝缘电阻小于 $1.0 \times 10^{6}\,\Omega$，说明失效位置可以定位。把样品取出来，用二分法原理锁定一对孔，并做好切片研磨标记。

本案例为了观察两孔之间的平面状态，先采用的是水平研磨。从第 12 层开始研磨抛光，直到去除第 3 层铜后，观察到锁定的孔之间有不连续的发亮丝条状物质。为了确认丝状物质的深度，对水平研磨的切片进行灌胶，再进行与丝条状物质平行方向的研磨。金相显微镜的暗场模式确认发亮丝条状物质沿孔环至孔壁。用 SEM 进行分析，观察到丝状物质在树脂的填料内和树脂与玻璃纤维之间，用 EDS 分析表明丝状物的成分主要是铜。由此推测，镀覆孔树脂的填料，以及树脂与玻璃纤维有缝隙，在高温、高湿和加载电压条件下，发生了铜迁移，形成了类似导电阳极丝的枝晶状迁移，如图 6.20 所示。

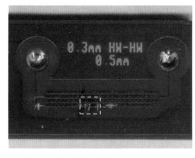
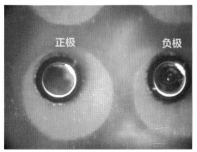

（a）锁定失效孔　　　　　　（b）失效孔水平研磨后金相显微暗场图像

图 6.20　样品 #34935 镀覆孔到镀覆孔的 CAF 失效分析

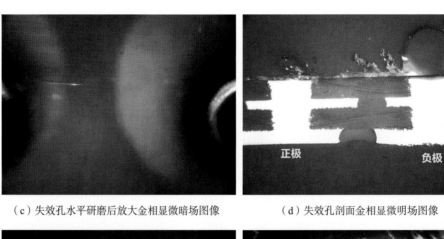

（c）失效孔水平研磨后放大金相显微暗场图像　　（d）失效孔剖面金相显微明场图像

（e）失效孔剖面金相显微暗场图像　　　　　（f）失效孔剖面金相显微暗场放大图像

（g）CAF：填料缝隙铜迁移　　　　　（h）CAF：玻璃纤维 - 树脂界面铜迁移

（i）填料缝隙位置 CAF EDS 谱图　　　　　（j）玻璃纤维 - 树脂界面位置 CAF EDS 谱图

图 6.20　样品 #34935 镀覆孔到镀覆孔的 CAF 失效分析（续）

案例 7：镀覆孔到镀覆孔的污染物导致离子迁移

【样品信息】PCB 材料为 FR-4，8 层板。

【测试条件】温度、湿度、偏压、时间分别为 85℃、相对湿度 85%、50V 直流电压、1000h，测量绝缘电阻的电压为 100V 直流电压。预处理条件：在温度 40℃/相对湿度 90% 条件下静置 96h；无铅再流焊（峰温 245℃）两次。绝缘电阻小于 $1.0 \times 10^8 \Omega$ 则判断为失效。

试样完成组装预处理后，放在环境测试箱中，在温度 23℃、相对湿度 50% 条件下，测量 PCB 的绝缘电阻，记为 R_1，然后放置在温度 85℃、相对湿度 85% 的环境箱中，加载 50V 直流电压，分别在第 96h、168h、240h、480h、720h 测量样品的绝缘电阻。

【测试结果】标识为 #7185 的样品失效。电阻 R_1 为 $4.4 \times 10^{13} \Omega$，电阻 R_2 为 $4.1 \times 10^9 \Omega$。R_2 比 R_1 下降了 4 个数量级，说明湿热条件对样品的绝缘电阻影响显著。样品在第 168h 时失效（$4.0 \times 10^7 \Omega$）。到第 720h 时，绝缘电阻在 $1.0 \times 10^6 \sim 1.0 \times 10^7 \Omega$ 之间波动，说明在此温度、湿度和电压条件下，导电物质基本稳定，如图 6.21 所示。

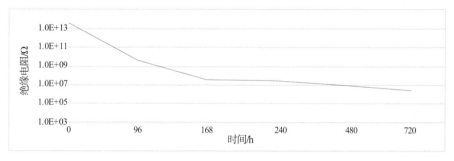

图 6.21 样品 #7185 绝缘电阻变化曲线

【失效分析】在第 720h，测量 PCB 的绝缘电阻为 $2.7 \times 10^6 \Omega$，把环境测试箱的温度和湿度调整到 23℃、相对湿度 50%，测量其绝缘电阻小于 $1.0 \times 10^6 \Omega$，说明失效位置可以被定位。把样品取出来，用二分法原理锁定一对孔，并做好切片研磨标记。

本案例为了观察到孔的剖面状态，采用的是垂直研磨。在金相显微镜的暗场模式下，观察到锁定的孔的孔环之间有外来夹杂物，处于层压的界面处。为了确认外来夹杂物分布，重新灌胶后，进行与孔环平行方向的水平研磨，确认了孔环之间的外来夹杂物。推测污染物为离子迁移的媒介，由此导致绝缘电阻失效，如图 6.22 所示。

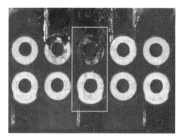

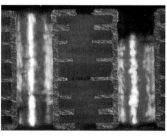
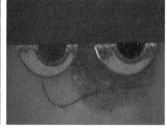

（a）锁定失效孔   （b）失效孔剖面观察   （c）失效孔平面观察（外来夹杂物）

图 6.22 样品 #7185 镀覆孔到镀覆孔 CAF 失效分析

2. 埋孔到埋孔（Buried Via-Buried Via）

埋孔到埋孔之间发生的绝缘电阻失效与镀覆孔到镀覆孔的失效模式相似。本文中的案例只讨论铜离子在板材的树脂与玻璃纤维之间迁移或在空心玻璃纤维中迁移形成导电阳极丝的情况。

案例1：埋孔到埋孔的导电阳极丝在玻璃布与树脂间迁移

【样品信息】PCB 材料为 FR-4，属于无卤材料，10 层板。测试附连板的埋孔剖面如图 6.23 所示。

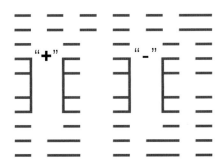

图 6.23 测试板样品 #11385 的埋孔的剖面图

【测试条件】温度、湿度、偏压、时间分别为 85℃、相对湿度 85%、50V 直流电压、240h，绝缘电阻测量电压为 50V 直流电压。

预处理条件：

（1）125 ± 2℃ 烘烤 4h。

（2）第一次在 30℃、相对湿度 70% 的环境箱中放置 96h，无铅再流焊 1 次（250℃峰值温度）。

（3）第二次继续在 30℃、相对湿度 70% 的环境箱中放置 96h，无铅再流焊 1 次（250℃峰值温度）。

绝缘电阻小于 $1.0 \times 10^{7} \Omega$ 则判断为失效。

试样完成预处理后，放在环境测试箱中，在 23℃、相对湿度 50% 条件下，测量 PCB 的绝缘电阻，记为 R_1。调整温度、湿度分别为 85℃、相对湿度 85%，加载 50V 直流电压，每间隔 1h，测量一次绝缘电阻。

【测试结果】标识为 #11385 的样品失效。样品的起始绝缘电阻 R_1 为 $5.4 \times 10^{12} \Omega$。第 107h，测量绝缘电阻 $3.5 \times 10^{5} \Omega$，样品失效，第 108 ~ 240h，绝缘电阻在 $1.0 \times 10^{5} \sim 1.0 \times 10^{10} \Omega$ 之间波动，说明离子迁移形成的导电物质疑似处在不稳定状态，如图 6.24 所示。

【失效分析】第 240h，测试 PCB 绝缘电阻为 $1.4 \times 10^{6} \Omega$，把环境测试箱的温度和湿度调整到 23℃、相对湿度 50%，测量其绝缘电阻小于 $1.0 \times 10^{6} \Omega$。说明失效位置可以被定位。但是由于 PCB 设计，无法通过外层线路的切割来锁定内层的一对失效孔。因此，只能把测试附连板取出来，进行大范围的水平研磨抛光。从第 1 层开始，去除第 8 层铜后，在金相显微镜的暗场模式下，观察到孔之间有发亮丝条状物质。为了确认发亮的丝状物质的来源，需要对水平研磨的切片进行灌胶，再进行与丝条状物质方向垂直的研磨。

用金相显微镜确认失效的位置后，再用 SEM 分析，观察到金属丝状物质在树脂和玻璃纤维之间，用 EDS 分析表明金属丝的成分主要是铜。由此推测，镀覆孔之间的玻璃纤维与树脂有缝隙，在高温、高湿和加载电压条件下，在镀覆孔之间发生了铜迁移，形成了导电阳极丝，如图 6.25 所示。

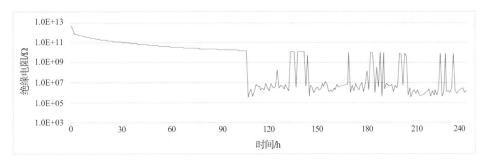

图 6.24　样品 #11385 绝缘电阻的变化曲线

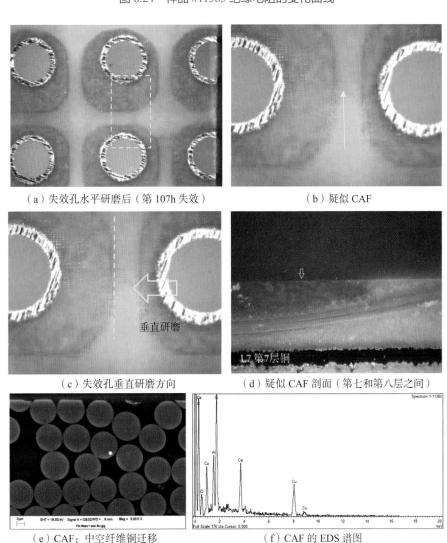

（a）失效孔水平研磨后（第 107h 失效）　　　　（b）疑似 CAF

（c）失效孔垂直研磨方向　　　　（d）疑似 CAF 剖面（第七和第八层之间）

（e）CAF：中空纤维铜迁移　　　　（f）CAF 的 EDS 谱图

图 6.25　样品 #11385 埋孔到埋孔 CAF 失效分析

3. 堆叠孔到堆叠孔（Stacked Via-Stacked Via）

堆叠孔到堆叠孔与镀覆孔到镀覆孔失效模式相似，失效模式为导电阳极丝或外来夹杂物。

案例 1：堆叠孔到堆叠孔的导电阳极丝在玻璃布与树脂之间

【样品信息】PCB 材料为 FR-4，10 层板。测试附连板的堆叠孔的剖面图如图 6.26 所示。

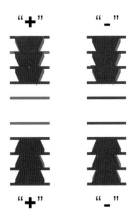

图 6.26　测试板样品 #10084 的盲孔剖面图以及测试极性，HDI 3+4+3 叠层

【测试条件】温度、湿度、偏压、时间分别为 85℃、相对湿度 85%、50V 直流电压、240h，绝缘电阻测量电压为 50V 直流电压。

预处理条件：

（1）125℃ 烘烤 4h。

（2）第一次在 30℃、相对湿度 70% 的环境箱中放置 96h，无铅再流焊 1 次（250℃ 峰值温度）。

（3）第二次继续在 30℃、相对湿度 70% 的环境箱中放置 96h，无铅再流焊 1 次（250℃ 峰值温度）。

绝缘电阻小于 $10^7\Omega$ 则判断为失效。

试样完成预处理后，放在环境测试箱中，在温度 23℃、相对湿度 50% 条件下，测量 PCB 的绝缘电阻，记为 R_1。调整温度、湿度分别为 85℃、相对湿度 85%，加载 50V 直流电压，每间隔 1h 测量一次绝缘电阻。

【测试结果】标识为 #10084 的样品失效。起始的绝缘电阻 R_1 为 $3.9\times10^{13}\Omega$。第 49h 测量绝缘电阻为 $3.5\times10^6\Omega$，样品失效。第 50～70h，绝缘电阻出现反复上升和下降，说明离子迁移形成的导电物质处在不稳定的状态。从第 71～136h，绝缘电阻低于 $1.0\times10^6\Omega$，说明导电物质基本稳定，如图 6.27 所示。

【失效分析】第 136h，测量 PCB 的绝缘电阻为 $3.6\times10^4\Omega$，把环境测试箱的温度和湿度分别调整到 23℃、相对湿度 50%，测量其绝缘电阻小于 $1.0\times10^6\Omega$，说明失效位置可以定位。把样品取出来，用二分法原理锁定一对孔，并做好切片研磨标记。

本案例为了观察两孔之间的平面状态,先采用的是水平研磨。从第 1 层开始研磨抛光,去除第 8 层铜后,观察到锁定的孔之间有发亮的丝条状物质。为了确认发亮的丝状物质的来源,需要对水平研磨的切片进行灌胶,然后再沿着与丝条状物质垂直的方向进行进一步研磨。

用金相显微镜确认失效的位置后,再用 SEM 进行分析,观察到金属丝状物质在树脂和玻璃纤维之间,用 EDS 检测到明显的铜元素。由此推测,镀覆孔之间的玻璃纤维与树脂有缝隙,在高温、高湿和加载电压条件下,发生了铜迁移,形成了导电阳极丝,如图 6.28 所示。

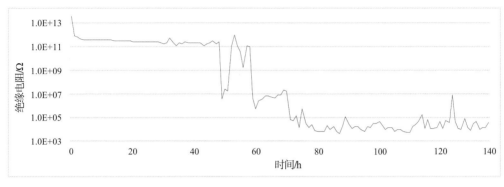

图 6.27　样品 #10084 绝缘电阻变化曲线

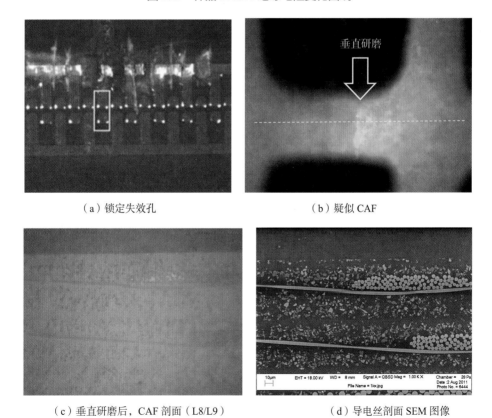

（a）锁定失效孔　　　　　　　　　　　（b）疑似 CAF

（c）垂直研磨后,CAF 剖面（L8/L9）　　　（d）导电丝剖面 SEM 图像

图 6.28　样品 #10084 堆叠孔到堆叠孔 CAF 失效分析

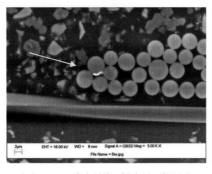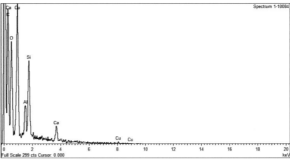

（e）CAF：玻璃纤维 - 树脂界面铜迁移　　　　　　　　　　　　　（f）CAF 的 EDS 谱图

图 6.28　样品 #10084 堆叠孔到堆叠孔 CAF 失效分析（续）

案例 2：堆叠孔到堆叠孔的导电阳极丝在玻璃布与树脂之间

【样品信息】PCB 材料为 FR-4，12 层板。测试附连板的堆叠孔的剖面图如图 6.29 所示。

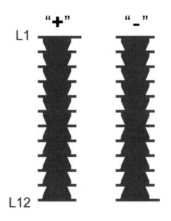

图 6.29　测试板样品 #10575 的盲孔剖面图以及测试极性，任意层互连 HDI 板

【测试条件】温度、湿度、偏压、时间分别为 85℃、相对湿度 85%、50V 直流电压、240h，绝缘电阻测量电压为 50V 直流电压。预处理条件：125℃ 烘烤 4h。绝缘电阻小于 $10^7\,\Omega$ 则判断为失效。

试样完成预处理后，放在环境测试箱中，在温度 23℃、相对湿度 50% 条件下，测量 PCB 的绝缘电阻，记为 R_1。调整温度、湿度分别为 85℃、相对湿度 85%，加载 50V 直流电压，每间隔 1h 测量一次绝缘电阻。

【测试结果】标识为 #10575 的样品失效，起始电阻 R_1 为 $6.4 \times 10^{12}\,\Omega$。第 21h，绝缘电阻失效，降到 $4.6 \times 10^5\,\Omega$，如图 6.30 所示。

【失效分析】测试进行至第 120h，除了在第 50h，绝缘电阻突升至 $7.1 \times 10^7\,\Omega$，绝缘电阻在第 21 到第 120h 都是在 $1.0 \times 10^5\,\Omega$ 以内，说明导电物质基本稳定。

为了确认失效的原因，在测试进行到第 120h 时，把环境测试箱的温度和湿度分别调整到 23℃、相对湿度 50%，测量其绝缘电阻小于 $1.0 \times 10^6\,\Omega$，说明失效位置可以被定位。把样品取出来，用二分法原理锁定一对堆叠孔，并做好切片研磨标记。

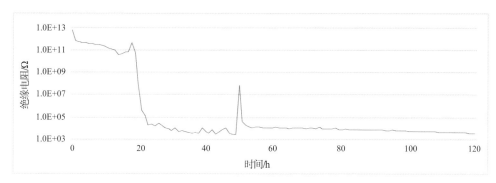

图 6.30　样品 #10575 绝缘电阻变化曲线

本案例为了观察两孔之间的平面状态，先采用的是水平研磨。从第 1 层开始研磨抛光，去除第 8 层铜后，观察到锁定的孔之间有发亮的丝状物质。为了确认发亮的丝状物质的来源，需要对水平研磨的切片进行灌胶，然后再沿着与丝条状物质垂直的方向进行进一步研磨。

用金相显微镜确认失效的位置后，再通过 SEM 观察，确定金属丝状物质在玻璃布之间的缝隙，形成三角形状，推测铜迁移沿着三根玻璃布之间的缝隙的生长。利用 EDS 检测到明显的铜元素。由此推测，堆叠孔之间的玻璃纤维之间树脂缺失，有缝隙，在高温、高湿和加载电压的条件下，发生了铜迁移，形成了导电阳极丝，如图 6.31 所示。

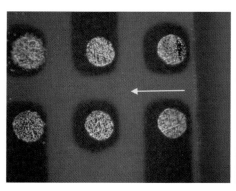

（a）锁孔水平研磨后

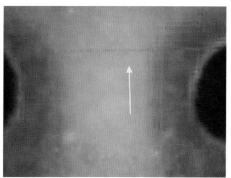

（b）疑似 CAF

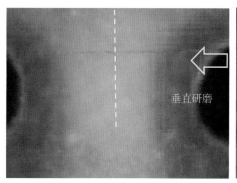

（c）疑似导电丝垂直研磨方向

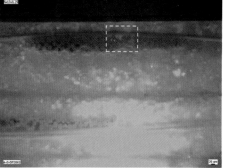

（d）疑似 CAF 剖面金相显微图像

图 6.31　样品 #10575 堆叠孔到堆叠孔 CAF 失效分析

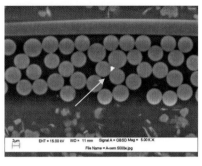 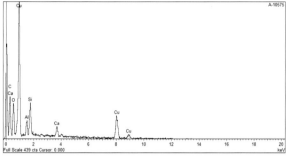

（e）CAF：纤维束间铜迁移　　　　　　　（f）CAF 的 EDS 谱图

图 6.31　样品 #10575 堆叠孔到堆叠孔 CAF 失效分析（续）

案例 3：堆叠孔到堆叠孔的外来夹杂物导致离子迁移

【样品信息】PCB 材料为 FR-4，12 层任意层互连 HDI 板。测试附连板的堆叠孔结构如图 6.32 所示。

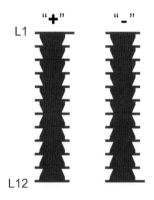

图 6.32　测试板样品 #9848 剖面图以及测试极性，12 层任意层互连 HDI 板

【测试条件】温度、湿度、偏压、时间分别为 85℃、相对湿度 85%、50V 直流电压、240h，绝缘电阻测量电压为 50V 直流电压。

预处理条件：

（1）125℃ 左右烘烤 4h。

（2）第一次在 30℃、相对湿度 70% 的环境箱中放置 96h，无铅再流焊 1 次（250℃ 峰值温度）。

（3）第二次继续在 30℃、相对湿度 70% 的环境箱中放置 96h，无铅再流焊 1 次（250℃ 峰值温度）。

绝缘电阻小于 $1.0 \times 10^7 \Omega$ 则判断为失效。

试样完成预处理后，放在环境测试箱中，在温度 23℃、相对湿度 50% 条件下，测量 PCB 的绝缘电阻，记为 R_1。调整温度、湿度分别为 85℃、相对湿度 85%，加载 50V 直流电压，每间隔 24h，测量绝缘电阻。

【测试结果】标识为 #9848 的样品失效，测量样品的起始绝缘电阻为 $2.1 \times 10^{13} \Omega$。第 48h 时绝缘电阻为 $7.6 \times 10^4 \Omega$，样品失效，如图 6.33 所示。

【失效分析】第 240h，测试 PCB 绝缘电阻为 $1.4 \times 10^6 \Omega$，其绝缘电阻为 $1.0 \times 10^4 \Omega$，把环境测试箱的温度和湿度分别调整到 23℃、相对湿度 50％，测量其绝缘电阻小于 $1.0 \times 10^6 \Omega$，说明失效位置可以定位。把样品取出来，用二分法原理锁定一对堆叠孔，并做好切片研磨标记。

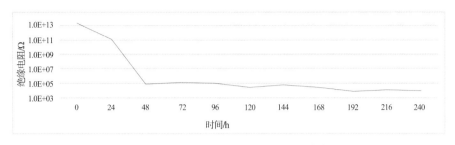

图 6.33　样品 #9848 绝缘电阻变化曲线

为了观察两孔之间的平面状况，先采用的是水平研磨。从第 1 层开始研磨抛光，去除第 4 层铜后，可以观察到锁定的孔之间有黑色条状物质，为明显的外来夹杂物，需要对水平研磨的切片进行灌胶，然后再沿着与丝条状物质垂直的方向进行进一步研磨。

用金相显微镜确认好丝状物质的位置后，再通过 SEM 和 EDS 进行分析，确定丝条状物质为外来夹杂物，其主要成分为有机物（碳含量高），EDS 检测到的铜导致绝缘电阻下降。外来夹杂物与 PCB 材料之间有间隙，为离子迁移提供了通道，在高温、高湿和加载电压条件下，离子迁移导致绝缘电阻的下降，如图 6.34 所示。

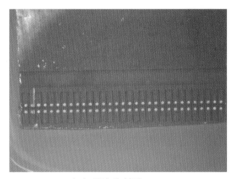

（a）锁定失效孔

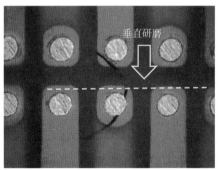

（b）失效孔水平研磨后，观察到黑色外来夹杂物

（c）黑色外来夹杂物剖面金相图像

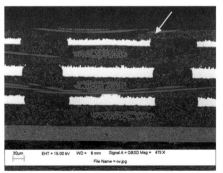

（d）黑色外来夹杂物剖面 SEM 图像

图 6.34　样品 #9848 堆叠孔到堆叠孔的 CAF 失效分析

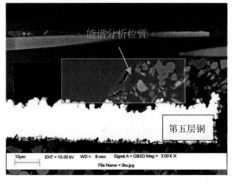
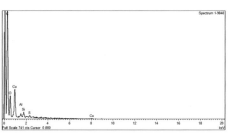

| （e）外来夹杂物的 SEM 图像 | （f）外来夹杂物的 EDS 谱图 |

图 6.34　样品 #9848 堆叠孔到堆叠孔的 CAF 失效分析（续）

案例 4：堆叠孔到堆叠孔的外来夹杂物导致离子迁移

【样品信息】PCB 材料为 FR-4，12 层任意层互连 HDI 板。测试附连板的堆叠孔结构，如图 6.35 所示。

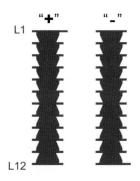

图 6.35　测试板样品 #15019 堆叠孔剖面图以及测试极性，12 层任意层互连 HDI 板

【测试条件】温度、湿度、偏压、时间分别为 85℃、相对湿度 85%、50V 直流电压、240h。绝缘电阻的测量电压为 50V 直流电压。

预处理条件：

（1）125℃ 烘烤 4h。

（2）第一次在 30℃、相对湿度 70% 的环境箱中放置 96h，无铅再流焊 1 次（250℃ 峰值温度）。

（3）第二次继续在 30℃、相对湿度 70% 的环境箱中放置 96h，无铅再流焊 1 次（250℃ 峰值温度）。

绝缘电阻小于 $1.0 \times 10^7 \Omega$ 则判断为失效。

在温度 23℃、相对湿度 50% 条件下，不对试样加载偏压，测量绝缘电阻 R_1，然后放置在 85℃、相对湿度 85% 的环境箱中，加载 50V 直流电压，每隔 1h 测量一次绝缘电阻。

【测试结果】标识为 #15019 的样品失效。样品的起始绝缘电阻 R_1 为 $9.8 \times 10^{12} \Omega$。第 1h，测量绝缘电阻值为 $2.8 \times 10^{10} \Omega$。第 69h，绝缘电阻值为 $8.3 \times 10^6 \Omega$，样品失效。之后，绝缘电阻大多在 $1.0 \times 10^3 \sim 1.0 \times 10^4 \Omega$ 之间波动，说明导电物质基本稳定。

【失效分析】在第 162h，测量 PCB 的绝缘电阻为 $7.5 \times 10^3 \Omega$，把环境测试箱的温度和湿度分别调整到23℃、相对湿度50%，测量其绝缘电阻小于 $1.0 \times 10^6 \Omega$。把样品取出来，用二分法原理锁定一对堆叠孔，并做好切片研磨标记，如图 6.36 所示。

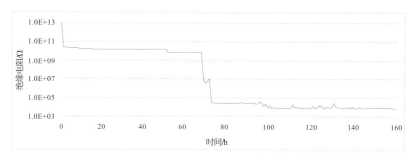

图 6.36　样品 #15019 绝缘电阻变化曲线

为了观察两孔之间的平面状态，先采用的是水平研磨。从第 1 层开始研磨抛光，去除第 6 层铜后，可以观察到锁定的孔之间有明显的外来夹杂物，需要对水平研磨的切片进行灌胶，然后再沿着与外来夹杂物垂直的方向进行进一步研磨。

用金相显微镜确定外来夹杂物的位置后，再用 SEM 和 EDS 进行分析，用 SEM 观察到外来夹杂物在第 6 层与第 7 层的界面，用 EDS 检测到的铜导致绝缘电阻下降。外来夹杂物与 PCB 材料之间有间隙，为离子迁移提供了通道，在高温、高湿和加载电压条件下，离子迁移导致绝缘电阻的下降，如图 6.37 所示。

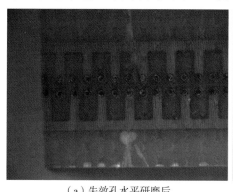
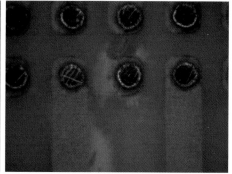

（a）失效孔水平研磨后　　　　　　　（b）失效孔水平研磨后（局部放大）

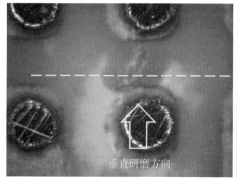

（c）失效孔水平研磨后，观察到外来夹杂物　　（d）外来夹杂物剖面金相显微图像

图 6.37　样品 #15019 堆叠孔到堆叠孔的 CAF 失效分析

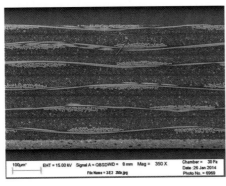

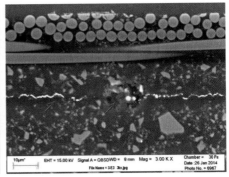

（e）外来夹杂物剖面 SEM 图像　　　　　　（f）外来夹杂物剖面局部放大图像

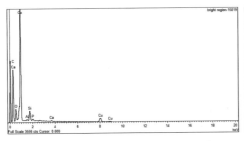

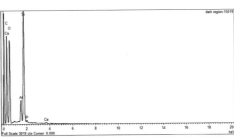

（g）失效位置箭头所指发亮处的 EDS 谱图　　　（h）失效位置箭头所指发暗处的 EDS 谱图

图 6.37　样品 #15019 堆叠孔到堆叠孔的 CAF 失效分析（续）

案例 5：堆叠孔到堆叠孔的外来夹杂物导致离子迁移

【样品信息】PCB 材料为 FR-4，12 层任意层互连 HDI 板，堆叠孔结构剖面图如图 6.38 所示。

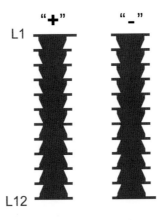

图 6.38　测试板样品 #8540 堆叠剖面图以及测试极性，12 层任意层互连 HDI 板

【测试条件】温度、湿度、偏压、时间分别为 85℃、相对湿度 85%、50V 直流电压、240h，绝缘电阻的测量电压为 50V 直流电压。

预处理条件：

（1）125℃ 烘烤 4h。

（2）在 30℃、相对湿度 70% 的环境箱中放置 96h，无铅再流焊 1 次（250℃ 峰值温度）。

绝缘电阻小于 $1.0 \times 10^7 \Omega$ 则判断为失效。

试样完成预处理后，放在环境测试箱中，在温度 23℃、相对湿度 50% 条件下，测量 PCB 的绝缘电阻，记为 R_1。将环境调整为 85℃、相对湿度 85%，加载 50V 直流电压，每隔 1h 测量一次绝缘电阻。

【测试结果】标识为 #8540 的样品失效。样品的起始绝缘电阻 R_1 为 $5.5 \times 10^{12} \Omega$。在第 21h，绝缘电阻下降至 $1.2 \times 10^5 \Omega$，样品失效。直到第 240h，绝缘电阻在 $1.0 \times 10^4 \Omega$ 数量级以内，说明导电物质处于基本稳定状态，如图 6.39 所示。

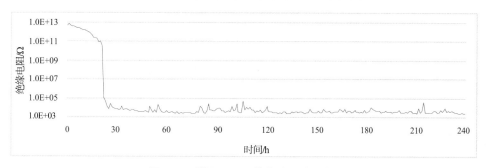

图 6.39　样品 #8540 绝缘电阻变化曲线

【失效分析】第 240h，测量 PCB 的绝缘电阻为 $2.5 \times 10^3 \Omega$，把环境测试箱的温度和湿度分别调整到 23℃、相对湿度 50%，测量其绝缘电阻小于 $1.0 \times 10^6 \Omega$，说明失效位置可以定位。把样品取出来，用二分法原理锁定一对堆叠孔，并做好切片研磨标记。

本案例为了观察两孔之间的平面状态，先采用的是水平研磨。从第 1 层开始研磨抛光，去除第 5 层铜后，可以观察到锁定的孔之间明显的黑色条状外来夹杂物，需要对水平研磨的切片进行灌胶，然后再沿着与外来夹杂物垂直的方向进行研磨。

用金相显微镜确认好丝状物质的位置后，再通过 SEM 与 EDS 分析，确定外来夹杂物在第 5 层与第 6 层的板料，部分的玻璃布像熔化的状态，EDS 检测到的铜导致绝缘电阻下降。由于外来夹杂物与 PCB 材料之间有间隙，为离子迁移提供了通道，加载的电压为离子迁移提供了驱动了动力，在高温、高湿环境下，离子迁移导致绝缘电阻的下降。同时，推测玻璃布的熔融是漏电电流产生的高温导致的，如图 6.40 所示。

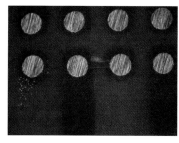  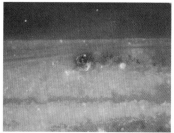

（a）失效孔水平研磨后去除第 5 层铜　　（b）失效孔水平研磨后　　（c）失效孔剖面金相显微图像

图 6.40　样品 #8540 堆叠孔到堆叠孔 CAF 失效分析

 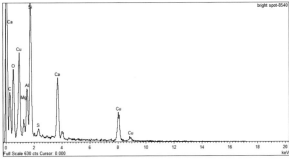

（d）失效剖面位置的 EDS 图像 　　　　　（e）失效位置箭头位置的 EDS 谱图

图 6.40　样品 #8540 堆叠孔到堆叠孔 CAF 失效分析（续）

案例 6：堆叠孔到堆叠孔的外层阻焊剂外来夹杂物导致离子迁移

【样品信息】PCB 材料为 FR-4，PCB 层数为 12 层，任意层互连 HDI 板。

【测试条件】温度、湿度、偏压、时间分别为 65℃、相对湿度 87%、100V 直流电压、596h，绝缘电阻的测量电压为 100V 直流电压。预处理条件：105 ± 2℃ 烘烤 2h。绝缘电阻小于 $1.0 \times 10^7 \Omega$ 则判断为失效。

试样完成预处理后，放在环境测试箱中，在温度 23℃、相对湿度 50% 条件下，第 24h 测量绝缘电阻，记为 R_1。调整温度、湿度分别为 65℃、相对湿度 87%，第 96h 测量绝缘电阻，记为 R_2。加载 100V 直流电压，每间隔 24h 测量一次绝缘电阻。

【测试结果】标识为 #9485 的样品失效，

电阻 R_1 为 $4.5 \times 10^{13} \Omega$，电阻 R_2 为 $8.2 \times 10^{10} \Omega$。$R_2$ 比 R_1 下降了 3 个数量级，说明湿热条件对样品的绝缘电阻影响显著。样品在第 408h 失效（$<1.0 \times 10^7 \Omega$），直到在 500h，绝缘电阻一直是低于 $1.0 \times 10^7 \Omega$ 的，说明在此温度、湿度和电压条件下，导电物质基本稳定，如图 6.41 所示。

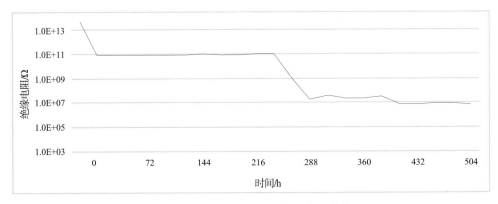

图 6.41　样品 #9485 绝缘电阻变化曲线

第 500h，测量 PCB 的绝缘电阻为 $7.0 \times 10^6 \Omega$，把环境测试箱的温度和湿度分别调整到 23℃、相对湿度 50%，测量其绝缘电阻为 $1.0 \times 10^6 \Omega$，说明失效位置可以被定位。把样品取出来，用二分法原理锁定一对堆叠孔，并做好切片研磨标记。

在金相显微镜下，透过阻焊剂，可以观察到盲孔之间有明显的外来夹杂物。切下样品，灌胶后进行垂直方向的研磨，用金相显微镜确认外来夹杂物的位置后，再通过 SEM 和 EDS 进行分析，观察到外来夹杂物为固体颗粒形状且嵌在阻焊剂与板材之间，外来夹杂物主要成分是 Si、O、Al 元素，从形貌和元素组分来看，外来夹杂物疑似一种浮石粉，并且在外来夹杂物与阻焊剂的界面检测到了铜。由此推测,阻焊剂与固体颗粒之间有缝隙，为离子迁移提供了通道，在高温、高湿和加载电压条件下，离子迁移导致绝缘电阻下降，如图 6.42 所示。

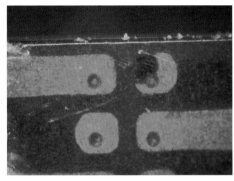

（a）锁定的失效孔　　　　　　　　（b）锁定的失效孔剖面金相显微图像

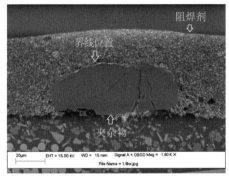 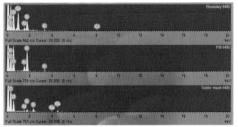

（c）锁定的失效孔外来夹杂物剖面的 SEM 图像　　　　（d）失效位置的 EDS 谱图

图 6.42　样品 #9485 堆叠孔到堆叠孔 CAF 失效分析

4．镀覆孔到参考层（PTH to Reference Plane）

镀覆孔到参考层发生绝缘电阻失效一般有两种情况，一种是铜离子在板材的树脂与玻璃纤维之间迁移形成导电阳极丝或者树脂间形成枝晶状迁移，另一种是铜离子在外来夹杂物中迁移。

案例 1：镀覆孔到参考层的外来夹杂物导致离子迁移

【样品信息】PCB 材料为 FR-4 树脂，PCB 为多层板。

【测试条件】温度、湿度、偏压、时间分别为 50℃、相对湿度 80%、15V 直流电压、350h，绝缘电阻的测量电压为 15V 直流电压。预处理条件：无铅再流焊 3 次（215℃，峰值温度）和温度循环 5 次（低温/保持时间：−40℃/60 分钟，高温/保持时间：65℃/60 分钟，升降温速率：8℃/分钟）。绝缘电阻小于 $1.0 \times 10^8 \Omega$ 时则判断为失效。

试样完成预处理后，冷却到 23℃、相对湿度 50% 条件下，不对试样加载偏压，测

量绝缘电阻 R_1。把样品放置在高温高湿环境箱中，设置温度、湿度分别为 50℃、相对湿度 80%，静置 24h，测量绝缘电阻 R_2，然后加载 15V 直流电压，在第 24h 测量绝缘电阻 R_3，之后，以 50h 为间隔时间测量绝缘电阻。

【测试结果】三个样品失效，标号分别为 #15896-1、#15896-2、#15896-3。

（1）样品 #15896-1 的绝缘电阻变化与时间的关系如图 6.43 所示，样品的起始绝缘电阻 R_1 为 $1.0 \times 10^9 \Omega$，绝缘电阻 R_2 为 $3.8 \times 10^8 \Omega$。开始加载电压 15V 直流电压进行测试，在第 24h，绝缘电阻 R_3 为 $4.2 \times 10^8 \Omega$。在第 550h，其绝缘电阻失效，为 $8.6 \times 10^6 \Omega$，第 600h，其绝缘电阻为 $3.2 \times 10^3 \Omega$。

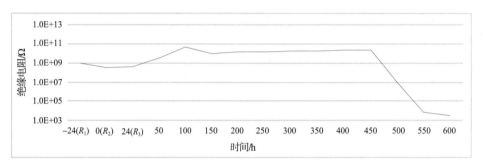

图 6.43　样品 #15896-1 绝缘电阻失效曲线

（2）样品 #15896-2 的绝缘电阻变化与时间的关系如图 6.44 所示，样品的起始绝缘电阻 R_1 为 $3.4 \times 10^{11} \Omega$，绝缘电阻 R_2 为 $5.0 \times 10^{10} \Omega$。开始加载电压 15V 直流电压进行测试，在第 24h，其绝缘电阻失效，R_3 为 $1.0 \times 10^6 \Omega$，之后一直下降。在第 264h，其绝缘电阻为 $1.5 \times 10^2 \Omega$，停止测试，取出样本进行失效分析。

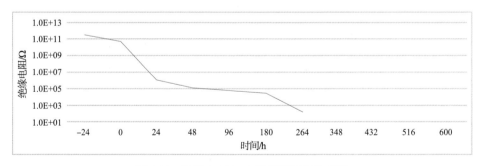

图 6.44　样品 #15896-2 绝缘电阻失效曲线

（3）样品 #15896-3 的绝缘电阻变化与时间的关系，如图 6.45 所示，样品的起始绝缘电阻 R_1 为 $5.1 \times 10^{11} \Omega$，绝缘电阻 R_2 为 $5.7 \times 10^{10} \Omega$。开始加载电压 15V 直流电压进行测试，在第 24h，绝缘电阻 R_3 为 $1.0 \times 10^{11} \Omega$。在第 48h，其绝缘电阻失效，为 $1.5 \times 10^4 \Omega$，但是，在第 96h、180h、264h 大于 $1.0 \times 10^9 \Omega$，绝缘电阻的增大，可能是离子迁移处在不稳定状态。在第 348h 至第 600h，绝缘电阻低于 $1.0 \times 10^6 \Omega$。

【失效分析】分别对三个样品进行失效分析，在测试完成后，把环境测试箱的温度和湿度分别调整到 23℃、相对湿度 50%，测量其绝缘电阻小于 $1.0 \times 10^6 \Omega$，说明失效位置可以被定位。把样品取出来，用二分法原理锁定失效孔，并做好切片研磨标记。

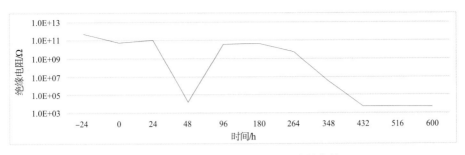

图 6.45　样品 #15896-3 绝缘电阻失效曲线

孔与参考层的失效可能以孔为中心向任意方向延伸，因此不宜采取垂直方法，而应该采取水平研磨的方法，这样就可以观察到孔与参考层的平面状态。由于试样设计，无法定位到具体哪一层失效，因此无论选择是从试样上面还是下面开始研磨，都是可以的。观察到失效的平面形态后，再进行垂直方向的研磨。

对于样品 #15896-1，在第 17 层与第 18 层的预浸材料层观察到外来夹杂物为丝状物质，并且检测到铜，如图 6.46 所示。推测可能是预浸材料的洁净控制问题。对于样品 #15896-2，在第 3 层与第 2 层之间的芯板层观察到外来夹杂物为丝状物质，并且检测到铜，如图 6.47 所示。对于样品 #15896-3，在第 28 层的界面，有晕圈（haloing），并且检测到铜，如图 6.48 所示。3 个不同的失效位置都观察到了外来夹杂物，推测这些夹杂物可能来源于板材原料或是在 PCB 制造过程中引入的。

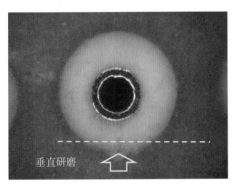

（a）失效孔水平研磨后，疑似导电丝

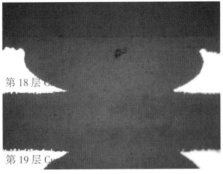

（b）疑似导电丝金相显微图像（外来夹杂物）

（c）外来夹杂物的 SEM 图像

（d）外来夹杂物的 SEM 放大图像

图 6.46　样品 #15896-1 镀覆孔到参考层 CAF 失效分析

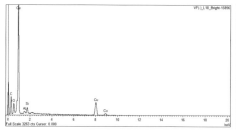 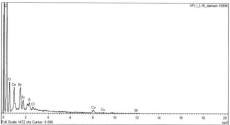

（e）外来夹杂物发亮位置的 EDS 谱图　　　（f）外来夹杂物发暗位置的 EDS 谱图

图 6.46　样品 #15896-1 镀覆孔到参考层 CAF 失效分析（续）

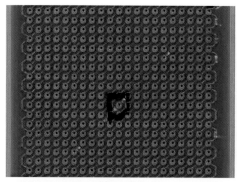 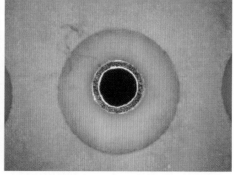

（a）锁定失效孔　　　　　　（b）水平研磨去除第 1、2 层后（外来夹杂物）

 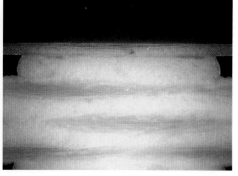

（c）外来夹杂物位置金相显微明场图像　　　（d）外来夹杂物位置金相显微明场图像（局部放大图）

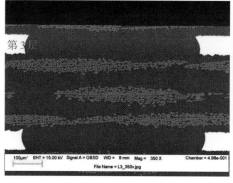 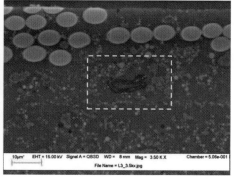

（e）外来夹杂物位置的 SEM 图像　　　　（f）外来夹杂物位置的 SEM 图像（局部放大图）

图 6.47　样品 #15896-2 镀覆孔到参考层 CAF 失效分析

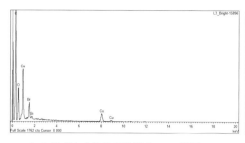 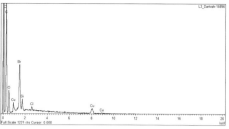

（g）外来夹杂物发亮位置的 EDS 谱图　　　（h）外来夹杂物发暗位置的 EDS 谱图

图 6.47　样品 #15896-2 镀覆孔到参考层 CAF 失效分析（续）

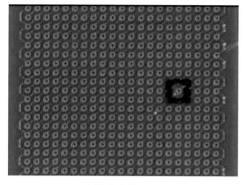 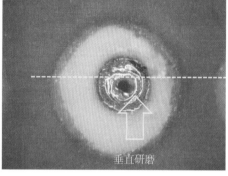

（a）锁定失效孔　　　　　　　　　（b）失效孔水平研磨金相图像

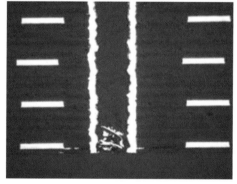

（c）失效孔剖面金相显微明场图像　　　（d）失效孔剖面金相显微暗场图像

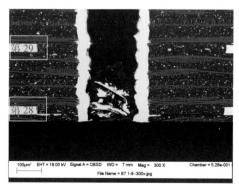

（e）失效孔剖面的 SEM 图像　　　　　　（f）失效孔剖面的 EDS 分析位置

图 6.48　样品 #15896-3 镀覆孔到参考层 CAF 失效分析

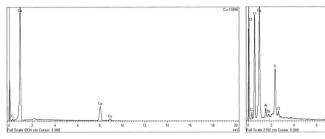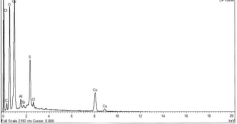

（g）外来夹杂物发亮位置的 EDS 谱图　　　　（h）外来夹杂物发暗位置的 EDS 谱图

图 6.48　样品 #15896-3 镀覆孔到参考层 CAF 失效分析（续）

案例 2：镀覆孔到参考层的枝晶状迁移

【样品信息】PCB 软硬结合板，FR-4 树脂与覆盖膜压合，属于 5 层板。

【测试条件】温度、湿度、偏压、时间别分为 50℃、相对湿度 80%、15V 直流电压、600h，绝缘电阻的测量电压为 15V 直流电压。预处理条件：无铅再流焊 4 次（215℃ 峰值温度）和温度循环 5 次（低温 / 保持时间：−40℃/60 分钟，高温 / 保持时间：65℃/60 分钟，升降温速率：8℃/ 分钟）。当绝缘电阻小于 $1.0 \times 10^8 \Omega$ 时判断为失效。

试样完成预处理后，在 23℃、相对湿度 50% 条件下，不对试样加载偏压，测量绝缘电阻为 R_1。把样品放置在高温、高湿环境箱中，设置温度、湿度分别为 50℃、相对湿度 80%，静置 24h，测量绝缘电阻为 R_2，然后加载 15V 直流电压，在第 24h 测量绝缘电阻 R_3，之后以 50h 为间隔时间，测量绝缘电阻。

【测试结果】标识为 #7392 的样品失效，在第 250h 时，测量绝缘电阻低于 $1.0 \times 10^8 \Omega$。

【失效分析】从环境箱取出来后，在常温下测量的绝缘电阻低于 $1.0 \times 10^7 \Omega$，说明失效位置可以定位。把样品取出来，用二分法原理锁定与参考层绝缘电阻失效的孔，并做好切片研磨标记。

切片研磨采用水平研磨的方法，这样可以观察到孔与参考层的平面状态。从第 5 层铜开始研磨抛光，去除第 5 层铜后，观察到锁定的孔与参考层之间有枝晶状物质，方向从参考层向孔延伸。为了确认枝晶状物质在层间的位置，需要对水平研磨的切片进行灌胶，再沿着与枝晶状物质的垂直方向进行研磨。用金相显微镜确认枝晶状位置，再用 SEM 和 EDS 进行分析，SEM 观察到枝晶物质在覆盖膜的黏合层内，EDS 检测到枝晶物质的主要元素为铜。由此推测，在高温、高湿环境下，覆盖膜的黏合层出现裂缝，为离子迁移提供了通道，铜离子沿着缝隙迁移从导线的正极向导线的负极迁移，形成铜迁移，生成枝晶状物质，导致绝缘电阻的下降，如图 6.49 所示。

5．导线与导线（Trace-Trace）

导线与导线之间发生绝缘电阻失效一般有两种情况，一种是铜离子迁移在材料内迁移，形成枝晶状物质导致失效，另一种是铜离子在外来夹杂物中迁移导致失效。

案例 1：外层导线与导线的外来夹杂物导致离子迁移

【样品信息】PCB 材料为 FR-4，多层板，外层线路宽度为 50μm，线路间距为 50μm，外层线路被阻焊剂覆盖。

【测试条件】温度、湿度、偏压、时间分别为 85℃、相对湿度 85%、50V 直流电压、240h，绝缘电阻的测量电压为 50V 直流电压。

  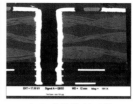 

（a）锁定失效孔 　　（b）失效孔水平研磨后的　　（c）失效孔剖面的　　（d）失效孔剖面的
　　　　　　　　　 　　　 枝晶状物质 　　　　　　　 SEM 图像 　　　　　　 SEM 放大图像

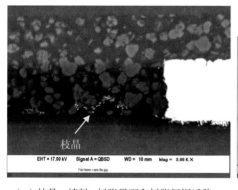 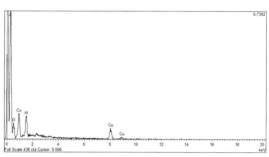

（e）枝晶：填料-树脂界面和树脂间铜迁移 　　　　　　（f）枝晶的 EDS 谱图

图 6.49　样品 #7392 镀覆孔到参考层 CAF 失效分析

预处理条件：

（1）125℃ 烘烤 4h。

（2）在 30℃、相对湿度 70% 的环境箱中放置 96h，无铅再流焊 1 次（250℃ 峰值温度）。

绝缘电阻小于 $1.0 \times 10^7 \Omega$ 则判断为失效。

试样完成预处理后，放在环境测试箱中，在温度 23℃、相对湿度 50% 条件下，测量 PCB 的绝缘电阻，记为 R_1。在温度 85℃、相对湿度 85% 条件，静置 96h 后测量绝缘电阻，记为 R_2。加载 50V 直流电压，每隔 1h 测量一次绝缘电阻。

【测试结果】标识为 #13096 的样品失效。

电阻 R_1 为 $4.1 \times 10^{12} \Omega$，电阻 R_2 为 $5.2 \times 10^8 \Omega$。R_2 比 R_1 下降约 4 个数量级，说明湿热条件对样品的绝缘电阻影响显著。在第 108h，绝缘电阻失效，测量值为 $6.4 \times 10^5 \Omega$，直至第 240h，绝缘电阻下降到 $1.0 \times 10^7 \Omega$ 内，说明在此温度、湿度和电压条件下，导电物质处于稳定状态，如图 6.50 所示。

【失效分析】第 240h，PCB 的绝缘电阻值为 $8.2 \times 10^5 \Omega$，把环境测试箱的温度和湿度分别调整到 23℃、相对湿度 50%，测量其绝缘电阻小于 $1.0 \times 10^6 \Omega$。由于线路的线宽度和线间距太小，难以用二分法原理锁定失效区域，需要对样品表面进行全面观察。用金相显微镜观察，透过阻焊剂，可以观察到线路之间有明显的外来夹杂物，并且连接正负极的线路的颜色有差异。怀疑外来夹杂物为绝缘电阻失效的原因。切下样品，灌胶后进行垂直方向的研磨，用金相显微镜观察到线路之间有外来夹杂物。用 SEM 和 EDS 进行分析，确定外来夹杂物为固体颗粒形状，嵌在阻焊剂与板材之间，外来夹杂物主要成分是 Si、O、Ca 元素，在外来夹杂物与阻焊剂的界面测到了铜。由此推测，阻焊剂与固体颗粒之间有缝隙，为离子迁移提供了通道，在高温、高湿和加载电压条件下，离子迁移导致绝缘电阻的下降，如图 6.51 所示。

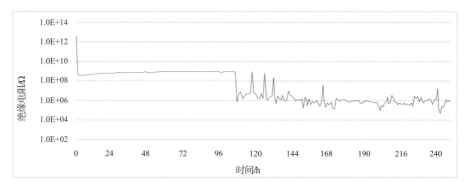

图 6.50　样品 #13096 绝缘电阻变化曲线

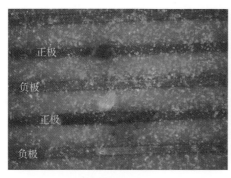

（a）锁定失效位置

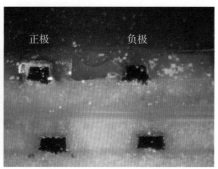

（b）失效位置剖面金相暗场图像

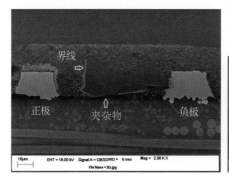

（c）SEM 图像：外来污染物 - 阻焊剂界面铜迁移

（d）失效位置的 EDS 谱图

图 6.51　样品 #13096 导线与导线 CAF 失效分析

案例 2：外层导线与导线的枝晶状迁移

【样品信息】两层挠性印制板，外层线路宽度为 50μm，线路间距为 50μm，外层线路被覆盖膜覆盖。

【测试条件】温度、湿度、偏压、时间分别为 85℃、相对湿度 85%、50V 直流电压、500h，绝缘电阻的测量电压为 50V 直流电压；无组装预处理。绝缘电阻小于 $10^7\,\Omega$ 则判定为失效。

测试流程与案例 1 类似。

【测试结果】两个样品失效，标号分别为 #16707-1、#16707-2。

对于 #16707-1 样品，绝缘电阻 R_1 为 $1.1 \times 10^{11}\,\Omega$，绝缘电阻 R_2 为 $1.1 \times 10^8\,\Omega$，R_2 比 R_1 下降约 3 个数量级，说明湿热条件对样品的绝缘电阻影响显著。加载电压后的第 2h 测量的绝缘电阻值为 $9.4 \times 10^7\,\Omega$，样品失效。第 3h 至第 257h，绝缘电阻在 $1.0 \times 10^6 \sim 1.0 \times 10^8\,\Omega$ 之间波动，说明在此温度、湿度和电压条件下，导电物质处在不稳定状态。在第 $263 \sim 500$h，其绝缘电阻在 $1.0 \times 10^6\,\Omega$ 左右波动，说明导电物质处于相对稳定状态，如图 6.52 所示。

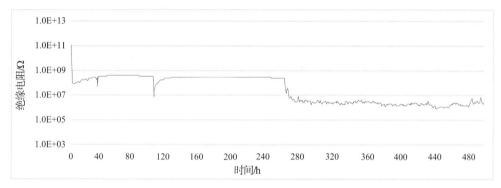

图 6.52　样品 #16707-1 绝缘电阻变化曲线

对于 #16707-2 样品，样品的起始绝缘电阻 R_1 为 $8.8 \times 10^{10}\,\Omega$，静置 96h，测量绝缘电阻 R_2 为 $8.0 \times 10^7\,\Omega$，样品失效。第 2h 至第 500h，绝缘电阻在 $1.0 \times 10^5\,\Omega \sim 1.0 \times 10^8\,\Omega$ 之间波动，说明在此温度、湿度和电压条件下，疑似导电物质处于不稳定状态，如图 6.53 所示。

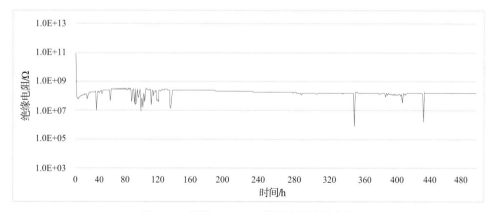

图 6.53　样品 #16707-2 绝缘电阻曲线变化

【失效分析】分别对两个样品进行失效分析。在测试完成后，把环境测试箱的温度和湿度分别调整到 23℃、相对湿度 50%，标识为 #16707-1 样品的绝缘电阻小于 $1.0 \times 10^6\,\Omega$，标识为 #16707-2 样品的绝缘电阻为 $1.0 \times 10^9\,\Omega$。由于线路的线宽度和线间距太小，难以用二分法原理锁定失效区域，需要对样品表面进行全面观察。

标识为 #16707-1 的样品，在金相显微镜下，透过覆盖膜，可以观察到线路之间有明显的枝晶状物质，怀疑其是引起失效的原因。切下样品，灌胶后进行垂直方向的研磨，在金相显微镜下，观察到线路之间有明显发亮的物质，通过 SEM 和 EDS 分析，发亮位置测得元素成分为铜。由此推测，在高温、高湿环境下，覆盖膜的黏合层出现裂缝，为离子迁移提供了通道，铜离子沿着缝隙从导线的正极到导线的负极迁移，形成铜迁移，生成枝晶状物质，导致绝缘电阻的下降，如图 6.54 所示。

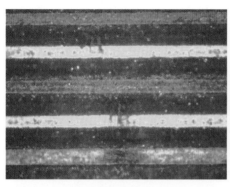

（a）锁定失效位置（枝晶状物质）　　　　（b）枝晶状物质剖面暗场金相显微图像

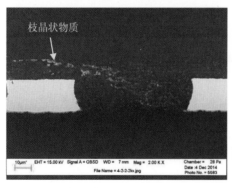

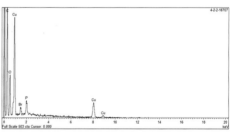

（c）枝晶：填料—树脂界面和树脂间的铜迁移　　　（d）枝晶状物质的 EDS 谱图

图 6.54　样品 #16707-1 导线与导线 CAF 失效分析

标识为 #16707-2 的样品，在金相显微镜下，透过覆盖膜，可以观察到线路之间有明显的外来夹杂物，怀疑外来夹杂物导致绝缘电阻的下降，如图 6.55 所示。

图 6.55　样品 #16707-2 导线与导线 CAF 失效分析

案例 3：内层导线与导线的外来夹杂物导致离子迁移

【样品信息】PCB 材料为 FR-4，12 层板，无卤材料，内层线宽 50μm，线间距 50μm。

【测试条件】温度、湿度、偏压、时间分别为 85℃、相对湿度 85%、50V 直流电压、240h。绝缘电阻的测量电压为 50V 直流电压。

预处理条件：

（1）125℃ 烘烤 4h。

（2）在 30℃、相对湿度 70% 的环境箱中放置 96h，无铅再流焊 1 次（250℃ 峰值温度）。

绝缘电阻小于 $1.0 \times 10^7 \Omega$ 则判定为失效。

试样完成预处理后，放置到环境箱中，在温度 23℃、相对湿度 50% 条件下，测量绝缘电阻，记为 R_1。将环境调整为 85℃、相对湿度 85%，加载 50V 直流电压，每隔 1h 测量一次绝缘电阻。

【测试结果】标识为 #10148 的样品失效。样品的绝缘电阻 R_1 为 $2.2 \times 10^{12} \Omega$。在高温、高湿和加载电压条件下，在第 40h，绝缘电阻失效，测量值为 $1.8 \times 10^4 \Omega$，直至第 240h，绝缘电阻在 $1.0 \times 10^3 \sim 1.0 \times 10^4 \Omega$ 之间，说明在此温度、湿度和电压条件下，导电物质基本稳定，如图 6.56 所示。

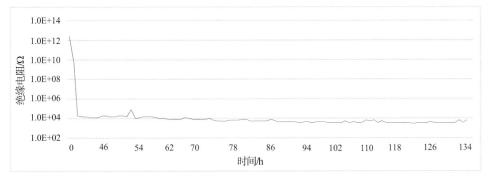

图 6.56　样品 #10148 绝缘电阻变化曲线

【失效分析】第 240h，测量 PCB 的绝缘电阻为 $1.8 \times 10^4 \Omega$，把环境测试箱的温度和湿度分别调整到 23℃、相对湿度 50%，测量其绝缘电阻，其值小于 $6.5 \times 10^3 \Omega$，说明失效位置可以被定位。把样品取出来，用二分法原理锁定绝缘电阻失效在第 6 层，但是无法锁定两条导线，需要研磨至第 6 层，对所有的导线进行全面的观察。

切片研磨采用的是水平研磨。从第 1 层开始研磨抛光，去除第 5 层铜后，在金相显微镜下，可以观察到第 6 层线路之间有明显的外来夹杂物。切下样品，灌胶后进行垂直方向的研磨，再通过 SEM 和 EDS 分析，确定外来夹杂物嵌在板材的预浸材料层内，并且在外来夹杂物与板料之间检测到了铜。由此推测，预浸材料层由于外来夹杂物的存在，为离子迁移提供了媒介和通道，在高温、高湿环境下，产生的铜离子迁移导致绝缘电阻的下降，如图 6.57 所示。

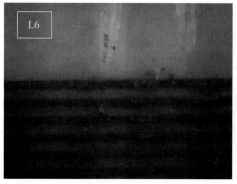

（a）第 6 层线路（外来夹杂物）

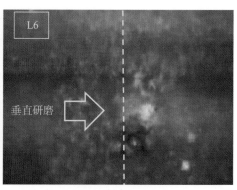

（b）垂直研磨方向

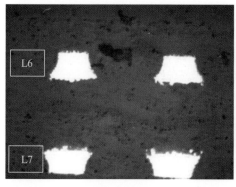

（c）外来夹杂物位置剖面金相显微明场图像

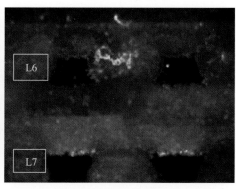

（d）外来夹杂物位置剖面金相显微暗场图像

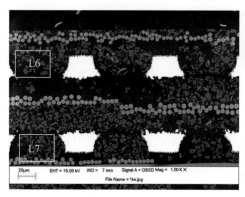

（e）外来夹杂物位置剖面的 SEM 图像

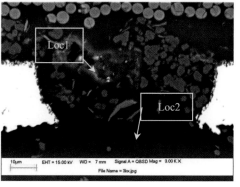

（f）外来夹杂物位置剖面的 SEM 图像放大图

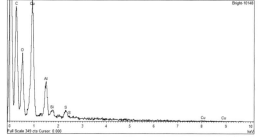

（g）位置 Loc1 EDS 谱图（外来夹杂物）

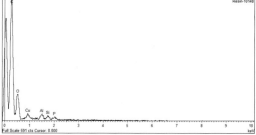

（h）位置 Loc2 EDS 谱图（PCB 树脂）

图 6.57　样品 #10148 导线与导线的 CAF 失效分析

案例 4：内层线路之间的外来夹杂物导致离子迁移

【样品信息】PCB 材料为 FR-4，12 层 ELIC，无卤材料，内层线宽 50μm，线间距 50μm。

【测试条件】温度、湿度、偏压、时间分别为 85℃、相对湿度 85%、50V 直流电压、240h。绝缘电阻的测量电压为 50V 直流电压。

预处理条件：

（1）125℃ 烘烤 4h。

（2）在 30℃、相对湿度 70% 的环境箱中放置 96h，无铅再流焊 1 次（250℃ 峰值温度）。

绝缘电阻小于 $1.0 \times 10^7 \Omega$ 则判断为失效。

试样完成预处理后，放在环境测试箱中，在温度 23℃、相对湿度 50% 条件下，测量 PCB 的绝缘电阻，记为 R_1。调整温度和湿度分别为 85℃、相对湿度 85%，加载 50V 直流电压，每隔 1h 测量一次绝缘电阻。

【测试结果】标识为 #15019 的样品失效。样品的绝缘电阻 R_1 为 $5.1 \times 10^{12} \Omega$。高温、高湿和加载电压条件下，在第 12h，绝缘电阻失效，测量值为 $1.8 \times 10^5 \Omega$，第 13 ~ 163h，绝缘电阻约下降至 $1.0 \times 10^4 \Omega$，如图 6.58 所示。

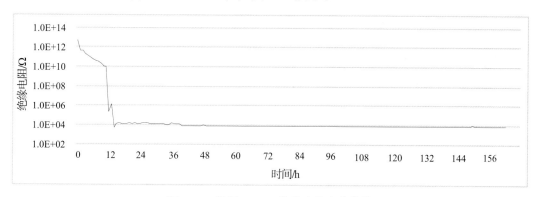

图 6.58　样品 #15019 绝缘电阻变化曲线

【失效分析】在第 163h，测量 PCB 的绝缘电阻为 $7.7 \times 10^3 \Omega$，停止测试，进行失效分析。把环境测试箱的温度和湿度分别调整到 23℃、相对湿度 50%，测量其绝缘电阻小于 $1.0 \times 10^6 \Omega$，说明失效位置可以定位。把样品取出来，用二分法原理锁定绝缘电阻在第 7 层失效，但是无法锁定两条导线，需要研磨至第 7 层，对所有的导线进行全面观察。

切片研磨采用的是水平研磨。从第 12 层铜开始研磨抛光，去除第 8 层铜后，在金相显微镜下，可以观察到线路之间有明显的外来夹杂物。切下样品，灌胶后进行垂直方向的研磨，再通过扫描电镜和能谱仪分析，确定外来夹杂物嵌在第 6 层与第 7 层之间的界面，检测到外来夹杂物的主要元素成分为铜。由此推测，界面之间由于缝隙的存在，为离子迁移提供了通道，在高温、高湿环境下，产生的铜离子迁移导致绝缘电阻的下降，如图 6.59 所示。

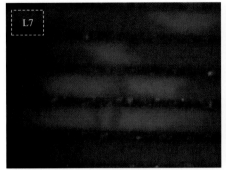
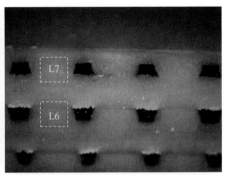

（a）第 7 层线路，观察到外来夹杂物　　　　　（b）外来夹杂物剖面金相显微暗场图像

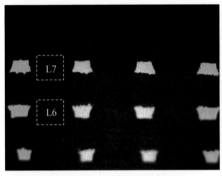
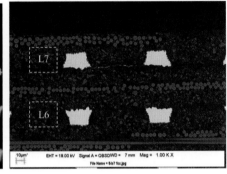

（c）外来夹杂物剖面金相显微明场图像　　　　（d）外来夹杂物剖面的 SEM 图像

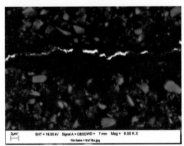
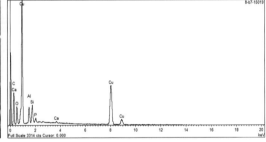

（e）外来夹杂物的 SEM 放大图像，疑似铜（亮白色）　　（f）疑似铜（亮白色）的 EDS 谱图

图 6.59　样品 #15019 导线与导线 CAF 失效分析

6. 层与层（Layer-Layer）

层与层之间发生绝缘电阻失效可能由两种情况造成，一种是铜离子在板料的不同层间迁移导致失效，另一种是铜离子在外来夹杂物中迁移导致失效。本文案例只讨论铜离子在板料的迁移导致绝缘电阻失效。

案例 1：层与层的枝晶状迁移

【样品信息】PCB 材料为 FR-4 环氧树脂，12 层板。

【测试条件】温度、湿度、偏压、时间分别为 85℃、相对湿度 85%、50V 直流电压、240h，绝缘电阻的测量电压：50V 直流电压。

预处理条件：

（1）125℃ 烘烤 4h。

（2）在 30℃、相对湿度 70% 的环境箱中放置 96h，无铅再流焊 1 次（250℃ 峰值温度）。

绝缘电阻小于 $1.0 \times 10^7 \Omega$ 则判断为失效。

在温度 23℃、相对湿度 50% 条件下，不对试样加载偏压，测量绝缘电阻为 R_1，然后放置在 85℃、相对湿度 85% 的环境箱中，加载 50V 直流电压，每隔 1h 测量一次绝缘电阻。

【测试结果】标识为 #9164 的样品失效。在温度 23℃、相对湿度 50% 条件下，不对试样加载电压，样品的绝缘电阻 R_1 为 $4.7 \times 10^{12} \Omega$，放置在 85℃、相对湿度 85% 环境中，并且开始加载电压，1h 后测量绝缘电阻，其值为 $2.3 \times 10^{11} \Omega$。在第 219h，绝缘电阻下降至 $4.6 \times 10^6 \Omega$，然后又升至约 $5.5 \times 10^8 \Omega$。第 233 ~ 240h，绝缘电阻下降约 $10^6 \Omega$，说明在此温度、湿度和电压条件下，导电物质基本稳定，如图 6.60 所示。

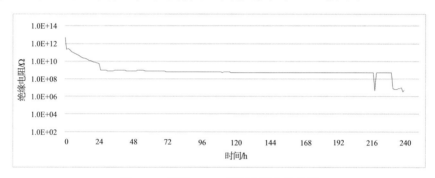

图 6.60　样品 #9164 绝缘电阻变化曲线

【失效分析】测试进行到第 240h，其绝缘电阻为 $6.0 \times 10^6 \Omega$，把环境测试箱的温度和湿度分别调整到 23℃、相对湿度 50%，测量其绝缘电阻小于 $1.0 \times 10^6 \Omega$，说明失效位置可以定位。把样品取出来，用二分法原理锁定失效的区域，但是并不能准确定位具体的位置，需要做好切片研磨标记。

本案例采用的是垂直研磨方法。用金相显微镜观察到了第 5 层与第 6 层之间的疑似铜迁移物质。推测两层之间的板料有微裂缝，铜离子沿着缝隙迁移而导致绝缘电阻的下降，如图 6.61 所示。

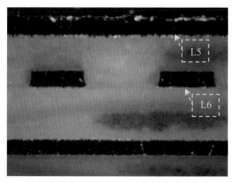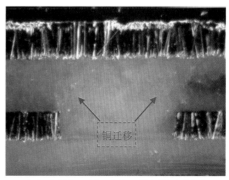

（a）失效位置剖面金相显微图像（暗场）　　　　（b）失效位置剖面金相显微图像（暗场）

图 6.61　样品 #9164 层与层的 CAF 失效分析

6.3　互连热应力测试与失效分析

6.3.1　互连热应力测试概述

互连热应力测试（Interconnect Stress Test，IST）。互连热应力测试设备由加拿大 PWB Interconnect Solutions Inc. 公司制造，用来评估 PCB 导通孔的可靠性和 PCB 板材的热稳定性。IPC-TM-650 把 IST 定义为一种直流诱导热循环测试。热循环测试并非通过外部环境加热，而是通过直流电对样品进行加热升温，到达设定的温度后，停止输入加热电流，再通过外部风扇冷却样品到室温，这样就完成了一次热循环测试。

IST 对样品温度的测量不是通过热电偶检测，而是依据电阻的温度系数（Temperature Coefficient of Resistance，TCR）进行换算，TCR 的值由测量所得。实际上，IST 设备制造商已经把 TCR 的值内置到测试软件中。求 TCR 值的方法是把测试附连板放置在烤箱中，通过所测量试样的温度与电阻进行计算，如下式所示。

$$\mathrm{TCR}(T) = \frac{R_h - R_{rm}}{(T_h - T_{rm}) \times R_{rm}} \tag{6.13}$$

式中，$\mathrm{TCR}(T)$ 为测试附连板在温度 T 时所计算的电阻温度系数，T_h 为测试附连板在烤箱的温度，R_h 为测试附连板在烤箱中的电阻，R_{rm} 为测试附连板在环境温度中的电阻，T_{rm} 为环境温度（约 23℃）。

那么，进行 IST 测试时，测试附连板的温度可以通过下式求得。

$$T = T_{rm} + \frac{R - R_{rm}}{R_{rm} \times \mathrm{TCR}(T)} \tag{6.14}$$

式中，$\mathrm{TCR}(T)$ 为测试附连板在温度 T 时所计算的电阻温度系数，R_{rm} 为测试附连板在环境温度中的电阻，T 为测试附连板的实时温度，R 为测试附连板的实时电阻值，T_{rm} 为环境温度（约 23℃）。

进行 IST 测试时，需要依据 PCB 的叠层和互连结构进行设计。典型的 IST 测试附连板如图 6.62 所示，至少需要设计两个独立的网络，网络的连接规则是菊花链电路。一个是电源网（Power，P），一个是感应网（Sense，S），电源网是通入直流电进行加热升温，感应网不通加热电流。降温是通过设备的内置风扇吹风来冷却到环境温度。加热升温的时间约 3min，冷却的时间约 2min，完成一个热循环约 5min。与再流焊的温度相比如图 6.63 所示，IST 的升温和降温速率更快，可以在一定时间内完成更多的热循环数。在热循环过程中，IST 的电源网和感应网的电阻会被在线精确测量和记录。由于高低温的变化，PCB 板料在 Z 轴方向产生的热胀冷缩远大于铜，因此导通孔会由于板料的热胀冷缩产生变形，导致电阻增大，可能会产生裂缝、连接分离等缺陷。

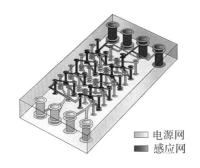

电源网
感应网

图 6.62　典型的 IST 试样条

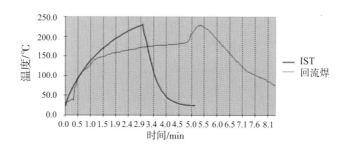

图 6.63　IST 与回流焊温度曲线比对

　　IST 计算电阻增大的方法，以第一个循环测量的最低温（室温）电阻与最高温测量的电阻为计算的初始值，将以后循环所测量的最高温和最低温电阻分别与初始值进行比较，当电阻增量达到设定的拒收电阻值时，停止测试。电阻增大与热机械疲劳变化关系如图 6.64 所示。通常来说，电阻增大 10% 被认为完全失效，10% 的增大是指对整个测量的菊花链电路而言的，而电阻的增大往往是由于导通孔的结构发生了变化。以盲孔和镀覆孔和盲孔为例，如图 6.65 所示，它们的各个部分在通路中的电阻分布是不同的。对于镀覆孔来说，如果整体的电阻增大 10%，假定其他部分电阻不变，且孔壁的电阻占比为 50%，那么孔壁的电阻就会增大 20%。同理，对于盲孔电路来说，假定其他部分电阻不变，孔壁的电阻占的比为 2%，那么孔壁的电阻就增大 500%，就可以导致盲孔电路的总电阻增大 10%。换言之，导通孔的电阻的测试部分占菊花链线路电阻的比例越低越好。

　　IST 测试以电阻增大作为失效的判断依据，但是导通孔的失效模式需要通过显微切片来确定。在进行显微切片分析前，需要锁定导致菊花链电路电阻增大的失效导通孔，IPC-TM-650 2.6.26 对于定位失效孔有以下 3 种方法。

　　（1）通过电阻定位失效。使用四线万用表进行定位，这个方法适合于菊花链电路的电阻异常大的情况，可以通过切割导体来隔离电路、过孔或导体。电路的电阻只是在高温情况下增大，而在常温时无异常，则此方法在常温下无效。

　　（2）通过预热平台定位失效。用预热平台对 IST 测试附连板进行加温，目的是模拟样品在高温条件下电阻能够再现异常增大的现象，再通过电阻定位失效位置。由于导热，测试附连板无法得到均匀的加热，因此也很难定位失效位置。

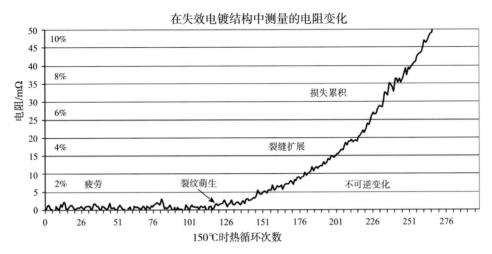

图 6.64　电阻增大与镀铜疲劳变化的关系

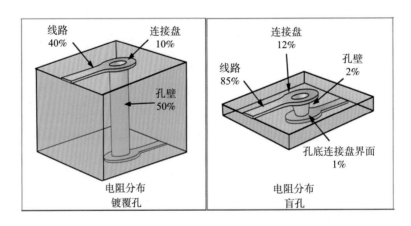

图 6.65　微导盲孔与镀覆孔的电阻分布

（3）用红外热成像仪定位失效。通过对失效电路施加小电流，使线路发热，选择"最热"热信号进行失效分析。红外热成像的测试系统如图 6.66 所示。

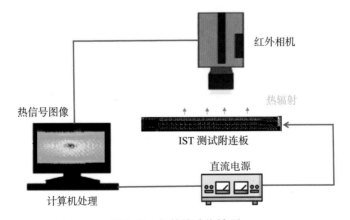

图 6.66　红外热成像检测

在以上 3 种方法中，红外热成像明显优于其他两种。成功锁定失效孔后，可以先尝试用 X 射线 CT 进行三维分析，至于是否能够清晰观察到缺陷，取决于裂缝的大小和 X 射线的分辨率。也可直接用显微切片分析失效的原因。

IST 的特点是可以依据 PCB 连接结构和孔的类型，设计相应的测试附连板，然后模拟一定温度条件进行测试。这既可以评估 PCB 在高温焊接组装、返修等过程中的可靠性，又可以评估 PCB 在终端产品使用过程中的可靠性。IST 测试附连板的可靠性与 PCB 的来料（如板料）以及 PCB 的加工过程（如钻孔、除胶、电镀、层压等）密切相关。

6.3.2　互连热应力测试案例

1．导通孔的可靠性

1）镀覆孔的可靠性

镀覆孔的失效模式主要有孔壁裂缝、拐角裂缝和内层分离 3 种。

案例 1：镀覆孔孔壁裂缝

【样品信息】板料为 FR-4，14 层板，镀覆孔孔壁铜厚约 30μm，PCB 表面处理为有机可焊保护层（OSP），镀覆孔的剖面结构图如图 6.67 所示。

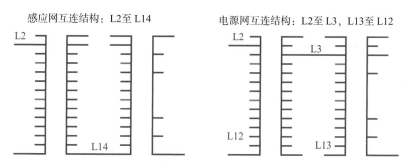

图 6.67　样品 #24112-3 镀覆孔剖面图

【测试条件】

（1）组装预处理：过峰值温度为 230℃ 的再流焊 6 次。

（2）应力循环：峰值温度 150℃，循环 1000 次，电源网或感应网电阻增大 10% 则判定为失效。

【测试结果】标识为 #24112-3 的样品失效。在测试循环数到达第 518 个循环时，感应网在高温下的电阻增大超过 10%，对感应网的电阻的变化率进行曲线分析，所测量的实时电阻分别与初始所测量的高温（150℃）和室温（25℃）状态的电阻进行对比，如图 6.68 所示。从曲线中可以看出，随着热循环次数的增加，电阻的变化逐渐增大，高温时（150℃）的电阻变化率大于室温（25℃）时的电阻变化率，说明在高温（150℃）时，铜的裂缝更为明显。

【失效分析】当电阻变化率升至预先设置的 10% 时，测试停止。然后取样下来，通过红外热成像仪对失效的感应网进行失效位置定位，锁定发热异常孔，再把失效位置切割下来，进行显微切片分析，观察到孔壁裂缝，如图 6.69 所示。

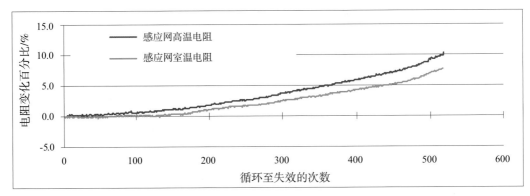

图 6.68 样品 #24112-3 感应网电阻变化百分比

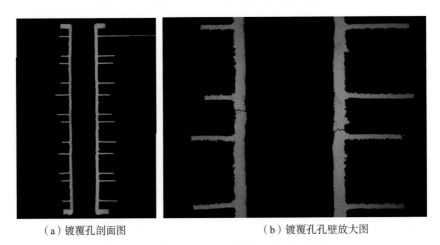

（a）镀覆孔剖面图　　　　　　（b）镀覆孔孔壁放大图

图 6.69 样品 #24112-3 镀覆孔显微切片图像

案例 2：镀覆孔拐角裂缝

【样品信息】板料为 FR-4，26 层板，孔壁铜厚约 30μm，PCB 表面处理为有机可焊保护层（OSP），镀覆孔的剖面结构图如图 6.70 所示。

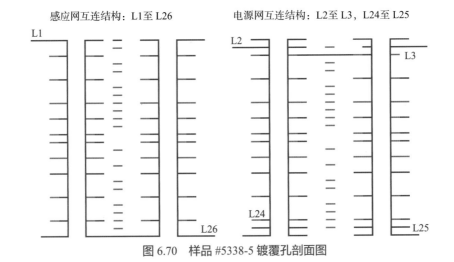

图 6.70 样品 #5338-5 镀覆孔剖面图

【测试条件】

（1）组装预处理：过峰值温度为 245℃ 的再流焊 5 次。

（2）应力循环：峰值温度 150℃，循环次数为 500，电源网或感应网电阻增大 10% 判定为失效。

【测试结果】标识为 #5338-5 的样品失效。测试循环数到达第 63 个循环，感应网在高温电阻超过 10% 时停止，对感应网的电阻的变化率进行曲线分析，所测量的实时电阻分别与初始所测量的最高温（150℃）和室温（25℃）进行比较，如图 6.71 所示。从曲线中可以看出，随着热循环次数的增加，电阻的变化逐渐增大，高温（150℃）的电阻变化率大于室温（25℃）的电阻变化率，说明在高温（150℃）时，铜的裂缝更为显著。

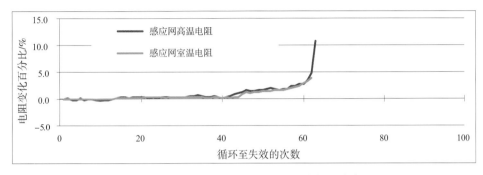

图 6.71　样品 #5338-5 感应网电阻变化百分比

【失效分析】当电阻变化率到达预先设置的 10% 时，测试停止。然后取下样品，通过红外热成像仪对失效的感应网进行失效位置定位，锁定发热异常孔，再把失效位置切割下来，进行显微切片分析，观察到镀覆孔有拐角裂缝，如图 6.72 所示。

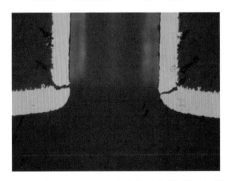

图 6.72　样品 #5338-5 镀覆孔拐角显微切片图像

案例 3：镀覆孔内层分离失效

【样品信息】板料为 FR-4，10 层板，镀覆孔孔壁铜厚约 30μm，PCB 表面处理为化学镀镍浸金（ENIG），镀覆孔的剖面结构图如图 6.73 所示。

【测试条件】

（1）组装预处理：过峰值温度为 260℃ 的再流焊 3 次。

（2）应力循环：峰值温度 180℃，循环次数为 500 次，电源网或感应网电阻增大 10% 则判定为失效。

感应网互连结构：L1 至 L10　　　　　电源网互连结构：L2 至 L3，L8 至 L9

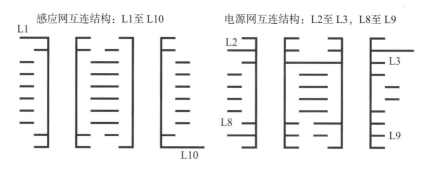

图 6.73　样品 21406-7 镀覆孔剖面图

【测试结果】标识为 #21406-7 的样品失效。测试循环数到达第 414 个循环，电源网在高温电阻超过 10%而停止，对电源网的电阻的变化率进行曲线分析，所测量的实时电阻分别与初始所测量的高温（180℃）和室温（25℃）状态的电阻进行对比，得到的曲线如图 6.74 所示。从曲线中可以看出，随着热循环次数的增加，电阻的变化逐渐增大，最高温的电阻变化率大于室温的电阻变化率，说明在最高温时，铜的裂缝更为显著。

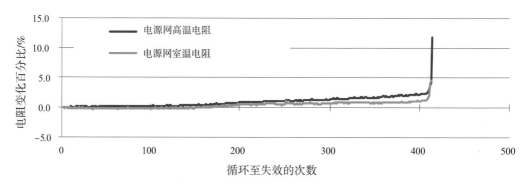

图 6.74　样品 21406-7 电阻变化曲线

【失效分析】当电阻变化率到达预先设置的 10%时，测试停止。然后取样下来，通过红外热成像仪对失效的电源网进行失效位置的定位，锁定发热异常孔，再把失效位置切割下来，进行显微切片分析，观察到镀覆孔内层分离，如图 6.75 所示。

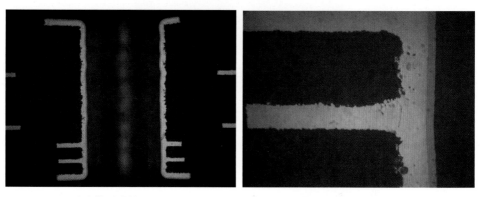

（a）镀覆孔剖面图　　　　　　　　　（b）镀覆孔缺陷内层连接（ICD）放大图

图 6.75　样品 21406-7 镀覆孔显微切片图像

案例 4: 镀覆孔镀层异常

【样品信息】板料为 FR-4, 22 层板, 镀覆孔孔壁铜厚约 30μm, PCB 表面处理为有机可焊保护层(OSP), 镀覆孔的剖面图如图 6.76 所示。

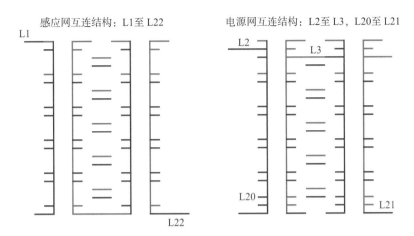

感应网互连结构: L1 至 L22 电源网互连结构: L2 至 L3, L20 至 L21

图 6.76 样品 #14995-2 镀覆孔剖面图

【测试条件】

(1)组装预处理: 过峰值温度为 260℃ 的再流焊 6 次。

(2)应力循环: 峰值温度 150℃, 循环次数为 500 次, 电源网或感应网电阻增大 10% 则判定为失效。

【测试结果】标识为 #14995-2 的样品失效。结果显示为在测试初始调整测试电流阶段, 感应网的电阻超过 10% 而停止, 显示停止的信息为 Pre-FH。

【失效分析】取下样品, 通过红外热成像仪对失效的感应网进行失效位置定位, 锁定发热异常孔, 再把失效位置切割下来, 进行显微切片分析, 观察到镀覆孔 PTH 孔镀铜厚度不均匀, 孔壁镀层在厚度较薄处开裂, 如图 6.77 所示。孔壁镀层不均匀, 导致测试过早失效。

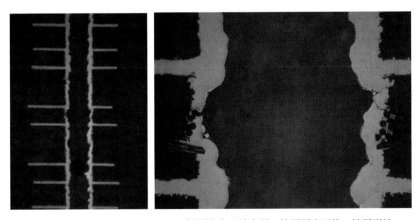

(a)镀覆孔局部图　　(b)镀覆孔孔壁放大图, 镀层厚度不均, 镀层裂缝

图 6.77 样品 #14995-2 镀覆孔显微切片图像

2）埋孔的可靠性

埋孔是指未延伸至印制板表面的导通孔，与镀覆孔的失效模式相似。本章案例只讨论两种失效模式：孔壁裂缝、拐角裂缝。

案例 1：埋孔孔壁裂缝

【样品信息】板料为 FR-4，10 层板（HDI 叠层：2+6+2），埋孔孔壁铜厚约 15μm，PCB 表面处理为有机可焊保护层，埋孔的剖面图如图 6.78 所示。

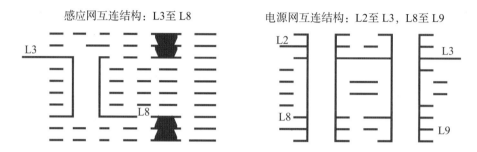

感应网互连结构：L3 至 L8   电源网互连结构：L2 至 L3，L8 至 L9

图 6.78　样品 #23481-S3-6 导通孔剖面图

【测试条件】

（1）组装预处理：过峰值温度为 260℃ 的再流焊 3 次。

（2）应力循环：峰值温度 180℃，循环次数为 500 次，电源网或感应网电阻增大 10% 则判定为失效。

【测试结果】标识为 #23481-S3-6 的样品失效。测试循环数达到第 141 个循环，感应网在高温电阻超过 10% 而停止，对感应网的电阻的变化率进行曲线分析，所测量的实时电阻分别与初始所测量的高温（180℃）和室温（25℃）状态的电阻进行对比，得到的曲线如图 6.79 所示。从曲线中可以看出随着热循环次数的增加，电阻的变化逐渐增大，最高温的电阻变化率大于室温的电阻变化率，说明在最高温时，铜的裂缝更为显著。

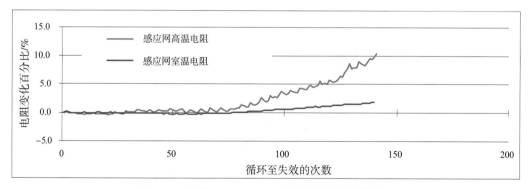

图 6.79　样品 #23481-S3-6 感应网电阻变化百分比

【失效分析】当电阻变化率达到预先设置的 10% 时，测试停止，然后取下样品，通过红外热成像仪对失效的感应网进行失效位置定位，锁定发热异常孔，再把失效位置切割下来，进行显微切片分析，观察到埋孔孔壁裂缝，如图 6.80 所示。

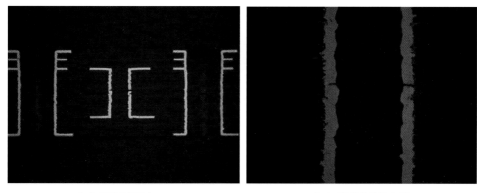

（a）埋孔剖面图 （b）埋孔孔壁放大图

图 6.80 样品 #23481-S3-6 埋孔显微切片图像

案例 2：埋孔拐角裂缝

【样品信息】板料为 FR-4，10 层板，埋孔孔壁铜厚约 15μm，PCB 表面处理为有机可焊保护层，过孔的剖面结构图如图 6.81 所示。

感应网互连结构：L3 至 L8 电源网互连结构：L2 至 L3，L8 至 L9

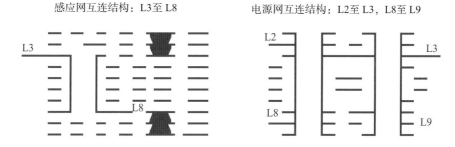

图 6.81 样品 #24248-S3-4 导通孔剖面图

【测试条件】

（1）组装预处理：过峰值温度为 245℃ 的再流焊 3 次。

（2）应力循环：峰值温度 180℃，循环次数为 500 次，电源网或感应网电阻增大 10% 判定为失效。

【测试结果】标识为 #24248-S3-4 的样品失效。测试循环数达到第 490 个循环，感应网在高温电阻超过 10% 而停止，对感应网的电阻的变化率进行曲线分析，所测量的实时电阻分别与初始所测量的高温（180℃）和室温（25℃）状态的电阻进行对比，得到的曲线如图 6.82 所示。从图中可以看出，随着热循环次数的增加，电阻的变化逐渐增大，高温（180℃）的电阻变化率大于室温（25℃）的电阻变化率，说明在高温（180℃）时，铜的裂缝更为显著。

【失效分析】对于镀覆孔来，常用是 150℃，本案例由于客户的特别测试要求而用 180℃。当电阻变化率达到预先设置的 10% 时，测试停止。然后取下样品，通过红外热成像仪对失效的感应网进行失效位置定位，锁定发热异常孔，再把失效位置切割下来，进行显微切片分析，观察到埋孔拐角裂缝，如图 6.83 所示。

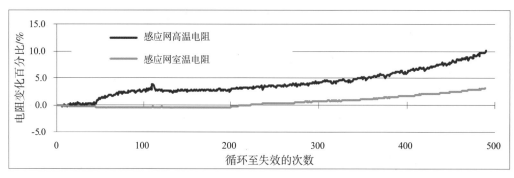

图 6.82　样品 #24248-S3-4 电阻变化百分比

（a）埋孔剖面图　　　　　　　　　　　　　　（b）埋孔拐角放大图

图 6.83　样品 #24248-S3-4 埋孔显微切片图像

3）盲孔和堆叠孔的可靠性

盲孔或堆叠孔的失效模式主要有盲孔底部裂缝、盲孔拐角裂缝和盲孔孔壁裂缝 3 种。

案例 1：盲孔底部裂缝

【样品信息】板料为 FR-4，10 层板，盲孔直径约 120 μm，PCB 表面处理为有机可焊保护层（OSP），盲孔的剖面结构图如图 6.84 所示。

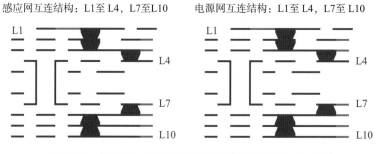

图 6.84　样品 #9126-1 盲孔剖面图（HDI 叠层：3+4+3）

【测试条件】

（1）组装预处理：过峰值温度为 260℃ 的再流焊 3 次。

（2）应力循环：峰值温度 190℃，循环次数为 500 次，电源网或感应网电阻增大 10% 则判定为失效。

【测试结果】标识为 #9126-S1-1 的样品失效。在测试达到第 735 个循环，电源网的电阻变化大于设定的 10%，测试停止。对电源网的电阻的变化率进行曲线分析，所测量的实时电阻分别与初始所测量的高温（190℃）和室温（25℃）状态的电阻进行对比，如图 6.85 所示。从图中可以看出，随着热循环次数的增加，电阻的变化逐渐增大，高温（190℃）的电阻变化率大于室温（25℃）的电阻变化率，说明在高温（190℃）时，铜的裂缝更为显著。

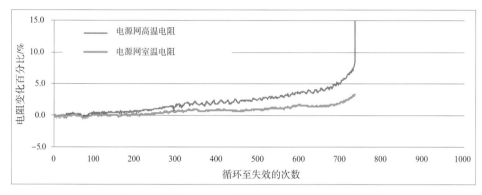

图 6.85　样品 #9126-1 电源网电阻变化百分比曲线图

【失效分析】当电阻变化率达到预先设置的 10% 时，测试停止。然后取下样品，用红外热成像仪定位"最热"位置，再把此位置切割下来，进行显微切片分析，观察到锁定孔的盲孔底部裂缝，如图 6.86 所示。

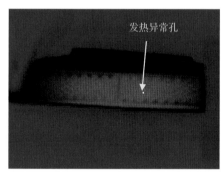

（a）失效孔红外热成像定位图　　　　　（b）失效孔微切片，盲孔与标靶盘裂缝

图 6.86　样品 #9126-1 盲孔失效分析

案例 2：堆叠孔底部裂缝

【样品信息】板料为 FR-4，10 层板，堆叠孔直径约 $120\mu m$，PCB 表面处理为有机可焊保护层，堆叠孔的剖面结构图如图 6.87 所示。

【测试条件】

（1）组装预处理：过峰值温度为 245℃ 的 IST 测试 3 次，电源网或感应网电阻增大 10% 则判定为失效。

（2）应力循环：峰值温度 190℃，循环次数为 500 次，电源网或感应网电阻增大 10% 则判定为失效。

感应网互连结构：L1至L10

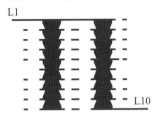

图 6.87　样品 #9765-4 堆叠孔剖面图（10 层任意层互连 HDI 板）

【测试结果】标识为 #9765-4 的样品失效。在测试达到第 88 个循环，感应网电阻变化大于设定的 10%，测试停止。对感应网的电阻的变化率进行曲线分析，所测量的实时电阻分别与初始所测量的高温（190℃）和室温（25℃）状态的电阻进行对比，如图 6.88 所示。从图中可以看出，随着热循环次数的增加，电阻的变化逐渐增大，高温（190℃）的电阻变化率大于室温（25℃）的电阻变化率，说明在高温（190℃）时，铜的裂缝更为显著。

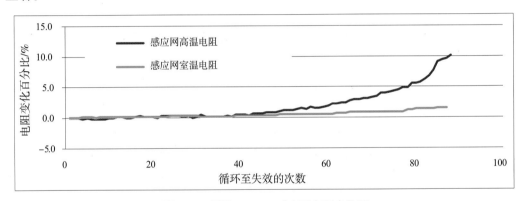

图 6.88　样品 #9765-4 感应网电阻变化图

【失效分析】当电阻变化率达到预先设置的 10% 时，测试停止。然后取下样品，用红外热成像仪定位"最热"位置，再把此位置切割下来，进行显微切片分析，观察到锁定孔的失效模式为盲孔底部裂缝，如图 6.89 所示。

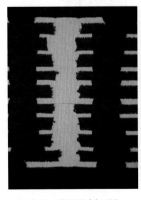
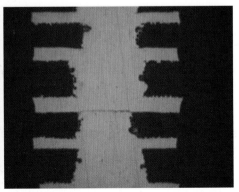

（a）盲孔 / 堆叠孔剖面图　　　（b）盲孔 / 堆叠孔局部放大图（盲孔底部裂缝）

图 6.89　盲孔 / 堆叠孔显微切片分析

案例 3: 盲孔拐角裂缝

【样品信息】板料为 FR-4, 10 层板（HDI 叠层: 3+4+3）, 盲孔直径约 120μm, PCB 表面处理为有机可焊保护层（OSP）, 盲孔剖面结构图, 如图 6.90 所示。

感应网互连结构: L1 至 L4; L7 至 L10

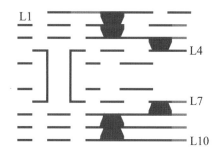

图 6.90　样品 #10083-4 盲孔剖面图（HDI 叠层: 3+4+3）

【测试条件】

（1）组装预处理: 过峰值温度为 260℃ 的再流焊 3 次。

（2）应力循环: 峰值温度 190℃, 循环次数为 500 次, 电源网或感应网电阻增大 10% 判定为失效。

【测试结果】标识为 #10083-4 的样品失效。在测试达到第 574 个循环, 感应网的电阻变化大于设定的 10%, 测试停止。对感应网的电阻的变化率进行曲线分析, 所测量的实时电阻分别与初始所测量的高温（190℃）和室温（25℃）状态的电阻进行对比, 如图 6.91 所示, 从图中可以看出, 随着热循环次数的增加, 电阻的变化逐渐增大, 高温（190℃）的电阻变化率大于室温（25℃）的电阻变化率, 说明在高温（190℃）时, 铜的裂缝更为显著。

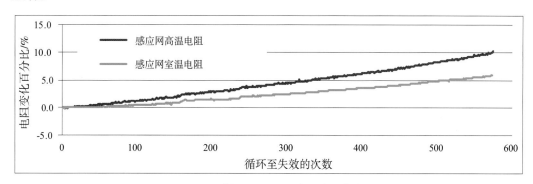

图 6.91　样品 #10083-4 电阻变化曲线

【失效分析】当电阻变化率到达预先设置的 10% 时, 测试停止。把样品从 IST 机器中取出来, 用红外热成像技术锁定失效孔的位置, 再把失效位置切割下来, 进行显微切片分析, 观察到锁定孔的失效模式为盲孔拐角裂缝, 如图 6.92 所示。

 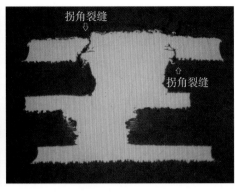

（a）盲孔局部图   （b）盲孔局部放大图，拐角裂缝

图 6.92　样品 #10083-4 盲孔显微切片图像

案例 4：堆叠孔拐角裂缝

【样品信息】板料为 FR-4，PCB 层数为 12 层任意层互连，盲孔直径约 120μm，PCB 表面处理为有机可焊保护层（OSP），试样的堆叠孔的剖面结构图，如图 6.93 所示。

感应网互连结构：L1 至 L2

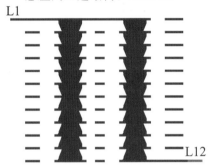

图 6.93　样品 #23644-5 堆叠孔剖面图（12 层任意层互连 HDI 板）

【测试条件】

（1）组装预处理：过峰值温度为 260℃ 的再流焊 3 次。

（2）应力循环：峰值温度 190℃，循环次数为 500 次，电源网或感应网电阻增大 5% 判定为失效。

【测试结果】标识为 #23644-5 的样品失效。在测试达到第 392 个循环时，感应网电阻变化大于设定的 5%。对感应网的电阻的变化率进行曲线分析，所测量的实时电阻分别与初始所测量的高温（190℃）和室温（25℃）状态的电阻进行对比，如图 6.94 所示。从图中可以看出，随着热循环次数的增加，电阻的变化逐渐增大，高温（190℃）的电阻变化率大于室温（25℃）的电阻变化率，说明在高温（190℃）时，铜的裂缝更为显著。

【失效分析】当达到设定的 5% 变化率时，测试停止。然后取下样品，用红外热成像仪定位"最热"位置，再把此位置切割下来，进行显微切片分析，观察到锁定孔的失效模式为堆叠孔拐角裂缝，如图 6.95 所示。

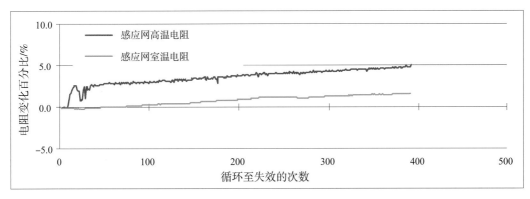

图 6.94　样品 #23644-5 电阻变化曲线

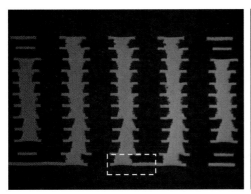 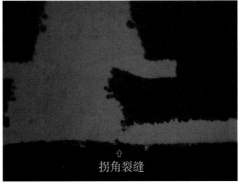

（a）堆叠孔剖面图　　　　　　（b）堆叠孔局部放大图（corner crack）

图 6.95　样品 #23644-5 堆叠孔显微切片图像

案例 5：盲孔孔壁裂缝

【样品信息】板料为 FR-4，10 层板，盲孔直径约 120μm，PCB 表面处理为有机可焊保护层，孔的剖面结构图如图 6.96 所示。

【测试条件】

（1）组装预处理：过峰值温度为 260℃ 的再流焊 3 次。

（2）应力循环：峰值温度 190℃，循环次数为 1000 次，电源网或感应网电阻增大 10% 则判定为失效。

感应网互连结构：L1 至 L10

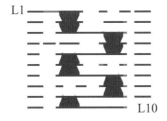

图 6.96　样品 #14380-1 盲孔剖面图（10 层任意层互连 HDI 板）

【测试结果】标识为 #14380-1 的样品失效。在测试达到第 743 个循环时，感应网电阻变化大于设定的10%时，测试停止。对感应网的电阻的变化率进行曲线分析，所测量的实时电阻分别与初始所测量的高温（190℃）和室温（25℃）状态的电阻进行对比，如图6.97所示。从图中可以看出，随着热循环次数的增加，电阻的变化逐渐增大，高温（190℃）的电阻变化率大于室温（25℃）的电阻变化率，说明在高温（190℃）时，铜的裂缝更为显著。

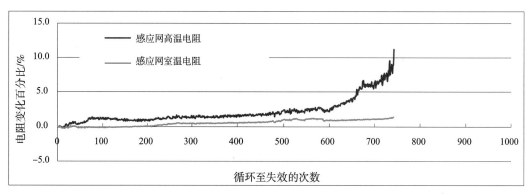

图6.97 样品 #14380-1 感应网电阻变化曲线图

【失效分析】当达到设定的10%变化率时，测试停止。然后取下样品，用红外热成像仪定位"最热"位置，再把此位置切割下来，进行显微切片分析，观察到锁定孔的失效模式为盲孔孔壁裂缝，同时也观察到PCB板料与铜分层，如图6.98所示。当板料与铜分层时，必然会影响孔的连接的可靠性。

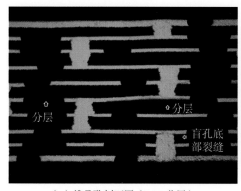
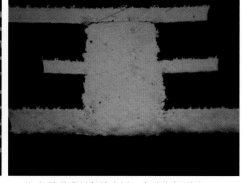

（a）堆叠孔剖面图（PCB分层）　　　　（b）堆叠孔局部放大图，盲孔底部裂缝

图6.98 样品 #14380-1 盲孔显微切片图像

4）堆叠孔与埋孔连接的可靠性

堆叠孔与埋孔的连接出现失效，与堆叠孔和埋通孔的常见失效模式相似，本章案例只讨论镀覆孔孔壁裂缝、堆叠孔孔壁裂缝以及堆叠孔与埋孔连接处裂缝。

案例1：埋孔孔壁裂缝

【样品信息】板料为FR-4，PCB层数为22层，镀覆孔孔壁铜厚约30μm，PCB表面处理为浸锡（ImSn），孔的剖面结构图如图6.99所示。

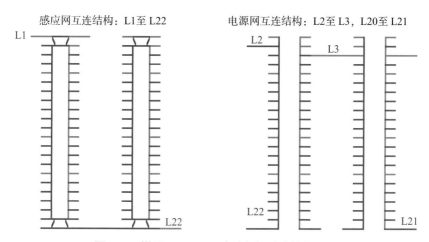

感应网互连结构：L1 至 L22　　　　　电源网互连结构：L2 至 L3，L20 至 L21

图 6.99　样品 #25973-19 盲孔与埋孔连接剖面结构

【测试条件】

（1）组装预处理：过峰值温度为 260℃ 的再流焊 6 次。

（2）应力循环：峰值温度 260℃，循环数量为 30，电源网或感应网电阻增大 10%，则判定为失效。

【测试结果】标识为 #25973-19 的样品失效。在测试达到第 6 个循环时，感应网的电阻变化大于设定的 10% 时，测试停止。对感应网的电阻的变化率进行曲线分析，所测量的实时电阻分别与初始所测量的高温（260℃）和室温（25℃）状态的电阻进行对比，如图 6.100 所示。从图中可以看出，随着热循环次数的增加，电阻的变化逐渐增大，高温（260℃）的电阻变化率大于室温（25℃）的电阻变化率，说明在高温（260℃）时，铜的裂缝更为显著。

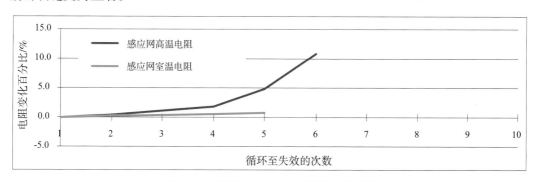

图 6.100　样品 #25973-19 电阻变化曲线图

【失效分析】最高温为 260℃ 的应力循环条件对 PCB 有严苛的考验，本案例为特别测试要求。当电阻变化率到达预先设置的 10% 时，测试停止。然后取样下来，用红外热成像仪定位"最热"位置，再把此位置切割下来进行显微切片分析，观察到埋孔孔壁裂缝，如图 6.101 所示。

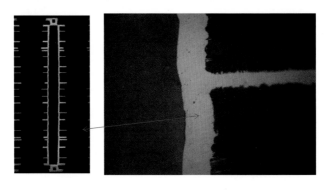

（a）失效孔剖面图　　　　（b）失效孔孔壁放大图

图 6.101　样品 #25973-19 失效孔显微切片分析

案例 2：堆叠孔孔壁裂缝以及堆叠孔与埋孔连接裂缝

【样品信息】板料为 FR-4，16 层板，镀覆孔孔壁铜厚约 30μm，PCB 表面处理为浸锡，堆叠孔与埋孔连接剖面图如图 6.102 所示。

感应网互连结构：L4 至 L13(S2)　　　　电源网互连结构：L5 至 L6，L12 至 L13

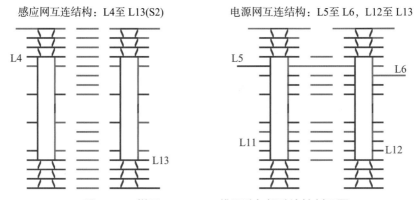

图 6.102　样品 11816-S2-4 堆叠孔与埋孔连接剖面图

【测试条件】

（1）组装预处理：过峰值温度为 245℃ 的再流焊 4 次。

（2）应力循环：峰值温度 150℃，循环次数为 2000 次，电源网或感应网电阻增大10% 则判定为失效。

【测试结果】标识为 #11816-S2-4 的样品失效。当测试循环数达到第 1635 个循环，感应网在高温电阻超过 10% 时，测试停止，对电气网络的电阻的变化率进行曲线分析，所测量的实时电阻分别与初始所测量的高温（150℃）和室温（25℃）状态的电阻进行对比，如图 6.103 所示。从图中可以看出，随着热循环次数的增加，电阻的变化逐渐增大，高温（150℃）的电阻变化率大于室温（25℃）的电阻变化率，说明在高温（150℃）时，铜的裂缝更为显著。

【失效分析】当电阻变化率达到预先设置的 10% 时，测试停止。然后取样下来，用红外热成像仪定位"最热"位置，再把此位置切割下来进行显微切片分析，观察到堆叠孔孔壁裂缝以及堆叠孔与埋孔连接裂缝，如图 6.104 所示。

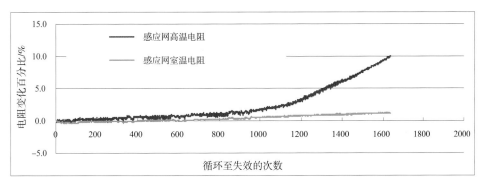

图 6.103　样品 11816-S2-4 电阻变化曲线

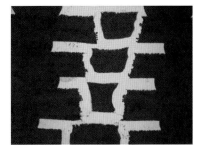

（a）失效孔局部图　　　　　　　　　（b）失效孔局部放大图

图 6.104　样品 11816-S2-4 失效孔显微切片图像

2．PCB 分层测试

测试分层依据平板电容的原理进行，如图 6.105 所示，IST 测试附连板设计如图 6.106 所示。

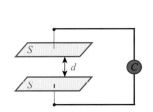

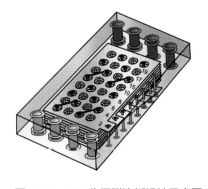

图 6.105　平板电容测试原理示意图　　　　图 6.106　IST 分层附连板设计示意图

平板电容计算公式如下

$$C = \frac{\varepsilon_r \varepsilon_0 S}{d}$$

式中，C 为电容；S 为平行极板面积；d 为平板内侧的距离；ε_r 为平板间材料的相对介电常数，ε_0 为真空介电常数。

由此可见，平板电容器的电容与平行极板面积成正比，与两平板之间的距离成反比。平板面积不变的情况下，平板间的距离越近，电容就越大。

当 PCB 的材料老化导致分层或开裂时，厚度就变大，电容变小；反之，可以通过测量电容来测定材料是否发生分层或开裂。IST 测试是应力循环或热循环测试，通过特定的附连板设计，可以同时对 PCB 板料的耐热性和导通孔的可靠性进行测试。当电容的变化率增大 4% 时，表明 PCB 内部出现了明显的分层。

案例 1：PCB 分层测试

【样品信息】板料为 FR-4，PCB 层数为 20 层，镀覆孔孔壁铜厚约 30μm，PCB 表面处理为有机可焊保护层（OSP），镀覆孔的剖面结构图如图 6.107 所示。通过电源网的铜导线对试样进行加热，铜导线分布在第 3 ~ 7 层和第 14 ~ 18 层。试样平板的电容设计如图 6.108 所示，红色部分为铜，黑色部分为镀覆孔。

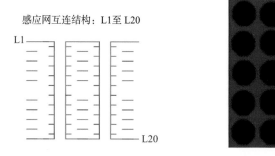

图 6.107　样品 #19658-8 镀覆孔剖面图　　图 6.108　样品 #19658-8PCB 测量电容层平面图

【测试条件】

（1）组装预处理：过峰值温度为 260℃ 的再流焊 6 次。

（2）应力循环：峰值温度 260℃，循环次数为 20 次，电源网或感应网电阻增大 10% 则判定为失效。

测量电容需要使用 LCR 测试仪，电容测试参数设置如表 6.2 所示。

表 6.2　电容测试参数

参数	范围	典型值
频率	300kHz ~ 1MHz	1MHz

测试的方法为按照常规的 IST 测试，设定一定的循环数，完成指定的循环次数后，等待样品冷却至室温后，把样品取下来测量指定层间的电容值。本案例设定为第 3 次、第 6 次、第 7 次、第 8 次、第 9 次、第 10 次、第 11 次、第 12 次热循环后，分别测量第 1 层与第 4 层（L1 to L4），第 4 层与第 6 层（L4 to L6），第 6 层与第 8 层（L6 to L8），第 8 层与第 10 层（L8 to L10），第 10 层与第 11 层（L10 to L11），第 11 层与第 13 层（L11 to L13），第 13 层与第 15 层（L13 to L15），第 15 层与第 17 层（L15 to L17），第 17 层与第 19 层（L17 to L19），然后分别比较与初始电容值的变化。

【测试结果】标识为 #19658-8 的试样测试到第 12 个循环，电源网和感应网的电阻的变化率都在 10% 内，如图 6.109 所示。但是电容的变化率都超过 4%，疑似已经分层，如图 6.110 所示。

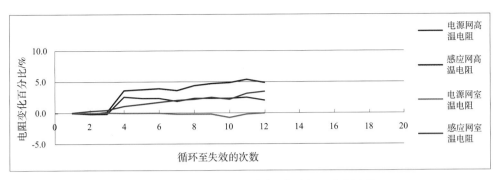

图 6.109　样品 #19658-8 感应网与电源网电阻变化

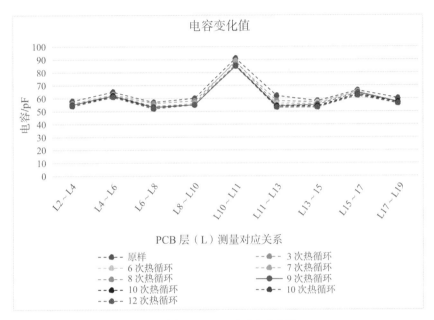

（a）样品 #19658-8 电容变化曲线

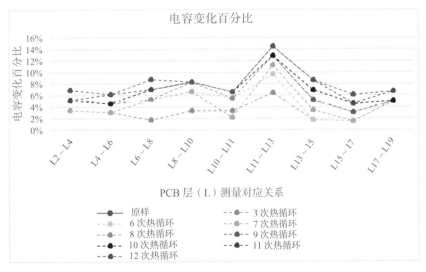

（b）样品 #19658-8 电容百分比曲线

图 6.110　样品 #19658-8 电容变化

【失效分析】对测试样品进行微切片分析，观察到明显的分层。此案例表明电容的变化超过 4%，则 PCB 出现分层，如图 6.111 所示。

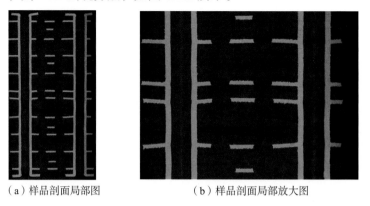

（a）样品剖面局部图　　　　　　　　　　（b）样品剖面局部放大图

图 6.111　样品 #19658-8 显微切片图像

6.4　温度循环和耐热冲击测试与失效分析

6.4.1　温度循环和耐热冲击测试介绍

对于温度变化的测试，在不同的测试标准中，有不同的表述。IPC-TM-650 中有两种不同的测试方法：一种是温度循环，另一种是耐热冲击，但是两种测试方法都未说明温度斜率的差异。IPC-9701A 关于表面贴装焊接连接的性能测试方法认为，温度循环的温度斜率小于 20℃/min，而耐热冲击温度斜率大于 20℃/min。JEDEC JESD22-A104E 标准则认为温度循环测试的温度斜率小于 15℃/min。此外，IEC 60068-2-14-2009 在环境试验的第 2-14 部分，对温度变化测试定义了 3 种类型，分别用试验 Na、Nb、Nc 表示，如表 6.3 所示。

表 6.3　温度变化的 3 种类型

	温度变化试验 Na	温度变化试验 Nb	温度变化试验 Nc
定义	规定转换时间的快速温度变化	规定温度变化速率的温度变化	两液槽温度快速变化
槽体	两个独立的槽或一个可以进行快速温变的槽	一个槽	两个独立的槽
媒介	空气	空气	液体
温度斜率	未具体说明	除非有关标准另外有说明，最大（15±3）℃/min	未具体说明
转换时间	小于 3 分钟	无	未具体说明

一般来说，耐热冲击温度斜率要大于温度循环，这两种测试一般分别通过两个高低温的槽体实现。如果以温度斜率大于 20℃/min 定义为耐热冲击，也有单槽设备可以实现，

但是单槽设备的温度转换和控制要求极高。耐热冲击由于温度斜率大，应力强度也大，不仅可以使 PCB 的材料的 CTE 发生快速变化，还有可能因材料的内部结构由于快速变化而发生开裂。因此，温度斜率越大，越容易暴露产品的缺陷。

本文所用的温度循环测试的设备的型号是：Vötsch VCS 7048-25，它是通过一个槽体来控制高温和低温的变化，其热交换媒介是空气。温度循环测试的箱体结构如图 6.112 所示。实验以低温停留→升温至高温→高温停留→降温至低温作为一个循环测试，曲线如图 6.113 所示。

 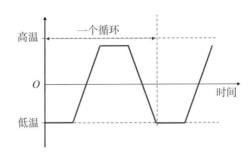

图 6.112　热循环测试箱体结构　　　图 6.113　温度循环和时间曲线

在耐热冲击测试方面，本文采用了两种设备。一种以空气为温度媒介，称为气态到气态耐热冲击，有两个温度区间，高温和低温（本节所用设备型号为 Vötsch VT7012 S2）；另外一种以液体为媒介，也称液态到液态热冲击，有 3 个温度区间，低温、常温和高温。其中，常温是在高低温转换时过渡的区间，只短暂停留（本节所用设备型号为 Espec TSB-51）。两种耐热冲击箱如图 6.114 所示。实验以低温停留→升温至高温→高温停留→降温至低温为一个循环测试，曲线如图 6.115 所示。

实际上，可以依据产品的使用环境、PCB 板料类型或加速因子选择合适的测试条件。在高低温变化时，PCB 产生热胀冷缩，尤其在 z 轴膨胀，板料的 CTE 远大于铜，导致 PCB 的导通孔变形、疲劳，可能出现导通孔裂缝等问题，其失效模式与 IST 测试导通孔的失效模式相似。

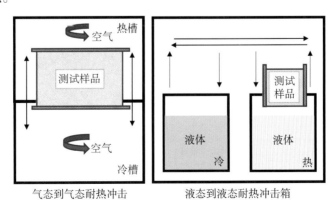

图 6.114　耐热冲击测试的箱体结构

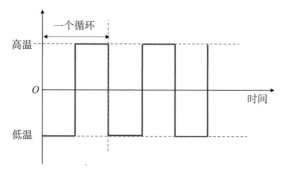

图 6.115　耐热冲击温度和时间曲线

本章案例讨论导通孔（via）的可靠性，测试附连板一般设计为菊花链电路，可以模拟实际产品的结构，而且出现的失效孔可以用电阻表定位或者红外热成像仪定位的，然后再进行微切片分析。

在进行失效分析时，锁定失效的导通电阻异常的方法有以下两种。

（1）用四线万用表进行定位。如果电气网络的电阻只是在高温增大，而在常温时，恢复正常，就无法通过此方法进行定位失效孔。

（2）用红外热成像仪进行定位，对失效的电气网络提供一定的电流，使线路发热，选择"最热"热信号进行失效分析。

6.4.2　温度循环和耐热冲击分析案例

1．温度循环导通孔的可靠性

本章案例只讨论镀覆孔孔壁裂缝、拐角裂缝和内层分离。

案例 1：镀覆孔孔壁裂缝、拐角裂缝和内层分离

【样品信息】PCB 板料为 FR-4，多层板，镀覆孔孔壁铜厚约 30μm，PCB 表面处理为有机可焊保护层（OSP）。

【测试条件】

（1）组装预处理：过峰值温度为 245℃ 的再流焊 5 次。

（2）温度循环条件：升降温速率：8 ~ 10℃/min，低温 / 保持时间：-40℃/3min，高温 / 保持时间：+90℃/3min；循环次数：900 次。

（3）测量方法：每 100 个循环，在室温条件下用四线万用表法测量导通电阻，并且与初始测试的导通电阻进行比较。

导通电阻增大 10% 判定为失效。

【测试结果】两个样品失效，标识为 #7895-1、#7895-2、#15067。

（1）样品 #7895 的初始电阻为 0.755Ω，第 900 个循环为 0.940Ω，比初始电阻增大24.4%。

（2）样品 #15067 的初始电阻为 0.636Ω，第 900 个循环为 1.462Ω，比初始电阻增大 129.9%。

【失效分析】用电阻测量方法定位发热电阻异常孔，再把失效位置切割下来，进行显微切片分析，观察到样品 #7895 是孔壁裂缝，如图 6.116 所示；样品 #15067 是内层分离，如图 6.117 所示。

 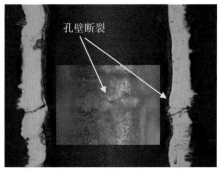

（a）失效剖面图　　　　　　　　　　　（b）失效孔孔壁放大图

图 6.116　样品 #7895 失效孔显微切片图像

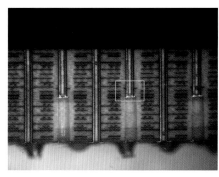 

（a）失效剖面图　　　　　　　　　　　（b）失效孔内层连接图

 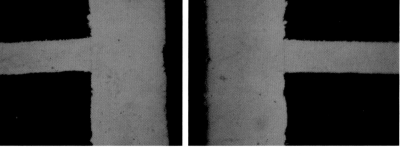

（a）失效孔左边内层连接放大图　　　　（b）失效孔右边内层连接放大图

图 6.117　样品 #15067 失效孔显微切片图像

2. 耐热冲击测试导通孔的可靠性

本章案例只讨论镀覆孔孔壁裂缝、拐角裂缝和内层分离以及盲孔底部裂缝。

案例 1：镀覆孔孔壁裂缝、拐角裂缝和内层分离

【样品信息】板料为 FR-4，多层板，镀覆孔孔壁铜厚约 30μm，PCB 表面处理为有

机可焊保护层。

【测试条件】

（1）耐热冲击测试的温度媒介：液态。

（2）组装预处理：过峰值温度为 245℃ 的再流焊 10 次。

（3）温度冲击条件：低温/保持时间：−35℃/15min，高温/保持时间：+125℃/15min，高低温转换时间：小于 15s；循环次数：400。

（4）测量方法：每隔 50 个循环，在室温条件下用四线万用表法测量导通电阻，并且与初始测试的导通电阻进行比较。

导通电阻增大 10% 则判定为失效。

【测试结果】3 个样品失效，标识为 #25203、标识为 #13467、标识为 #21741。

（1）样品 #25203 的初始电阻为 0.554Ω，第 350 个循环为 3.113Ω，比初始电阻增大 461.9%。

（2）样品 #13467 的初始电阻为 0.367Ω，第 350 个循环为 4.776Ω，比初始电阻增大 1201.4%。

（3）样品 #21741 的初始电阻为 0.469Ω，第 300 个循环为 2.304Ω，比初始电阻增大 391.3%

【失效分析】定位发热电阻异常孔，再把失效位置切割下来，进行灌胶、研磨，然后进行微切片分析。观察到样品 #25203 是孔壁裂缝，如图 6.118 所示；样品 #13467 是拐角裂缝，如图 6.119 所示；样品 #21741 是内层分离，如图 6.120 所示。

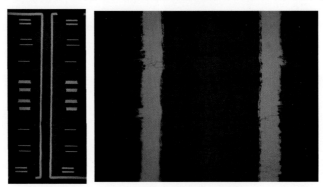

（a）失效孔剖面图　　　　　（b）失效孔孔壁放大图

图 6.118　样品 #25203 失效孔显微切片图像

图 6.119　样品 #13467 失效孔拐角裂缝放大图

 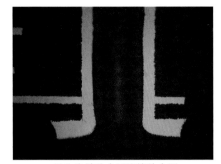

（a）失效孔剖面图　　　　（b）失效孔内层连接放大图

图 6.120　样品 #21741 失效孔显微切片图像

案例 2：堆叠孔、盲孔底部裂缝

【样品信息】板料为 FR-4，12 层任意层互连 HDI 板，堆叠孔的盲孔直径约 120μm，PCB 表面处理为有机可焊保护层。

【测试条件】

（1）耐热冲击测试的温度媒介：液态。

（2）组装预处理：过峰值温度为 245℃ 的再流焊 10 次。

（3）温度冲击条件：低温 / 保持时间：-55℃/5min，高温 / 保持时间：+125℃/5min，高低温转换时间：小于 15s；循环次数：500 次。

（4）测量方法：在第 500 个循环，在室温条件下用四线万用表法测量导通电阻，并且与初始测试的导通电阻进行比较。

导通电阻增大 10% 判定为失效。

【测试结果】样品 #28405 失效，12 层 PCB，初始电阻为 2.891Ω，第 500 个循环为 4.136Ω，比初始电阻增大 43.1%。

【失效分析】定位发热电阻异常孔，再把失效位置切割下来，进行灌胶、研磨，然后进行微切片分析。

用金相显微镜观察，观察到锁定孔的失效模式为盲孔底部裂缝。用离子研磨技术对切片表面进行平面研磨（Planar Surface Milling）抛光处理后，再用扫描电镜进行观察，铜的晶粒形貌清晰，盲孔底部开裂，但是并未观察到裂缝处有外来夹杂物，如图 6.121 所示。

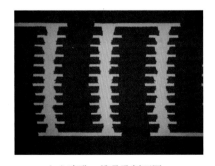 

（a）盲孔、堆叠孔剖面图　　　　（b）盲孔、堆叠孔局部放大图（盲孔底部裂缝）

图 6.121　样品 #28405 堆叠孔失效分析图像

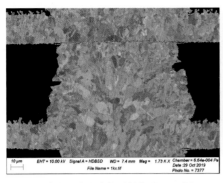 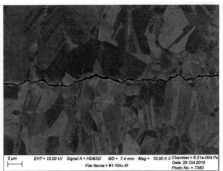

（c）盲孔、堆叠孔离子研磨后 SEM 图　　　（d）盲孔、堆叠孔离子研磨后 SEM 放大图

图 6.121　样品 #28405 堆叠孔失效分析图像

参考文献

[1] 李良巧. 可靠性工程师手册 [M]. 2 版. 北京：中国人民大学出版社，2017.

[2] [美] ELSAYED A,ELESYED. 可靠性工程 [M]. 2 版. 杨舟，译. 北京：电子工业出版社，2013.

[3] 林金堵，龚永林. 现代印制电路基础 [M]. 上海：中国印制电路行业协会，2005.

[4] 何广举. 液晶电视 CAF 失效实力分析和预防 [J]. 电视技术,2015,39(3).

[5] 林琳，郑红. 美国环境应力筛选标准 mil-hdbk-2164a 解析 [J]. 航天器环境工程, 2008, 25(1).

[6] Winco K.C. Yung. Conductive Anodic Filament: Mechanisms and Affecting Factors [J]. HKPCA Journal Issue 21.

[7] Laura J. Turbini W. Jud Ready. Conductive Anodic Filament Failure: A Materials Perspective [C]. Honolulu, Hawaii,Third Pacific Rim International Conference on Advanced Materials and Processing,1998.

[8] Keith Rogers, Craig Hillman et al. Hollow Fibers Can Accelerate Conductive Filament Formation [J]. Practical Failure Analysis, 2001, 1(4):57-60.

[9] C. M. Mc Brien, S. Heltzel. Insulation resistance of dielectric materials under environmental testing[C]. Conference: IPC APEX EXPOAt: San Diego, USA. February 2013.

[10] Telcordia.Generic Requirements for the Physical Design and Manufacture of Telecommunications Products and Equipment-Telcordia Technologies Generic Requirements GR-78-COREIssue 2, September 2007Issue 2, September 2007[S].

[11] Yoshinori Kin/Yasuko Sasaki.What is Environmental Testing[EB].ESPEC TECHNOLOGY REPORT NO.1.

[12] Quality & Reliability Handbook[EB]. ON semiconductor, Feb 2018.

[13] Texas Instruments Incorporated. Leakage current measurement reference design for determining insulation resistance[EB].April 2015.